THE RECORDING ENGINEER'S HANDBOOK

录音工程师手册

（第二版）

周小东　编著

中国广播影视出版社

图书在版编目（CIP）数据

录音工程师手册／周小东编著．—2版．—北京：中国广播影视出版社，2015.3（2024.5重印）

ISBN 978-7-5043-7308-3

Ⅰ.①录… Ⅱ.①周… Ⅲ.①录音—技术手册 Ⅳ.①TN912.12-62

中国版本图书馆CIP数据核字（2014）第286860号

录音工程师手册（第2版）

周小东　编著

责任编辑　任逸超
装帧设计　丁　琳
责任校对　谭　霞

出版发行　中国广播影视出版社
电　　话　010-86093580　010-86093583
社　　址　北京市西城区真武庙二条9号
邮　　编　100045
网　　址　www.crtp.com.cn
电子信箱　crtp8@sina.com

经　　销　全国各地新华书店
印　　刷　涿州市京南印刷厂

开　　本　787毫米×1092毫米　1/16
字　　数　296(千)字
印　　张　16.5
版　　次　2015年4月第1版　2024年5月第3次印刷

书　　号　ISBN 978-7-5043-7308-3
定　　价　40.00元

再版 序

因为有对录音艺术和技术的再思考，所以再版此书。尽管再版的章节顺序仍然是从声学基础到乐器拾音和后期制作以便符合录音的工作流程，即对室内声场的评估直到对信号的拾取和处理。因为考虑到该书的受众为一线的录音工作人员以及刚刚开始在该领域学习的学生，而并非设备设计及信号处理领域中的科研人员，所以多数章节相对于第一版来说对理论的阐述略有删减，同时增加了一些实操内容，以便使得整体内容更直接，更实用。

如果声音以艺术为终点，那么通往艺术终点过程中的若干技术参数则具有多变性的特点，因为任何参数的设置都是录音师根据作品的不同所产生的短暂的火花。有关录音艺术的书亦是如此。谨以一家之言，和大家交流。

感谢中国广播影视出版社的任逸超主任和编辑赫铁龙对该书的大力支持和帮助。

谨以此书献给我的家人和所有在声音艺术领域里孜孜不倦的朋友以及在后面支持他们的家人。

周小东

2014 年 11 月 16 日

CONTENTS 目 录

第一章

录音声学基础

1.1 分贝

分贝通常被简写为 dB，其中小写 d 代表英文 decibel 即分贝，而大写 B 代表 Bel 即贝尔，采用小写 d 和大写 B 主要说明分贝和贝尔之间的关系为 1∶10，即 1 分贝等于十分之一贝尔。根据测量，火箭推进器的声压级可以达到 180dB，而一个较为安静的音乐厅的本底噪声值则在 30dB 左右。这里值得强调的是 0dB 并不是代表一个完全静寂的状态，而是代表人耳的听阈点，也就是一个听力正常的人所能听到的最低的音量。0dB 可以用声压表示为 2×10^{-5} 帕斯卡/平方米或用声强表示为 1×10^{-12} 瓦/平方米，并通常作为参考值出现在 dB 计算公式中。dB 是使用对数来表示的实际测量值和参考值的比值。当使用 dB 表示声功率及声强时使用 10 倍的对数公式，通常被称为 10log 法则（见公式 1），又根据欧姆定律 $p=\frac{E^2}{R}$，在使用 dB 表示声压、电压、振幅时则使用 20 倍的对数公式，通常被称为 20log 法则（见公式 2）。

$$\text{dB} = 10\log\frac{P}{P_r} \qquad \text{（公式 1）}$$

其中：P=实际测量功率值（瓦），P_r=参考功率值 1×10^{-12} 瓦/平方米。

$$\text{dB} = 20\log\frac{E}{E_r} \qquad \text{（公式 2）}$$

其中：E=实际测量值（伏特），E_r=参考声压值 2×10^{-5} 帕斯卡/平方米。

在声学的测量和计算中，通常会遇见达因/平方厘米（*dynes*/cm^2），瓦/平方米（watts/m^2）和 0dB，微巴（microbars）以及牛顿/平方米（*newtons*/m^2）。它们之间的关系总结如下：

1. 0dB = 0.0002 微巴 = 0.0002 达因/平方厘米 = 0.00002 牛顿/平方米 = 0.000000000001 瓦/平方米

2. 1 微巴 = 1 达因/平方厘米 = 0.1 牛顿/平方米

根据公式 1，如果一个声源的声功率为 10 瓦的话，那么其所代表的 *dB* 值应为：

$$\text{dB}=10\log\frac{P}{P_r}=10\log\frac{10'}{10^{-12}}=10\log10^{(1+12)}=10\log10^{13}=130\text{dB}$$

如果此时所测得的声功率提升一倍为 20 瓦的话，根据公式 1，其所代表的 dB 值应为：

$$\text{dB} = 10\log\frac{2\times10^{1}}{10^{-12}} = 10\log(2\times10^{13}) = 10\times13.301 = 133.01\text{dB}$$

根据上面的计算可以看出声功率增加一倍，代表其增益提高 3dB。而并非想象中的 130dB+130dB=260dB。

根据公式 2，如果一个穿过指定电阻的电压从 6V 提升到 12V 的话，那么其所代表的 dB 值的变化应为：

$$NdB=20\log\frac{12}{6}=20\log2=20\times0.31=6.02dB$$

在计算中，6V 为参考值，并且可以看出，电压增加一倍代表其增益提升 6dB。

因为 dB 代表一个比值，所以在实际工作中通常要在 dB 的后面加后缀，来赋予该 dB 值特定的意义。目前在录音室内常用的 dB 单位有 dBm、dBu、dBV。

dBm：dBm 代表功率 dB 值，或者说是用 dB 表示的功率值。其中小写 m 表示其参考功率值为 1 毫瓦。又因为对于 dBm 来说，其设备阻抗规定为 600 欧姆，因此 dBm 通常也被写为 dBm_{600}。概括来说，dBm 可以表示为在标准功率 1 毫瓦的情况下，电压通过 600 欧姆电阻所产生的 0 参考值。根据公式 $p=E^2/R$，该参考值为 0.775 伏，也就是说 0dBm=0.775 伏。在实际工作中，如果电阻不是 600 欧姆时，可以通过公式 3 得出相应的 dBm 值，例如当电阻为 1200 欧姆时：

$$NdBm=10\log\frac{\frac{E^2}{R}}{\frac{E_r^2}{R_r}} \qquad (公式 3)$$

推出

$$NdBm=20\log\frac{E}{E_r}-10\log\frac{R}{R_r}$$

其中 E_r 和 R_r 分别代表电压及电阻的 0 参考标准值，即 0.775 伏和 600 欧姆。因此根据公式 3，可以得出当电压 0.775 伏经过电阻 1200 欧姆时，所代表的 dBm 值为：

$$NdBm=20\log\frac{E}{E_r}-10\log\frac{R}{R_r}=20\log\frac{0.775}{0.775}-10\log\frac{1200}{600}=20\log1-10\log2$$

$$=20\times0-10\times0.301=-3.01dBm$$

dBu：dBu 代表以 0.775V 为参考值的伏特 dB 值。u 在这里代表英文 unit 即单位的第一个字母。根据下面公式 4 可以得出：0dBu=0.775V。和 dBm 不同，dBu 在概念上并没有对设备的阻抗值有硬性规定。

$$dBu=20\log\frac{V}{0.775} \qquad (公式 4)$$

dBV：相对于 dBu 的 0.775V 参考值来说，dBV 代表以 1V 为参考值的伏特 dB 值，根据下面公式 5 可以得出：0dBV=1V。

$$dBV=20\log\frac{V}{1} \qquad (公式 5)$$

在实际工作中，通常专业音频设备的标准操作电平被定义为+4dBu，而非专业音频设备的标准操作电平被定义为-10dBV。目前在很多专业录音设备上都设计有

+4dBu和-10dBv的选择开关，以便扩大设备的应用范围。dBu、dBV和伏特电压之间的对照关系如表1-1所示。根据计算，+4dBu和-10dBV之间的电平差为11.78dB。

表1-1

dBu	电压（伏特）	dBV	dBu	电压（伏特）	dBV
+4	1.228	+1.78	0	0.775	-2.22
+2.22	1	0	7.78	0.316	-10

1.2 谐波和倍频程

谐波和倍频程是录音中常见的两个概念。谐波频率之间的关系为线性关系，代表每个谐波频率值是该频率前一个谐波频率值的整数倍。例如，一个基频频率为100Hz，那么该频率的第一谐波频率为基频本身，第二谐波频率应为200Hz，第三谐波频率为300Hz，第四谐波频率值为400Hz。而对于倍频程来说，第一倍频程的频率等于第二谐波的频率，也就是说，当基频为100Hz的话，其第一倍频程的频率等于200Hz，第二倍频程的频率为400Hz，第三倍频程为800Hz。在人的听觉范围20Hz～20kHz之间共有10个倍频程。一个倍频程与其上限频率和下限频率的关系可用公式6表示为：

$$\frac{f_2}{f_1}=2^n \quad \text{（公式6）}$$

其中：f_2=倍频程的上限频率。f_1=倍频程的下限频率。n=倍频程值。

例如：

1. 如果一个频带带宽为10个倍频程，其下限频率为20Hz，求该带宽的上限频率值。计算如下：

$$\frac{f_2}{20\text{Hz}}=2^{10}$$

$$f_2=20\times2^{10}=20\times1024=20480\text{Hz}$$

2. 如果一个频带带宽为三分之一倍频程，其下限频率为446Hz，求该带宽的上限频率值。计算如下：

$$\frac{f_2}{446}=2^{1/3}=446\times1.2599=561.9\text{Hz}$$

3. 如果一个具有1/3倍频程带宽的频带，其中心频率为1kHz，求该倍频程的下限频率。在该处，可以将1kHz看做1/6倍频程的上限频率，所以计算如下：

$$\frac{f_2}{f_1}=\frac{1000}{f_1}=2^{1/6}$$

$$f_1=\frac{1000}{2^{1/6}}=\frac{1000}{1.12246}=890.9\text{Hz}$$

1.3 VU 表、峰值表及相位表

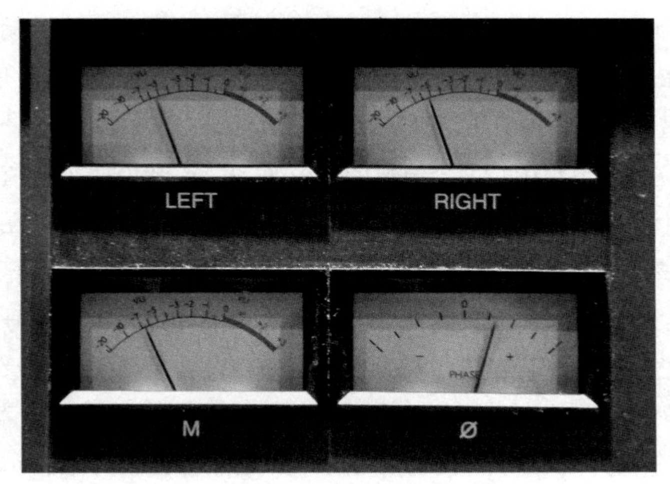

图 1-1 VU 表及相位

VU 代表英文"Volume Unit",即音量单位的缩写。VU 表的跨度设计为从 -20VU到+3VU,其中 0VU 处于 VU 表中心偏右,即满刻度+3VU 的 71% 的位置上。0VU 的信号值等于+4dBm,1.23 伏特。因为 VU 表主要读取信号输入或输出的平均电平值,所以又被称为音量表或平均响度表,说明其指针仅代表一个信号平均电平和峰值电平之间的数值。美国标准协会(ASA)规定了 VU 表在处于稳态时,输入 1kHz 信号,其指针到达满刻度值的 99% 所用的时间应为 300 毫秒,并且指针过量指示余度应低于 1%,最大不能超过 1.5%。图 1-1 展示了目前在调音台上常用的 VU 表头。在实际工作中,如果用 3% 的第三谐波失真作为失真的衡量点的话,作为参考值的 0VU 被规定为 1% 第三谐波失真,距离代表 3% 第三谐波失真点的+3VU 处还有 8dB 的峰值储备。

除 VU 表之外,在录音室内所使用的峰值表以 2.5 毫秒的反应速度显示输入信号的有效峰值。峰值表对于峰值信号的迅速反应可使得录音师在实际工作中及时跟踪峰值信号在表头的位置,并可以有效避免信号记录载体的失真。当 VU 表和峰值表共同使用时,他们之间有以下几种校对关系:

1. EBU 标准,EBU 为英文 European Broadcasting Union,欧洲广播联盟的缩写。0VU=-18dBFS。

2. SMPTE 标准，SMPTE 为英文 Socity of Motion Picture and Televetion Expert，国际电影电视专家协会的缩写，即 0VU=-20dBFS。

3. 有时上述中的 0VU 也可以在峰值表上校正为-12dBFS。

其中 FS 为英文 Full Scale 即满刻度的缩写，dBFS 代表满刻度分贝值，即数字设备对于输入信号进行记录编码的最大容许电平量，该电平量表示为 0dBFS。上述-18dBFS代表该信号的有效峰值距离 0dBFS 仍有 18dB 的峰值储备。在实际工作中，不同的录音节目使用不同的校对标准，其中古典音乐因为有较大的动态范围，所以一般使用-20dBFS 校对标准，而流行歌曲因为有较小的动态需求，所以可以使用-12dBFS标准进行校对。

在双声道立体声节目中，两个声道的相位关系，或者说两个声道信号的近似度将在很大程度上影响其与单声道的兼容度。对于正弦波信号来说，在两个信号相同而相位相反的情况下，尤其在相位角为 180 度时，如果按单声道进行合成，将引起信号的彼此抵消，而对于一个具有复杂波形的乐音来说则表现为信号增益的大幅度衰减。相位表的主要功能就在于指明两个声道的相位关系，同时对录音节目的单声道兼容度进行测量。如图 1-1 中标注有 ϕ 的表头所示，当相位表所读取的数值在 0 以上或在“+”刻度一面的话，代表信号的单声道兼容性较为理想，而在 0 以下或在“-”刻度一面的话则表示为信号的单声道兼容度较差。如图 1-2 所示，目前除了上述相位表之外，在一些大型调音台上还使用音频矢量显示器来显示总输出各声道，包括环绕立体声格式中的各声道之间的相位关系。由于音频矢量显示器在显示信号振幅方面并不十分理想，因此通常要和附加的峰值电平表共同使用来显示信号的输出电平情况。

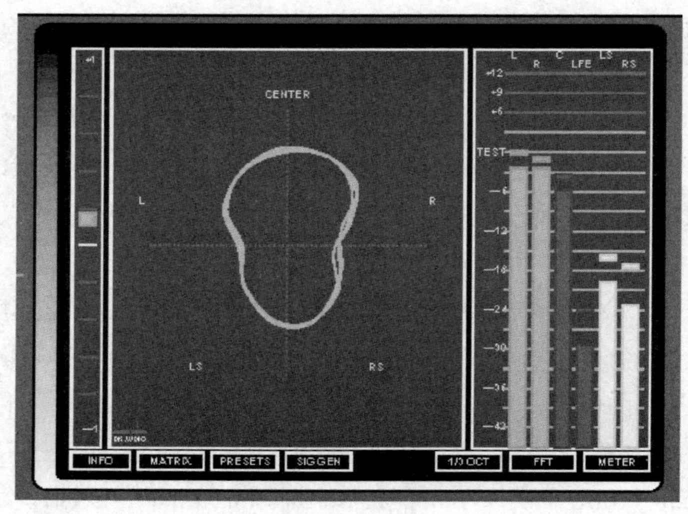

图 1-2 相位表

1.4 声波的传输

声波所包含的概念主要有频率、振幅、波长以及周期。其中，频率（f）代表声波在单位时间内的振动次数，单位为赫兹；波长（λ）代表在一个波形上具有相同相位两点之间的距离，单位为米；振幅（A）代表声波振动的级数，单位为 dB；而周期（T）则代表一个完整波形在传输中所需要的时间，单位为秒。如果用 v 表示声速的话，他们之间的关系可用公式 7 表示为：

$$\lambda = \frac{v}{f}$$

$$T = \frac{1}{f} \qquad \text{（公式 7）}$$

从公式 7 可以看出周期是频率的倒数，并且波长和所代表的频率成反比关系，即频率越高，波长越短。人的听觉范围为 20Hz～20kHz，在声速为 340 米/秒的情况下，代表波长为 17 米～0.017 米，周期为 50 毫秒～0.05 毫秒。

另外，声波在空气中的传播速度和空气温度有着直接的关系，温度越高声速就越快。声波在摄氏 0 度环境下的传播速度为 331.5 米/秒，在摄氏 20 度环境下的传播速度为 343 米/秒。声速和气温之间的关系可用公式 8 表示为：

$$V=331+0.6t \qquad \text{（公式 8）}$$

其中 t=摄氏度表示的空气温度。

波有纵向波和横向波两种。声波属于纵向波，因为在其传输过程中，传播媒质，即空气分子的运动方向和声波传输的方向呈平行状态。而对于横向波来说，其传播媒质的运动方向和波传输的方向呈垂直状态，例如水波，或是琴弦振动产生的波。声波在以纵向波的形式传播时会产生压缩波和扩展波两种。其中压缩波代表空气分子的集中运动，而扩展波则代表空气分子的分散运动。空气分子的集中运动代表声压或声信号振幅的提高。分散运动代表声压或声信号振幅的衰减。空气分子的这种集中、分散运动的速度被称为粒子速度（Partical Velocity）。图 1-3 为压缩波及扩展波的形成示意图。

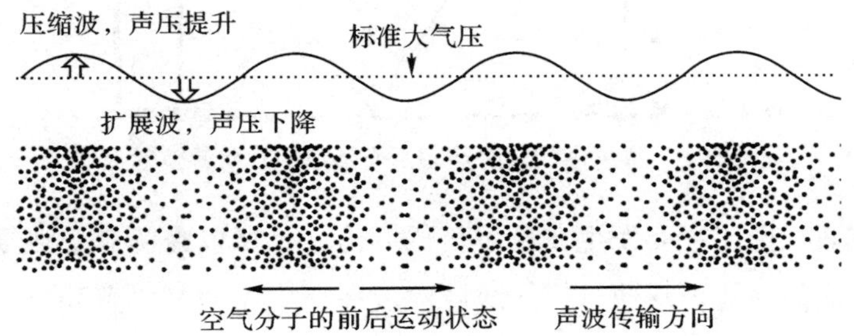

图 1-3　声波在传输中压缩波及扩展波的形成

1.5 相位关系和梳状滤波效应

相位关系代表两个频率相同的正弦波之间的时间关系。即如果一个正弦波相对于另一个频率相同的正弦波来说具有一定的延时的时候，当两个正弦波合成之后所形成的彼此干涉的关系。这种干涉关系可形成两种极端的表现，即 0 度和 360 度叠加相位所表现出来的频率不变，振幅提升，以及 180 度反相所表现出来的 0 输出。这两种干涉如图 1–4 所示。

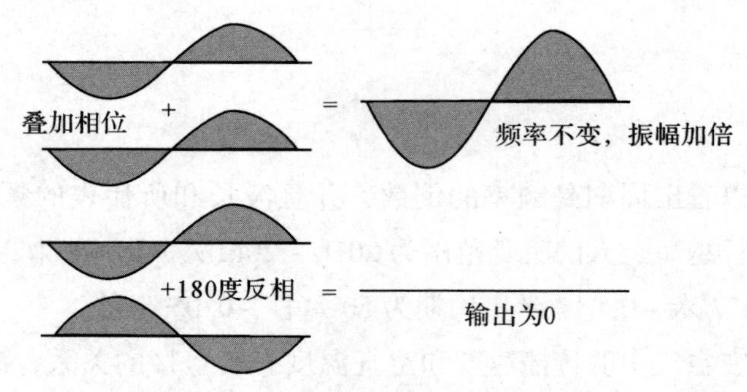

图 1–4　相位叠加及相位反相示意图

在实际录音工作中，当上述正弦波之间的干涉关系发生在复杂的乐音上时，即当一个延时的乐音信号与一个没有延时的乐音信号合成后，由于相互干涉所形成的波形在响应曲线上很像一把梳子，所以被称为梳状滤波效应。梳状滤波效应的形成及其频响曲线如图 1–5 所示。

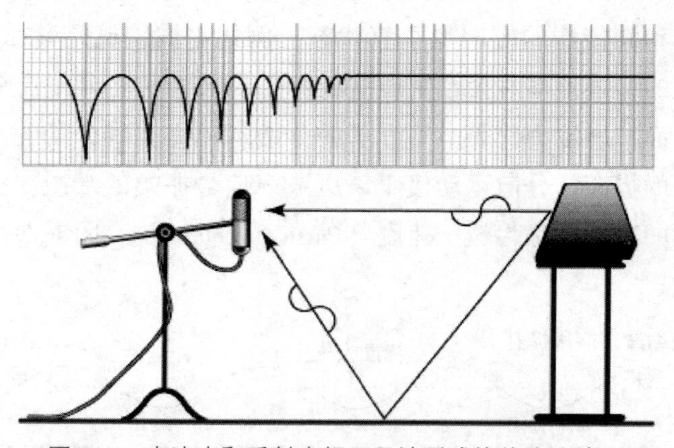

图 1–5　直达声和反射声相互干涉形成梳状滤波效应

梳状滤波效应由于主要发生在长波长低频信号，所以在听感上主要表现为低频信号的衰减造成整体音乐变薄。梳状滤波效应在录音室内相当普遍，因为其主要由时间差造成，时间差可以发生在直达信号和它的反射信号之间，也可以发生在同一个麦克风上首先到达的信号和较晚到达的其他串音信号之间。这也是为什么在实际录音中，录音师通常要在试音过程中检查调音台上每个通路的相位情况，并且在最后合成时检查单声道的兼容度。在录音时，录音师一般通过增加信号间的电平差，降低反射声级，以及减少串音来抑制梳状滤波效应。主要方式有：

1. 通过铺设吸声材料来降低反射声对直达声的干涉。

2. 通过使用指向性麦克风来抑制串音对直达信号的干涉。

3. 通过使用3：1原则来抑制串音对主信号的干涉。所谓3：1原则就是指麦克风之间的距离应该至少3倍于麦克风到声源之间的距离。

1.6 声强级、声功率级和声压级

声强级、声功率级以及声压级就是使用dB表示的声强、声功率和声压。其中声功率代表在单位时间内的声能量，单位为焦耳/秒，或使用“瓦”来表示。声强代表在单位面积上的声功率，单位为瓦/平方米。声压是作用于单位面积上的压强，用牛顿/平方米表示。

声强级可用公式9得出：

$$SIL = 10\log\frac{I}{I_r} \qquad (公式9)$$

其中SIL为声强级的英文Sound Intensity Level缩写，I=实际测量声强值（瓦/平方米），I_r=参考声强值，即10^{-12}瓦/平方米。

根据公式9，可以求出一个纸盆直径为25厘米的扬声器在输出20毫瓦功率信号时，在扬声器纸盆上所产生的声强级。首先应计算出在扬声器上的辐射面积：

$$A=\pi r^2=\pi\left(\frac{0.25\text{m}}{2}\right)^2=0.049\text{m}^2$$

根据计算可以求出实际声强为：

$$I=\left(\frac{W}{A}\right)=\left(\frac{20\times10^{-3}\text{W}}{0.049\text{m}^2}\right)=0.41\text{W/m}^2$$

然后再根据公式9计算出声强级的值：

$$SIL=10\log\left(\frac{0.41\text{W/m}^2}{10^{-12}\text{W/m}^2}\right)=116\text{dB}$$

声功率简称为SWL，即英文Sound Power Level的缩写。其公式为：

$$SWL = 10\log\frac{W}{W_r} \qquad (公式10)$$

其中W代表用瓦来表示的实际测量的声功率值，W_r代表参考功率值即10^{-12}瓦/平方米。根据公式10，可以计算出实际声功率1瓦所代表的功率级。

$$SWL = 10\log\frac{W}{W_r} = 10\log\frac{1\text{W/m}^2}{10^{-12}\text{W/m}^2} = 120\text{dB}$$

声压被定义为在某一点上，声波所表现出的有效压强。人耳听觉范围内的声压可以从小于 20 微帕斯卡（20×10^{-6}帕斯卡）到大于 20 帕斯卡的范围之间变化。这里 20 微帕斯卡和 20 帕斯卡分别代表人耳的听阈点和痛阈点。声压级的公式可表示为：

$$SPL = 20\log\frac{P}{P_r} \quad \text{（公式 11）}$$

其中 P 代表实际测量的伏特声压，而 P_r 则代表参考声压（2×10^{-5}帕斯卡/平方米）。根据公式 11，可以计算出 1 帕斯卡所代表的声压级是：

$$SPL_{1Pa} = 20\log\frac{P}{P_r} = 20\log\frac{1\text{Pa}}{20\mu\text{Pa}} = 20\log(5\times10^4) = 94\text{dB}$$

1.7 人耳的结构及各部分功能

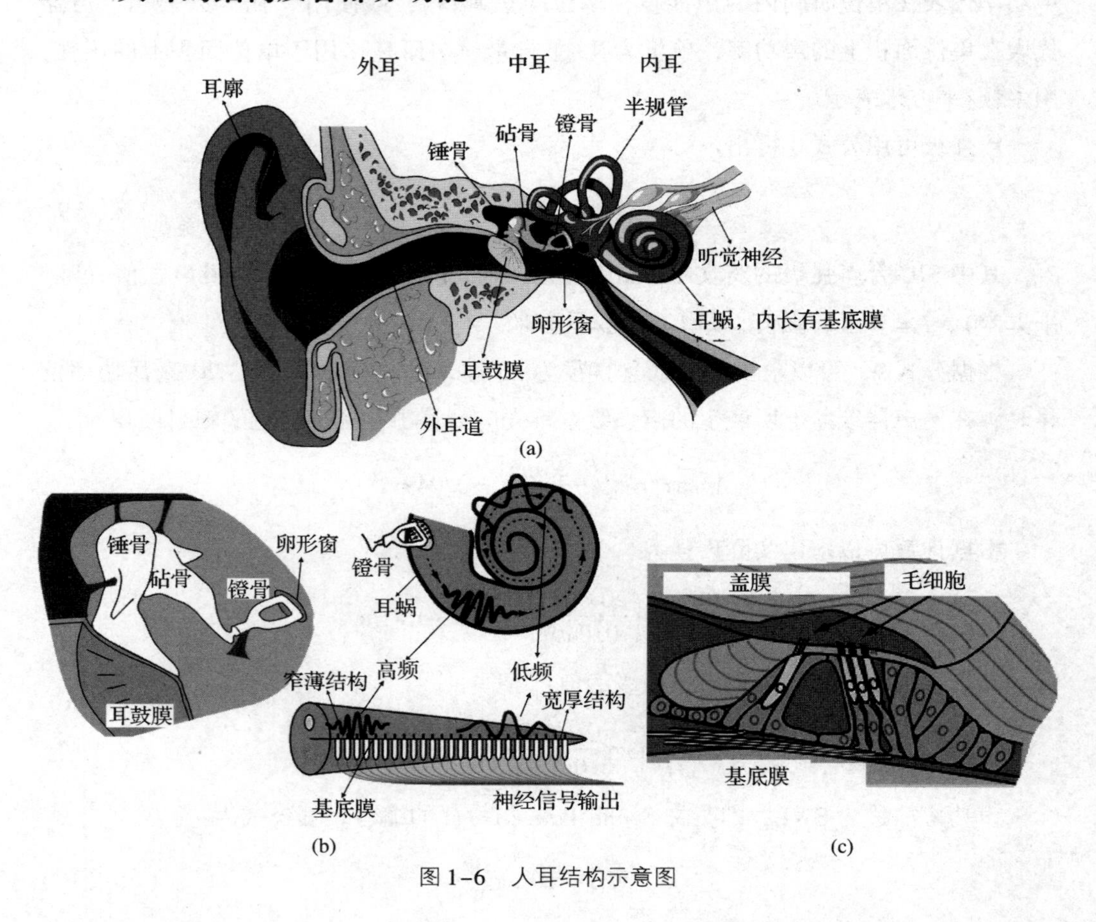

图 1-6 人耳结构示意图

根据图 1-6（a）可以看到人耳主要由外耳、中耳和内耳三部分组成。其中外耳代表从耳廓经过耳道到耳鼓之间的部分。其中耳廓的主要作用是：

1. 拢音，在某一频率范围内形成共振，从而提升人耳对于该频率范围的敏感度。

2. 声源定位。

耳廓的特殊形状可以根据入射声波的角度不同，对声波有不同角度的反射。另外，在耳廓上的复杂结构也以一种共振腔的形式存在，这种反射和共振的作用可以对入射声波进行调制并改变声波在耳鼓处的频谱表现，另外，由于头部对于声波的阻挡作用，可以使人们很容易辨别声音在人体前后位置的变化。所以由耳廓部分起主要作用的双耳听音效应配合头部移动效应，是人们日常听音辨位的主要依据。人耳的这种听音辨位功能又被称为头部相关传导功能，英文表示为 HRTF，是 Head Related Transfer Function 的缩写。在图 1-6，外耳道的作用主要在于通过耳道共振来提高声音传导的响度，即在 3kHz～4kHz 声波因共振传导而提升大约 12dB。直径为 0.7 厘米的外耳道，其长度为 25 毫米～35 毫米，正好等于 3kHz～4kHz 频率的 1/4 波长，所以在 3kHz～4kHz 处产生第一共振峰，并在 9kHz 处产生第二共振峰。

外耳结构部分中止于耳鼓膜。耳鼓膜是一种非常薄而轻、具有高度弹性的组织，是外耳和中耳之间的分界线。耳鼓膜在结构上说从外耳方向到中耳方向共分为外、中、内三层，其中外层为复层鳞状上皮，内层为中耳腔黏膜，中间为纤维层，主要用来增加耳鼓的强度和弹性。耳鼓的主要作用在于将外界传入声波的声压转换为作用在中耳部分的力学振动。

人的中耳主要由 3 块小骨组成，即锤骨、砧骨和镫骨，来自耳鼓膜的振动将通过这三块小骨传送到中耳和内耳交界的卵形窗上。中耳以耳骨膜为界和外耳分开，以卵形窗为界和内耳分开。锤骨和耳鼓膜的纤维结构相连，并且在耳鼓膜静止的时候，从耳道方向看去应为凹面锥体形状。锤骨和砧骨呈紧密连接状，在正常的状态下进行统一的运动，并以杠杆的形式带动镫骨，将来自耳鼓膜的振动传给卵形窗。中耳小骨链的细节如图 1-6（b）所示。总结来说，中耳的主要功能在于两个方面：

1. 以最少的损失将耳鼓膜的振动传导给卵形窗。

2. 有效避免听觉系统受到外界较大声压级信号的损坏。

为了在耳鼓膜和卵形窗之间进行有效的声能传输，卵形窗上所受的力，从自然性来说大于耳鼓膜所受的力，以克服耳蜗内淋巴液的高阻抗特性对于声波传导的阻尼作用。所以说，位于中耳的听音小骨可以认为是一种阻抗转换器，其阻抗转换作用的实现主要基于两个原因：

1. 由锤骨和砧骨各自的长度不同所引起的在卵形窗上受力的变化。

2. 由耳鼓膜和卵形窗表面积的不同所引起的受力的变化。耳鼓膜的表面积是 80 平方毫米，而卵形窗表面积只有 3 平方毫米。

一般来说，在卵形窗上的受力值应为耳鼓膜表面上受力值的33.8倍。

中耳的另一个作用在于防止听觉系统受到外界大声压级信号的损害，这主要是通过在中耳的鼓膜张肌和镫骨肌两块很小的肌肉实现的，其中鼓膜张肌与耳鼓相连，而镫鼓肌与镫骨相连，当外界声压级到达75dB左右的时候，通过这两块肌肉可以提高听音小骨对于声波的阻抗，可以将声压级降低12dB~14dB左右。

根据图1-6（b）所示，人的内耳主要由$2\frac{3}{4}$转的耳蜗和展开长度为32毫米~35毫米的基底膜构成。内耳的主要功能是将声波转化为脑电波信号并传给大脑听觉神经中枢系统。基底膜从卵形窗处开始到其末端呈现为一种由窄薄到宽厚的物理结构分别针对人耳可分辨的频段进行从高频到低频的反应及分析。也就是说，在基底膜接受来自卵圆窗的振动后，根据其在不同位置上的反应，将传给大脑不同的频率信息。基底膜并不是听觉的感受器，而位于基底膜上的柯蒂氏器才是听觉感受器。在柯蒂氏器内含一排内毛细胞及三排外毛细胞。内毛细胞约有3000个，外毛细胞约有12000个。毛细胞顶部的胶状物是盖膜。基底膜在接收到卵形窗的振动并产生波浪状运动后，与盖膜形成一种摩擦，并导致毛细胞受到刺激，从而产生毛细胞底部神经纤维的电化学兴奋，并将基底膜上的振动信息传导给大脑，于是大脑便可以分辨出振动的频率点和相应的响度。柯蒂氏器如图1-6（c）所示。

1.8 临界带宽

临界带宽理论主要描述了听觉系统如何从一个复杂的声波中来识别两个单一频率的能力。假设有两个正弦波信号，振幅为A1和A2，频率为F1、F2。当两个信号同时发声的时候，如果F1=F2，听音者只能听到一个信号。但当固定F1，而使F2发生略微的变化时，就会听到由于两个信号频率的不同而引起的振幅波动现象，被称为拍音。拍音频率等于F2-F1（如果F2大于F1）或F1-F2（如果F1大于F2），振幅在A1+A2和A1-A2之间变化（如果A1大于A2），或A2+A1和A2-A1之间变化（如果A2大于A1）。如果两个信号振幅相等的话，拍音振幅将在2A1和0之间变化。绝大多数听音者在两个信号的频率差为12.5Hz的时候就可以感到拍音的存在，但并不能将两个音从主观听感上分开，而只是觉察到音质的粗糙感。当两个信号的频率差为15Hz的时候，人耳通常可以辨别出两个信号的存在，但仍然感到声音的粗糙。但如果频率差继续加大，最终将到达一个频率点使听音者可以明确辨别两个独立的频率信号。所以在基底膜上，只有当产生振动的两点之间距离足够大，或者说代表两个频率信号之间的频率差足够大，基底膜才能对这两个纯音完全解决，而导致人耳主观听感从分离且粗糙到分离且平滑所代表的两个纯音之间的频率差被称为临界带宽，而信号从听感粗糙到平滑所代表的频率点为临界频率。临界带宽通常使用CB表示，为英文Critical Bandwidth的缩写。临界带宽和临界频率的具体数值因人而异，具有很大的主观性。

1.9 响度

频率成分和振幅是影响人耳对于响度感知的两个主要因素，因此一个声信号，有时虽然振幅很大，但如果远离人耳的敏感频段，响度也不一定大。另外，尽管人的听音频率范围在20Hz～20kHz之间，但其实每个人有很大的区别，并且该范围将随着年龄的增长从高频区域开始逐渐缩小。据调查，一般一个正常发育的人在20岁以前都可以听到20kHz的信号，而在此之后高频上限将衰减到16kHz。在60岁左右的时候，人耳所能听到的高频一般只能在8kHz左右，这种随年龄增长而出现的听力下降的现象被称为老年性耳聋。老年性耳聋除了在听觉频率范围中的上限频率衰减外，还伴随有在所有频率上听觉灵敏度的下降，并且高频的衰减大于低频的衰减，且男性比女性严重。当然，人听觉能力的下降还会由于其他一些原因造成，例如长时间暴露在较大的噪声之下，或较长时间配戴耳机等。

因为人耳对不同频率的响度有不同的感知，所以其听阈也随频率的变化而变化，并表现在中频区域具有较高的灵敏度。因此，无论是AES还是ITU或是DOLBY公司对录音室的监听声压级标准都有明确规定：即79dB～85dB。以保证在节目制作时，录音师可以听到平直的频响曲线，即通过振幅的提升来弥补由于频率的差异所造成的人耳对于响度听感的差异。这一点可以从图1-8弗来舍-芒森曲线看出。弗来舍-芒森曲线又被称为等响曲线，主要展示了从20Hz～20kHz，一系列响度相同

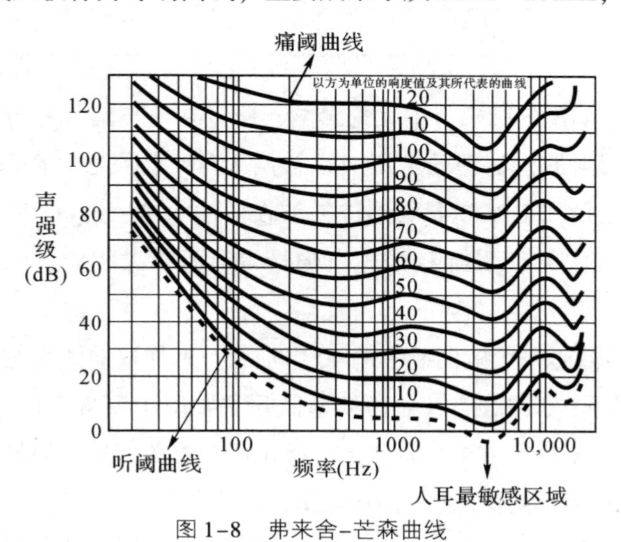

图1-8 弗来舍-芒森曲线

的正弦波信号之间声压级的关系。根据图示，如果一个 50Hz 的正弦波信号的响度要与一个 1kHz、40dB 的信号响度相同的话，其增益就要再提高 30dB，达到 70dB 的标准。在弗来舍-芒森曲线图上，最底端的曲线代表人耳在不同频率上的听阈门限，最顶端的曲线代表人耳在不同频率上的痛阈门限。

响度的单位用方（Phon）来表示，其数值和 1kHz 频率信号在弗来舍-芒森曲线上所代表的声压级相同，并代表响度的客观单位。这意味着在 1kHz 的频率上，声压级为 60dB 的信号响度为 60 方。在 1kHz 上，0 方代表人耳听阈门限，120 方代表痛阈门限。响度的另一个单位是宋（Sone），表示人耳在自然状态下根据声压级的变化所表现出的对于响度听感的变化。1 宋等于 40 方，同时以 1 宋为标准，在 2 宋时响度增加一倍，而在 0.5 宋时响度减少一倍。如果声压级提高 10dB 代表响度提高一倍，声压级降低 10dB 代表响度降低一倍的话，2 宋等于 50 方，0.5 宋等于 30 方。表 1-2A 是方和宋的对照关系，表 1-2B 展示了响度和分贝之间的关系。

表 1-2A

宋值	1	2	4	8	16	32	64	128	256	512	1024
方值	40	50	60	70	80	90	100	110	120	130	140

表 1-2B

衰减量 dB	主观听感	衰减量 dB	主观听感
0dB	0 参考值	-20dB	达到原响度的四分之一
-3dB	开始感觉到响度变化	-30dB	达到原响度的八分之一
-6dB	明显听到响度变化	-40dB	达到原响度的十六分之一
-10dB	响度降低一半		

由于频率对于响度的听感有很大的影响，所以在对声信号进行测量的时候，必须使用经过频率因素加权处理的声压级来补偿人耳听音灵敏度随频率变化的特性。目前主要使用的三种加权滤波器所形成的加权曲线为 A、B、C 三种，如图 1-9 所示，并且按照 A、B、C 三种加权处理所测量得出的结果相应表示为 dBA、dBB 和 dBC。其中：

1. A 加权曲线接近于等响曲线中的 40 方曲线。A 加权曲线根据人耳自然听觉特性，衰减 1kHz 以下，及 5kHz 以上的频率，并主要用于测量声压级范围在 20dB ~ 55dB 之间的信号。A 曲线由于在表现上接近人耳听感在信号振幅较小时对响度的听感，所以该加权曲线通常用于测量声压较低的噪声信号。

2. B 加权曲线接近于等响曲线中的 70 方曲线，并根据人耳自然听觉特性，衰减

200Hz 以下，及 5kHz 以上的频率，主要用于测量声压级范围在 55dB ~ 85dB 信号。

3. C 加权曲线接近于等响曲线中的 100 方曲线，并根据人耳自然听觉特性，衰减 50Hz 以下，及 10kHz 以上的频率，主要用于测量声压级在 85dB 以上信号。

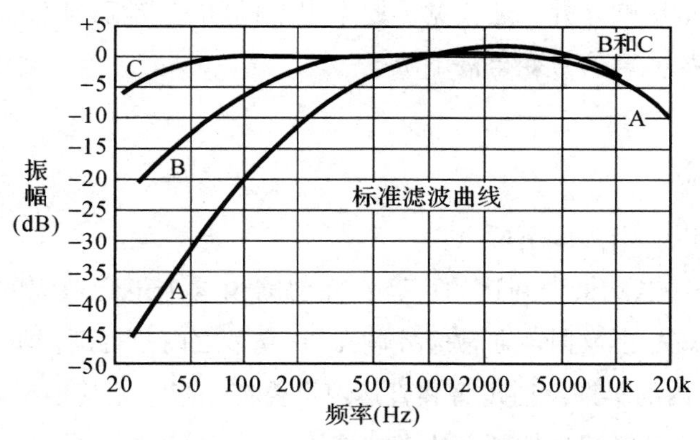

图 1-9 dBA、dBB、dBC 加权曲线示意图

1.10 录音室监听音量标准的确定

目前在录音室中的监听标准被定为 79SPL ~ 85dBSPL，以保证录音节目的频响曲线在监听状态下保持平直，但该标准同样受到房间尺寸、设计格局以及室内共振模式的影响。所以，在绝大多数录音环境中，监听声压级主要取决于人耳的舒适程度以及对监听扬声器频响特性的熟悉程度。在实际工作中，监听音量的选择必须考虑以下 4 点：

1. 监听音量过小容易造成最终的音频节目低频过量。这主要是由于人耳对低频的不敏感性使得录音师刻意提升低频造成的，并导致录音节目音色黯淡，音乐听起来变得较为沉重。

2. 监听音量过大容易造成录音师听觉疲劳。

3. 如果监听音量过大，会造成对录音节目频响曲线的过分弥补，从而导致在正常音量下进行监听时低频的不足。

4. 监听音量过大将导致对声场内各种小信号的过分强调，并造成远距离乐器或小声压级的信号在通过正常音量监听时消失不见。

对于监听音量的合理选择有助于录音师保护自己的听力系统，尤其是在较大的声压级环境中不至于受损。根据实验表明，人在 90dB 噪声之下的承受能力为 8 个小时，在 93dB 下为 4 个小时，96dB 之下是 2 个小时，而在 100dB 的声压级下的承受能力还不到半个小时。如果一个人长期暴露在大声压级的环境中，其听力会有在听觉敏感性和听觉敏锐性上的两种损失。其中听觉敏感性的损失意味着听音门限的提高，说明受伤的人耳将听不到以前可以听到的声音。该现象根据人耳暴露在噪声下时间的长短，可以是暂时性的，也可以是永久性的。相对于敏感性损失而言，听觉敏锐性的损失是一种更加细微的现象，并且比第一种现象更为严重。这种损害除了对于听觉门限造成影响之外，还拓宽了原本很窄的临界带宽，使人耳对于具有特定带宽的信号，例如噪声信号变得极不敏感。

1.11 哈斯效应

哈斯效应可以总结为以下两点：

1. 人耳首先注意到最先到达的声音，而忽略由这个声音造成的30毫秒之内的早期反射声，也就是说反射声通常应控制在30毫秒之内，否则会听到回声。

2. 30毫秒之内的早期反射声将和直达声重叠在一起，尤其是5毫秒～10毫秒之内的早期反射声，可以起到加厚直达声的作用。

根据上述，哈斯效应又被称为先入为主效应。由于哈斯效应而被掩蔽的信号区域被称为哈斯掩蔽区域，该区域通常用时间表示，并且时间的长短和反射声的声强有着直接的关系，如下所述：

1. 在反射声强不高于直达声强10dB的情况下该时间区域为40毫秒，也就是说在该反射声强级的情况下人耳只能将在直达声后40毫秒以内到达的声波合并为直达声。

2. 如果反射声的声强等于直达声的声强，该时间区域为50毫秒，也就是说在该反射声强级的情况下人耳只能将在直达声后50毫秒以内到达的声波合并为直达声。

3. 如果反射声强低于直达声强3dB，该时间区域为80毫秒，也就是说在该反射声强级的情况下人耳只能将在直达声后80毫秒以内到达的声波合并为直达声。

1.12 声反射

声场可根据是否存在声反射被区分为自由声场和混响声场。一个没有声反射存在的声场环境被称为自由声场，例如户外环境，而一个存在有反射声波的声场为混响声场，例如室内声场环境。

声波的反射是由于障碍物尺寸大于声波的1/4波长所造成的。主要包括平面反射、凸面反射和凹面反射。对于平面反射来说，因为入射声波的入射角等于反射声波的反射角，所以又被称为镜像反射。由于平面反射的反射声波以直线方式传播回室内环境，因此该类反射通常会造成室内某一处的声能堆积，从而造成在该区域声压的提升。通常来说，凸面反射由于反射声波呈半球形向四周发散，并且反射声能在室内各处表现得较为均匀，所以常被用来做扩散体使用。而凹面反射则由于反射声能呈聚焦状态，所以只用于特殊的录音领域，例如凹面反射可应用在抛物线传声器上以便提高麦克风的灵敏度。图 1–10 为凹面及凸面反射示意图。

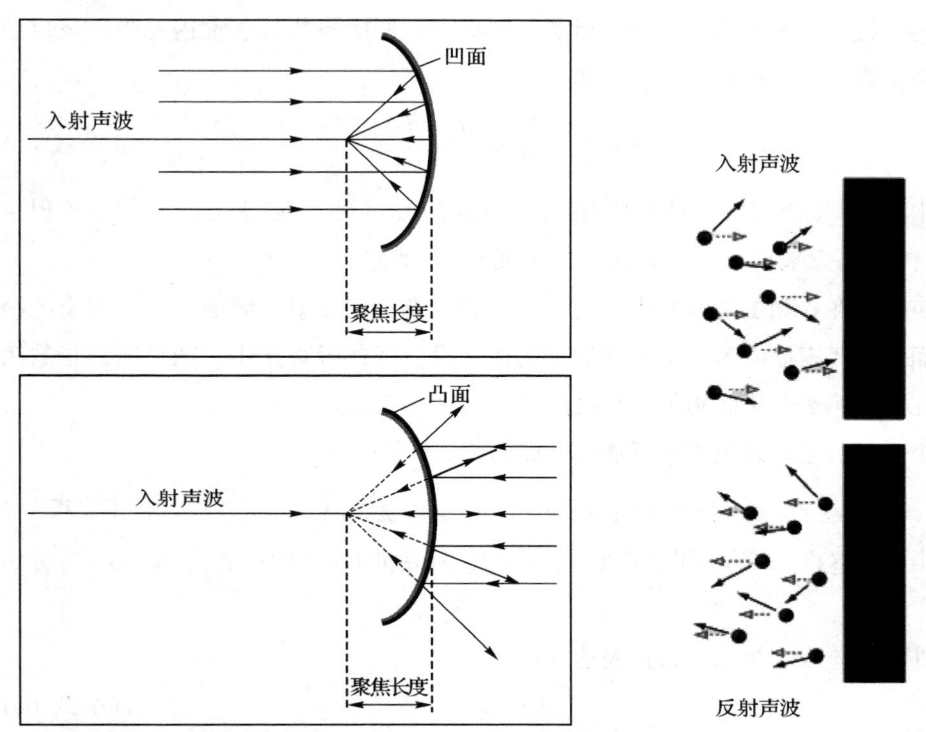

图 1–10　声波在凹面及凸面上的反射情况

图 1–11　在接近反射面的地方入射声波和反射声波相位叠加形成压力区域

当声波接触到墙面并产生反射时，在距离墙面非常近的地方，入射声波和反射声波会以耦合亦称相位叠加的方式彼此干涉，从而造成在该区域声能的提升，如图 1–11 所示。该区域通常被称为加倍压力区域，该压力区域现象作为原理被用于压力区域麦克风（也被称作界面麦克风）的设计中，以提高麦克风的灵敏度，并避免梳状滤波的形成。

1.13　平方反比定律

平方反比定律表明了声波在自由声场内传输时，由于没有反射声波对于直达声波在声能上的补充，因此表现出听音者和声源距离增加一倍时声强衰减 6dB 的效果。而如果听音者和声源距离缩小一倍，声强则增加 6dB。对于混响声场来说，由于反射声能对于直达声能的补充作用，所以平方反比定律不成立。

1.14 吸声及吸声材料

吸声的作用主要在于通过控制声波反射来抑制噪声、控制室内混响时间以及降低驻波的干扰。吸声内容中主要包括了三个概念，即吸声指数、室内总吸声量以及平均吸声指数。吸声指数计算公式如下：

$$\alpha = 1 - \frac{I_r}{I_i} = \frac{(I_i - I_r)}{I_i} \quad \text{（公式 12）}$$

其中 α = 单位面积内的吸声指数，I_r = 反射声波声强（瓦/平方米），I_i = 入射声波声强（瓦/平方米），$I_i - I_r$ = 被吸收的声强（瓦/平方米）

吸声指数在 0 和 1 之间变化，其中 1 代表没有任何反射，墙面是一个完全的吸声体。而 0 则代表墙面为一个完全的反射体，没有任何吸声产生。如果吸声指数为 0.3 代表入射声波的声能 30% 被吸收而另外 70% 被反射。

一个房间的室内总吸声量可通过下面的公式计算：

$$A = S_1\alpha_1 + S_2\alpha_2 + S_n\alpha_n = \sum S_i\alpha_i \quad \text{（公式 13）}$$

其中 A = 室内总吸声量（赛宾），S_i = 室内总面积（平方米），α_i = 墙面吸声系数。

另外房间总吸声量也可直接表达为：

$$A = S\bar{\alpha} \quad \text{（公式 14）}$$

其中 A = 室内总吸声量（赛宾），S = 室内总面积（平方米），$\bar{\alpha}$ = 室内平均吸声指数。

室内的平均吸声指数可通过下面公式 15 计算得出：

$$\partial_m = \frac{A}{S} \quad \text{（公式 15）}$$

其中 α_m = 平均吸声指数，A = 室内总吸声量（赛宾），S = 室内总面积（平方米）或是：

$$\bar{\alpha} = \frac{(S_1\alpha_1 + S_2\alpha_2 + S_3\alpha_3 + \cdots + S_n\alpha_n)}{S} \quad \text{（公式 16）}$$

例如，一个房间的长，宽，高分别为 4 米，5 米，3 米，在 500Hz 处，地面的吸声指数为 0.02，墙面为 0.05，顶棚为 0.25。求总吸声量和平均吸声系数。

A（地面总吸声量）$= S_1\alpha_1 = (4\times5)\times0.02 = 0.4$ 赛宾

A（墙面总吸声量）$= S_2\alpha_2 = [2(3\times4) + 2(3\times5)]\times0.05 = 2.7$ 赛宾

A（顶棚总吸声量）$= S_3\alpha_3 = (4\times5)\times0.25 = 5$ 赛宾

A（室内总吸声量）$= S_1\alpha_1 + S_2\alpha_2 + S_3\alpha_3 = 8.1$ 赛宾

因为 $S_t = S_1 + S_2 + S_3 = 94$ 平方米

所以 α（室内平均吸声指数）$= A/S = 8.1/94 = 0.086$

在录音室内通常使用不同的材料来针对中高频和低频进行吸收。对于中、高频率信号的吸声控制主要依赖于多孔材料的应用。其原理是细微的纤维孔可容纳波长较短的频率，使得声波进入孔内后通过快速振荡，声波和孔壁进行摩擦，将声能转为热能消散。入射声波的频率越高，多孔材料的功效就越大，因为频率越高，声波在孔内振动就越快，声波和孔壁摩擦增强，就越容易将声能转化为热能。图 1–12 为高倍放大的多孔材料内部细节，从中可以看到多孔材料必须具备以下特征：

1. 孔洞对外开口。
2. 孔洞之间相互连通。
3. 孔洞深入材料内部。

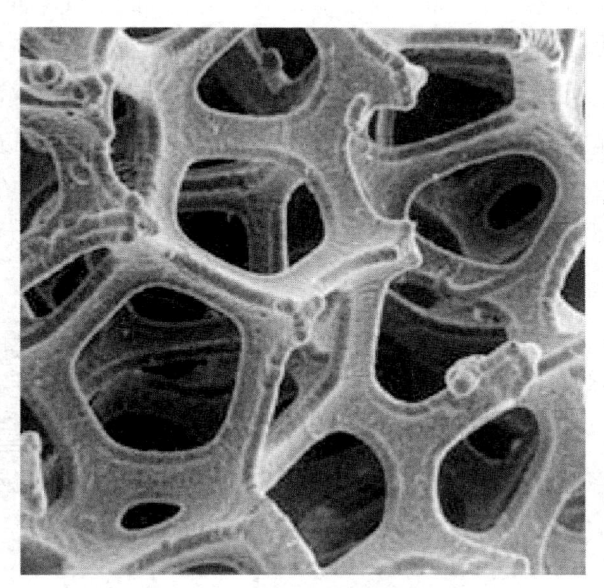

图 1–12　多孔材料内部结构

目前在录音室内常用的多孔吸声材料主要包括：棉花、矿渣棉、毛毡、玻璃棉以及泡沫塑料等。图 1–13 为在录音室装修中常见的玻璃棉。在实际工作中由于这种材料在安装时必须使用布料进行包裹，所以其包裹的松紧度同样会影响到吸声的功效。一般来说，多孔材料被包裹得越紧，其吸声能力就会变得越低。

在录音室内，对于低频声波的吸收主要通过共振获得，该类吸声体主要包括空腔共振吸声体以及薄板式或薄膜式共振吸声体。

空腔共振吸声结构遵循的是亥姆赫兹共振原理，并主要运用在穿孔板的使用中。亥姆赫兹定律又被称为空腔共振定律，如图 1–14 左图和中图所示，当气流快速通过瓶口时，在瓶口处气流速度提高，气压下降，于是位于瓶颈处的空气上升，向瓶

图 1-13　玻璃棉

口处位移。当气流通过后，气压恢复正常，位于瓶颈处的空气又向下回到原来位置。于是空气在瓶颈部分的振动形成一种简谐振动，如图 1-14 右图所示，并由于振动，空气和瓶颈产生摩擦力，将声能变为热能消耗掉，从而起到吸声的作用。因为消耗掉的声能所处的频率范围非常接近于空气在瓶颈的共振频率，所以可以看出该类的吸声体的工作频率范围很窄。根据上述可以看到该共振频率和瓶口的表面积、瓶颈的长度以及瓶内的容积有着直接的关系，用亥姆赫兹共振频率公式表达如下：

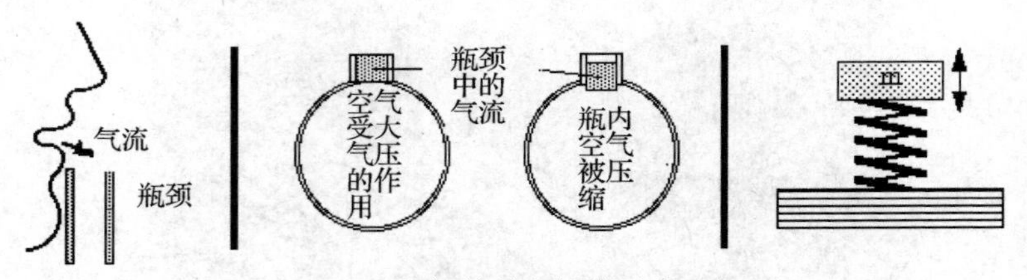

图 1-14　亥姆赫兹共振的形成示意图

$$f=\frac{c}{2\pi}\sqrt{\frac{S}{VL}} \qquad \text{（公式 17）}$$

其中 c= 声速（米/秒），S= 瓶口表面积（平方米），V= 瓶内容积（立方米），L= 瓶颈长度（米）

图 1-15 为目前常用的穿孔板，该类穿孔板可以被看作是多个亥姆赫兹共振体的集合，并且根据公式 17 可以看出空腔共振吸声结构的工作频率范围非常窄，一般只有在其共振频率处才可以起到作用。一旦超出其共振频率范围，吸声效果将急剧下降。但下面两个办法通常可以帮助拓宽该类吸声体的工作频段：

1. 在穿孔板背面增加多孔吸声材料，来增大其与空气运动的阻力，迫使频率向低频扩展。

2. 缩小孔径，以便增加孔壁与孔内空气的摩擦力。该类穿孔板也被称为微穿孔本板。

另外，吸声材料的效用和它与墙体之间的距离有着很大的关系，一般来说，材料和墙体之间的距离应等于要处理声波波长的 1/4，因为一个声波在其 1/4 波长处具有声速最大、声压最小的特征，而在做吸声处理时通常在声波速度最大处对其加以拦截，才能实现最有效的处理。

图 1–15　穿孔板

第二种共振吸声结构是薄板式或薄膜式共振吸声结构。这种吸声体主要有皮革、人造革以及塑料薄膜等材料。由于这些材料具有不透气、柔软以及具有一定张力等特点，因此可以与材料后面的空气层形成一个共振系统，其共振频率与材料的质量、材料后面的空气层厚度有着密切关系，用公式 18 表示如下：

$$f = \frac{170}{\sqrt{md}} \qquad \text{（公式 18）}$$

其中 m = 材料的质量（千克），d = 材料后面的空气层厚度（米）。

总结上述内容可知，一般吸声材料的吸声能力主要取决于以下 3 点：

1. 材料的厚度。

2. 材料的密度。

3. 材料与墙面的空间距离。

在实际工作中，除了所设计的吸声材料外，也要考虑人和空气的作用。一般来说，一个穿便装的人在 250Hz 的总吸声量为 2. 5 赛宾，而在 500Hz 处是 2. 9 赛宾，在 1kHz 处为 5. 0 赛宾，4kHz 处为 5. 0 赛宾。而对于空气吸声来说，通常只有在两种情况下才考虑：（1）声波频率大于 1kHz。（2）声波在较大声场中进行传输时。在以上两种情况下，声波频率越高，衰减得越快，或者说越容易被吸收。

1.15 混响

混响信号是在室内直达声及早期反射声之后的一系列高密度小声压级信号。如图 1-16 所示，混响信号位于一次反射声、二次反射声等早期反射声之后。对于早期反射声来说，人耳可以分辨出每个单独的反射信号，但对于混响来说，由于反射信号之间的密度很大，所以人耳无法对每个单独的信号进行单独听辨。

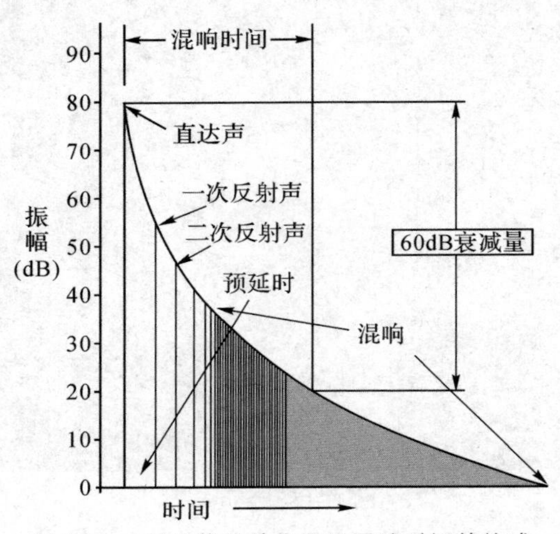

图 1-16 混响信号的位置及混响时间的构成

在对混响的使用中，最主要的是对于混响时间的控制。混响时间被定义为在室内一个声信号被结束后，其声能继续衰减 60dB 所需要的时间，所以混响时间又被称为 Rt_{60}。从图 1-16 中可以看到混响时间的跨度是在直达信号到 60dB 衰减处，其中包括了预延时的时间和早期反射信号的时间。在测量中采用 60dB 为测量值是因为一般音乐厅的本底噪声值为 40dB，而交响乐的峰值信号可以达到 100dB，所以必须使用 60dB 才能弥补其间的差值。在实际工作中，有时为了方便，混响时间只测量 20dB～30dB 的衰减值，被称为 Rt_{30} 或 Rt_{20}。混响时间的计算公式又被称为赛宾公式，表示如下：

$$Rt_{60} = \frac{0.161V}{S\bar{\alpha}} \quad \text{（公式 19）}$$

其中 V= 房间体积（立方米），S= 房间总面积（平方米），$\bar{\alpha}$= 房间平均吸声指数。

赛宾公式通常用于在房间平均吸声指数低于 0.35 的情况下，也就是说房间此时应具有明显的混响信号存在。而在房间平均吸声指数大于 0.35 时，则通常使用依林混响时间公式：

$$Rt_{60} = \frac{0.161V}{-S\ln(1-\alpha)} \quad \text{(公式 20)}$$

对于录音师来说，在考虑混响时间的应用时应注意以下几点：

1. 混响信号是一个声能逐步积累和逐步消散的过程，所以室内平滑的混响曲线通常可以通过增加反射面来获得。

2. 混响时间在不同的信号频率上表现不同。一般低频信号的混响时间在听感上大于高频混响。所以在实际工作中，用于低频乐器的混响量应少于高频乐器的混响量。

3. 混响时间太长会影响语言的清晰度。

表 1–3 列出了目前在不同体积大小的声场内，常用的混响时间值：

表 1–3

声场体积（立方米）	会议室，学校，电影院 混响时间（秒）	音乐厅 混响时间（秒）	教堂，管风琴类音乐 混响时间（秒）
10000	1.0	1.5	2.0
1000	0.8	1.3	1.6
100	0.6	1.1	1.2

另外，在一个混响声场内，例如在音乐厅，直达声信号的声能和混响声信号声能相等同的一个点被称为临界距离。理论上录音师应该以临界距离为参考点来控制录音信号的干湿比例，但在实际工作中较难实现。尤其在使用全指向麦克风录音的时候，如果麦克风架设过高，混响或反射信号会在所录制的信号中占主要地位，并在很大程度上影响直达声的清晰度。另外，目前绝大多数的录音要求乐器要有足够的表现力，加上人工混响器足可以模拟一个音乐厅里的自然混响，所以录音师在实际工作中基本不会考虑到临界距离的概念。

1.16 房间共振

房间共振代表声源信号激发房间的固有频率，结果房间成为声源的一部分和声源一起振动，被称为共振。这种共振通常会发生在低频区域，并且容易产生共振的房间形状也主要是很规矩的矩形或正方形。

房间的振动方式又被称为房间的共振模式，共有三种，包括轴向共振模式、切向共振模式和斜向共振模式。所谓轴向共振模式是指在室内六个墙面中，两个墙面参与共振，如图 1–17（a）所示；切向共振模式即室内六个墙面当中，四个墙面参与共振，如图1–17（b）所示；斜向共振模式即室内六个墙面当中，六个墙面参与共振，如图1–17（c）所示。房间共振频率的计算方法如公式21所示：

$$f=\frac{c}{2}\sqrt{\left(\frac{x}{L}\right)^2+\left(\frac{y}{W}\right)^2+\left(\frac{z}{H}\right)^2} \quad \text{（公式21）}$$

其中f=房间共振频率（赫兹），L=房间长度（米），W=房间宽度（米），H=房间高度（米），x，y，z=房间常数，使用包括0在内的正整数表示，例如0，1，2，3，c=声速（米/秒）。

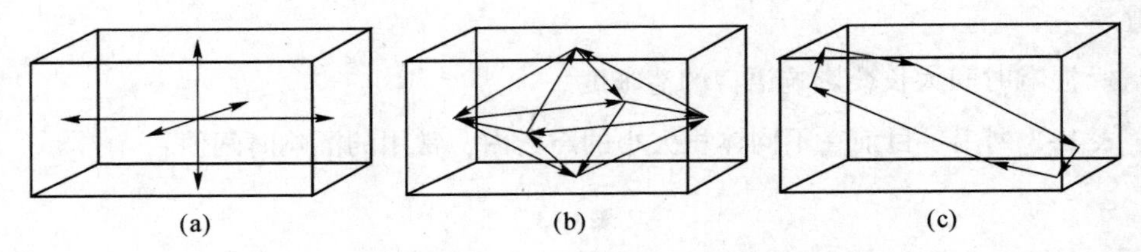

图1–17　房间轴向、切向和斜向三种共振模式

对于一个轴向共振模式来说，其x，y，z的排列为1，0，0；0，1，0；0，0，1；2，0，0；0，2，0；0，0，2……

对于一个切向共振模式来说，其x，y，z的排列为1，1，0；1，0，1；0，1，1；2，2，0；2，0，2；0，2，2……

对于一个斜向共振模式来说，其x，y，z的排列为1，1，1；2，2，2……

例如一个房间的长，宽，高分别为21.5米，16.5米和10米。如果要计算其轴向共振频率的话，可以通过"1，0，0"测试该房间在长度上的共振频率，"0，1，0"测试在宽度上的共振频率，"0，0，1"测试该房间在高度上的共振频率。在实际工作中，房间共振频率一般只计算到300Hz。

根据公式21得出长度上的共振频率为：

26Hz（1，0，0）　53Hz（2，0，0）　79Hz（3，0，0）

宽度上的共振频率为：

34Hz（0，1，0）　68Hz（0，2，0）　103Hz（0，3，0）

高度上的共振频率为：

56Hz（0，0，1）　113Hz（0，0，2）　170Hz（0，0，3）

另外，根据公式21可以看出一个房间的最低共振频率和房间的长度有着直接的关系。可用公式22表示为：

$$f=\frac{c}{2L} \quad \text{（公式22）}$$

其中f=最低共振频率（赫兹），c=声速（米/秒），L=房间长度（米）。

房间共振是室内声学环境不扩散的主要表现之一，在听感上，由于共振所造成的低频声能堆积也会引起录音师对于录音节目频率构成的判断错误。在共振明显的房间内，录音师通常会对节目的低频进行衰减，从而造成在正常听音环境下节目低频不足的现象。

在录音室设计上，有效避免房间共振的最基本的方法就是避免两个平行墙面的形成，从而避免反射声波的直接相互干涉。如果是已经有两个平行墙面的话应在墙面安装一些几何体，将声波反射去不同的方向，从而形成一定程度的扩散。图 1-18 为安装在录音室侧墙的离散回声扩散体，可消除室内两个平行墙面之间反射声波的相互干涉。另外，在录音室内或控制室内低频其实主要集中在墙角，所以很多录音室通过使用低频吸声体来弱化低频在墙角的堆积现象。图 1-19（a）为目前常用的低频吸声体。图 1-19（b）显示了低频吸声体的安装位置。这里值得注意的是，有些录音室在墙面安装大量吸声材料来控制反射声波的声能，并希望可以减轻声波干涉，这样会造成录音节目的声能在室内大量降低，尤其是在高频范围内，同样可以使得录音师对于节目频率构成的错误判断。

图 1-18　离散回声扩散体

(a)　　(b)

图 1-19　安装在墙角的低频吸声体

1.17 声波扩散及扩散体

声波在一个封闭声场内的最佳状态，对于录音师来说就是扩散。在录音室的声学设计中，反射、吸声及房间共振抑制等设计，均以实现声场的扩散为目的。一个扩散声场必须具备以下 4 个特点：

1. 声波衰减曲线平滑。

2. 声波各频率衰减特性相同。

3. 在房间内各处混响时间一致。

4. 没有拍音出现。

而录音室内扩散体的主要功能在于以下几点：

1. 将入射声波反射至不同的方向，以避免由于在声场内某一处有过多的声能堆积而造成室内各处声能的不平均。图 1-20（a）为镜面反射情况，图 1-20（b）为扩散反射情况。

2. 模糊反射声波的方向性。以便使录音师忽略反射声波的存在。一般来说，镜面反射通常可以使录音师觉察到反射声波的方向，也就是说录音师可以很容易听到声能堆积的现象。而扩散反射由于反射声波所覆盖的范围较大，所以弱化了这种现象。

3. 可将绝大多数的声能反射回声场内。如图 1-20（c）所示，从振幅上说，扩散反射的声波声能，相对于直达声波的声能来说不会有过多的衰减，有利于保持室内声能量的平衡。但墙面在经过吸声处理后，很容易造成声能损失，而声能的损失往往伴随着频率的损失。从而导致录音师对于录音节目频率响应的错误判断。

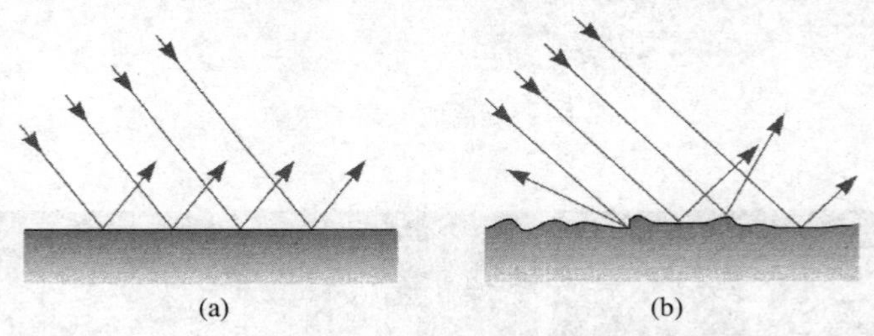

图 1-20　扩散反射的反射声波呈弧形向外扩散，从而导致反射声波的声能在各方向上较为平均

目前很多录音室内使用一些简单的几何扩散体来对声波进行扩散处理。在这种简单的扩散体设计中，主要考虑的是扩散体高度和入射声波波长之间的关系，因为当扩散体在墙面上的高度小于声波波长时，入射声波仍视该扩散体为平面，并产生镜面反射。这是为什么一些录音室尽管安装了扩散体，但在低频范围内还是表现出

扩散不够的原因。一般来说当扩散体的高度为入射声波的1/4波长时，在扩散体表面产生的反射会早于来自墙面反射声波大约1/2个波长。也就是说两个声波为180度反相关系，彼此抵消，并促使声波向不同的方向传播。但如果扩散体高度为入射声波的1/2波长时，在扩散体表面产生的反射会早于来自墙面反射大约1个波长。也就是说两个声波为360度叠加相位关系，此时扩散体功能消失，反射为镜面反射。因此，扩散体在很大程度上是通过控制相位关系来控制反射声波的角度。目前在很多录音室内使用较多的扩散体为二次余数扩散体。

二次余数扩散体又被称为QRD扩散体，是英文Quadratic-Residue Diffusor的缩写。如图1-21所示。为了达到理想扩散效果，扩散体凹槽的数量、宽度和深度都起着关键的作用，其中凹槽深度取决于计划扩散声波的最长波长，而凹槽宽度通常应少于深度，一般被确定为计划扩散声波波长的0.137倍。凹槽数量越多，扩散的效果越好。凹槽深度可通过下面取模公式23获得：

$$\text{凹槽深度} = (\text{凹槽位置})^2 \bmod N \qquad (\text{公式}\,23)$$

其中凹槽位置用整数0，1，2，3，4，5……表示，一般到23为止。N代表QRD扩散体上凹槽的数量。N为素数，即除了1和本身外不能被其他数整除的数。一般来说N值从5开始选择，然后是7，11，13，17，19，23。根据公式23可以得出，如果N为7，即$N7$扩散体的话，在扩散体上各凹槽深度可参见表1-3所示，分别为：0，1，4，2，2，4，1。在图1-22中，数字0代表扩散体的最高位置，4代表该扩散体最深的凹槽。

图1-21 QRD扩散体

表 1-3

扩散体凹槽位置	扩散体凹槽平方	扩散体凹槽深度	扩散体凹槽位置	扩散体凹槽平方	扩散体凹槽深度
0	0	0	4	16	2
1	1	1	5	25	4
2	4	4	6	36	1
3	9	2			

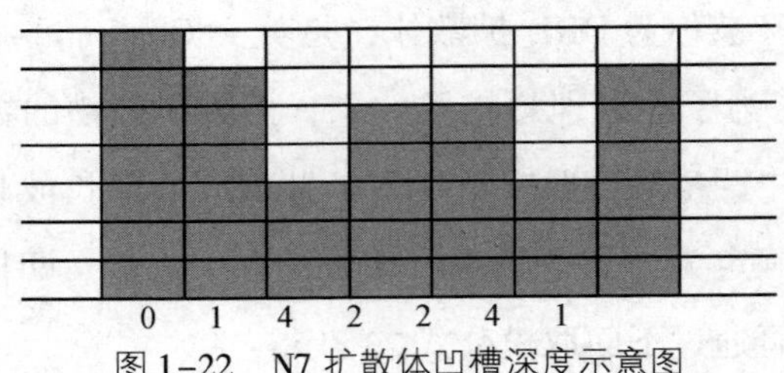

图 1-22　N7 扩散体凹槽深度示意图

目前 N7 的 QRD 扩散体是二次余数扩散体中最常用的一种，根据上述 N7 扩散体凹槽深度的计算方式，可以得出图 1-23 中 N11 和 N13 扩散体的凹槽深度如下：

N11 扩散体凹槽深度序列为：0 1 4 9 5 3 3 5 9 4 1。

N13 扩散体凹槽深度序列为：0 1 4 9 3 12 10 10 12 3 9 4 1。

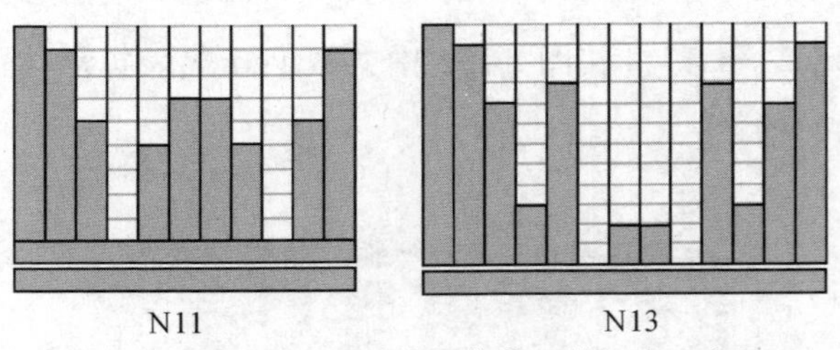

图 1-23　N11 和 N13 扩散体的凹槽深度示意图

1.18　初始延时空隙

初始延时空隙又被称为 ITDG，是英文 Initial Time Delay Gap 的缩写，主要表现为在声场内，直达声与第一次有效反射声之间的间距，因此又被称为预延时。预延时在声信号衰减过程中的位置如图 1-16 所示。初始延时空隙主要贡献于人们对房间尺寸大小的主观听感。通常 ITDG 在小房间的值为 1 毫秒～5 毫秒，而对于较大的空间，比如音乐厅来说，大约为 20 毫秒～25 毫秒左右。初始延时空隙在实际工作中可以有效避免反射声对于直达声的直接干涉。所以具有以下 3 个作用：

1. 赋予录音师以声场感或空间感。

2. 从听感上扩大声场范围。

3. 赋予声音清晰度。

根据图 1-24 可以看到，在录音室的设计中，为了给录音师在听感上的空间感，通常需要将侧反射的声波引导至控制室后墙，并通过在后墙安装扩散体来弱化在后墙的反射声波的声能，从而有效地在录音师的位置上模拟一个无反射区域，即图 1-24 中的 RFZ 区域。RFZ 为英文 Reflection Free Zone 的缩写。图 1-25 展示了控制室内后墙安装的扩散体。

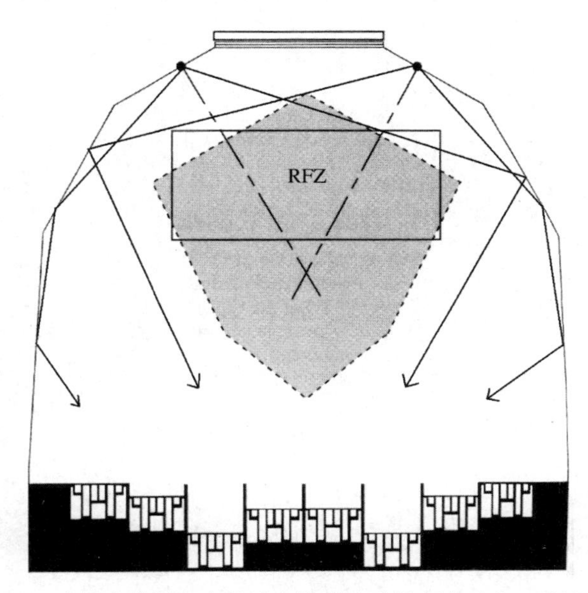

图 1-24　在录音控制室内通过有效引导反射声波形成无反射区域

图 1-25　录音棚控制室内后墙安装的扩散体

第二章

麦克风设计原理

2.1 麦克风特性

麦克风作为换能器主要负责将入射声波的声能转为电能，即将声信号转换为电信号。在实际工作中，由于麦克风的使用具有很大的目的性，所以其技术指标是否理想主要取决于在一定录音环境中对其使用的目的。通过对麦克风特性的考量，可以使录音师区别不同麦克风在具体应用中的不同表现，并有利于录音师在实际工作中对其进行灵活且具有创造性的使用。麦克风的几个主要技术特性阐述如下。

2.1.1 麦克风轴上频率响应

麦克风轴上频率响应代表声波在到达麦克风 0 度轴，也就是麦克风振膜的正中心时所表现出来的声音质量。麦克风轴上频率响应的概念包含两个方面，即声波信号的频率范围以及在该频率范围内信号的振幅变化范围，也就是说麦克风的频响曲线并非是一个绝对的直线。例如一个麦克风的轴上频响特性可表示为 20Hz ~ 20kHz，±3dB，代表该麦克风的频响曲线在振幅为±3dB 范围内，在 20Hz ~ 20kHz 之间呈现平直状态。在理想状态下，频率范围越宽越好，振幅变化越小越好。

根据测量方式不同，麦克风轴上频率响应可分为在自由声场中的频响和在混响声场中的频响两种。其区别在于该频响特性是在自由声场中测得的结果，还是在混响声场中测得的结果，其中在混响声场中所测得的频响曲线结果更接近麦克风在实际工作中的表现，因为录音室并非是一个自由声场，并且来自听音环境的反射声早已成为乐器音色的组成部分。图 2-1 为麦克风轴上信号分别在自由声场和混响声场的频响曲线。一般来说，单指向麦克风分别在自由声场和混响声场的两条频响曲线表现为非常近似的平行状态，而全指向麦克风在自由声场中，高频端有一定提升的现象，而在扩散声场中保持了频响曲线的平直。当然，在一些特殊情况下，麦克风频响曲线并不需要从 20Hz ~ 20kHz 保持平直，并且有时不平直的曲线特性还可以成为一种理想的状态。例如用于汽车或航天器上的通讯设施，通常衰减 100Hz 以下的频率以突出信号传输的清晰度。

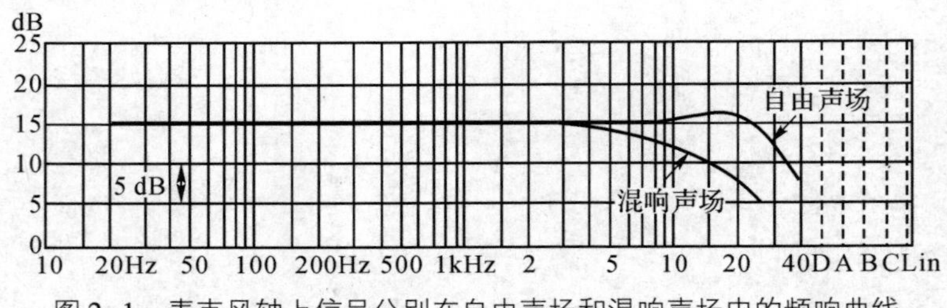

图 2-1　麦克风轴上信号分别在自由声场和混响声场中的频响曲线

目前从客观测量的技术指标来看，录音室内所使用的各电容麦克风的轴上响应特性差别不大，但从主观听感上来说，麦克风之间则存在有明显不同的温暖度的表现，并且有的麦克风所拾取的声音听起来较薄，有的较厚。所以在实际工作中，录音师还是应该根据声源的不同来尝试不同品牌和型号的麦克风。

2.1.2 麦克风轴外频率响应

当声波离开麦克风0度轴，从其他角度进入麦克风时，相对于在0度轴上的声音来说，从振幅到频率表现都会有一定变化。这种麦克风对于从非0度轴进入的声波所表现出来的响应特性被称为麦克风轴外响应。因为声源从不同的方向进入麦克风，并在音色上表现出与0度轴上的声音有所不同，所以这种音色又被称为麦克风的轴外声染色。图2-2显示为心形指向麦克风对于不同角度的入射声波的频响表现。根据图示，当声波从非0度轴进入麦克风时，麦克风对50Hz～20kHz的信号灵敏度都有一定量的衰减，尤其是对于从麦克风膜片180度轴的方向进入的声波，在1.5kHz～2kHz之间更是有大约25dB的衰减。

在实际工作中，麦克风的轴外声染色主要取决于两个因素，即入射声波的频率波长以及麦克风的尺寸。这两个因素在实际工作中相互作用。一般来说，入射声波频率越低，由于绕射作用，声染色就越小。并且，麦克风体积越小，由于对轴外入射声波有较小的阻挡作用，所以其指向同一性就越高。另外，外表细长的圆柱形设计的麦克风，由于对短波长高频信号有较少的阻挡作用，所以相对于方形设计的麦克风来说对高频信号有较少的衰减。图2-3（a）为体积较小的圆柱形设计的麦克风，又被称为小膜片麦克风；2-3（b）为方形设计的麦克风，又被称为大膜片麦克风。根据上述，小膜片麦克风通常有较好的指向同一性，而大膜片麦克风所拾取的音色通常有较好的温暖度。

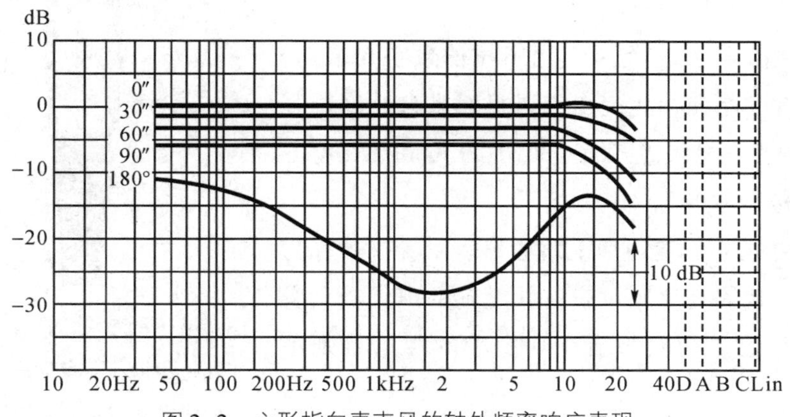

图2-2 心形指向麦克风的轴外频率响应表现

(a) (b)
图 2-3 圆柱形小膜片麦克风和方形大膜片麦克风

2.1.3 麦克风指向性

麦克风可以根据工作需要设计成对四周所有声源具有相同的灵敏度，或是只对来自某一方向的声源具有一定的灵敏度，而对于来自其他方向的声源则表现出一定程度的不敏感性。麦克风这种对于来自不同方向的声源具有不同灵敏度的特性被称为麦克风的指向性。麦克风的指向性主要包括以下几种，如图 2-4 所示。

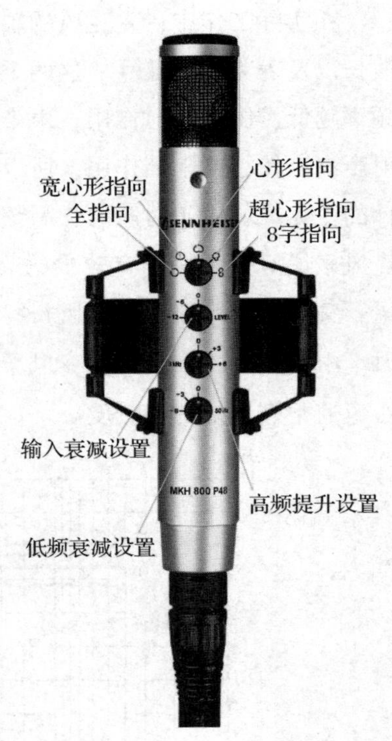

图 2-4 麦克风上的指向性转换开关、输入衰减开关、低频衰减设置以及高频提升设置

1. 全指向：在麦克风上用圆圈表示。因为全指向麦克风对来自四周的声源具有相同的敏感度，所以又被称为无指向麦克风。

2. 双指向：在麦克风上用阿拉伯数字 8 表示，又被称为 8 字指向，代表麦克风只对来自 0 度轴和 180 度轴的声信号敏感，而对来自 90 度和 270 度方向的声信号不敏感。

3. 单指向：在麦克风上用心形表示，又被称为心形指向。代表麦克风对来自 0 度轴的声信号具有最大的敏感度。而对来自 180 度轴的声信号则不敏感。

除了上述三种常用指向性之外，麦克风还可以形成在全指向和心形指向之间的宽心形指向以及超心形指向和锐心形指向，其中超心形指向和锐心形指向麦克风又被称为指向型麦克风。

2.1.3.1 全指向麦克风

全指向麦克风在使用中可以忽略声场内各声源的方向特性，从而对来自各方向的声源具有相同的灵敏度。对于单膜片全指向麦克风来说，由于其膜片背面被全封闭在麦克风的极头中，所以声波全部从麦克风膜片的正前方进入麦克风。因此，该类麦克风的输出信号的强弱完全取决于作用在膜片上的声波压强，所以全指向麦克风又被称为压强式麦克风。压强式麦克风的极头背部设计有气压平衡孔，用来平衡麦克风极头内外的气压平衡，以便麦克风振膜感受到内外压强的变化，并产生电压输出。图 2–4 为全指向麦克风的极头设计示意图。

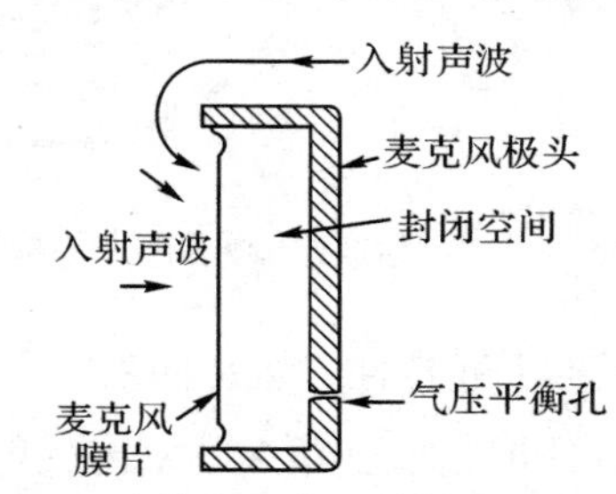

图 2–4 全指向麦克风的极头设计示意图

图 2–5 为全指向麦克风的极坐标。根据图示，全指向麦克风在理想状态下，其灵敏度坐标应为一个 360 度的圆。但在实际应用中，由于麦克风极头本身尺寸对从 180 度角入射的声波所起到的阻挡作用，在其 180 度轴的地方对波长小于麦克风极头尺寸的频率信号表现出一种灵敏度的缺乏，也就是说，当入射声波频率的波长小于全指向麦克风极头尺寸时，全指向麦克风将不再表现为全指向，而是趋向于心形指向，如图 2–5 中的虚线所示。在实际工作中这种现象在听感上其实是提高了轴上高频信号的方向感，使得高频信号更具有立体声的听感。图 2–6 表示了随着频率的提高全指向麦克风逐渐失去其全指向的特性，并且声源偏离角度越大，高频衰减越严重。

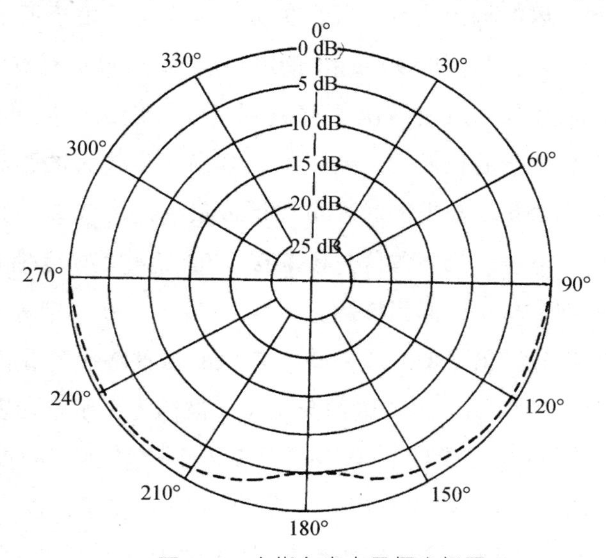

图 2–5 全指向麦克风极坐标图

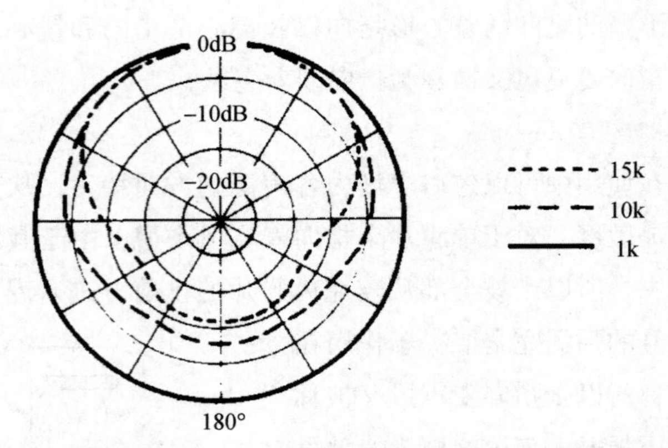

图 2-6　随着频率的提高全指向麦克风逐渐失去其全指向的特性

根据上述特性，全指向麦克风在实际操作中有以下几个特点：

1. 能够拾取到很多的室内反射声。

2. 不利于麦克风之间的隔声处理，除非使用近距离拾音方式。

3. 对演奏员的呼吸噪声及噗麦克风的噪声不敏感。

4. 没有近讲效应。

5. 具有良好的低频响应，所以音色较为温暖。

2.1.3.2　双指向麦克风

单振膜、双指向麦克风的膜片前后，即 0 度轴方向和 180 度轴方向由于均暴露于空气中，处于对外开放的状态，因此促使麦克风膜片振动的力来自膜片前后所受力的差，而并非单一的一个来自振膜正面的压强，因此这种麦克风又被称为压差式麦克风。当压差式麦克风 0 度轴和 180 度轴同时受到一个正弦波相同的压力时，由于没有压差产生，麦克风的输出为 0。当然在实际工作中，由于所处理的是复杂的乐音，所以双指向麦克风在两侧即 90 度和 270 度处的输出只是有较大的衰减，而并非为 0。双指向麦克风振膜的压差取决于声波到达膜片前后之间的距离差，因此，入射声波的频率越高，由于波长较短，所以就越容易产生较大的距离差，并且只有当声波从麦克风 0 度或 180 度轴进入时才可以形成最大的距离差，并因此产生最大的压差以及最大的输出电压。当声源位置逐渐接近 90 度或 270 度轴时，这种由于距离差所引起的压差就越来越小，而当声源直接从 90 度或 270 度轴进入时，压差减到最小，同时麦克风的信号输出最低。压差式麦克风的这种输出变化曲线在极坐标上显示为 8 字形，如图 2-7 所示，因此这种麦克风又被称为 8 字指向麦克风。根据上述，由于双指向麦克风的压差及输出电压主要随入射声波频率的提高而增加，因此这种麦克风通常设计有每倍频程具有一定量衰减的滤波器，以保证其输出具有平直的频响曲线。双指向麦克风的这种滤波设计对于该类麦克风的输出有两个影响：

1. 在声源距离麦克风较远时，麦克风具有平直的频响曲线。也就是说，此时麦克风的输出取决于压差因素。

2. 当麦克风距离声源非常近，麦克风的输出取决于平方反比定律，即距离每减少一倍，输出增加6dB，并且由于此时的滤波器仍对高频输出有抑制作用，所以，平方反比定律其实主要作用在低频信号上。

这种由于麦克风非常接近声源而造成低频提升的现象被称为近讲效应。近讲效应表现最强的地方在0度轴上，而最弱的地方对于心形指向来说是90度，对于超心或锐心形指向来说是70度~80度。在实际工作中，尽管近讲效应可以造成声音听起来变浑浊，但录音师也可利用近讲效应增加信号的厚度和温暖度。

近讲效应可以通过以下两种方法避免：

1. 开启麦克风上的高通滤波器。

2. 使用全指向麦克风。

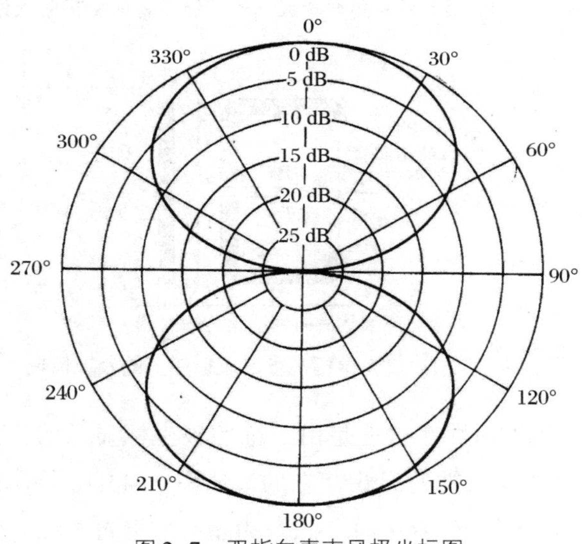

图2-7 双指向麦克风极坐标图

2.1.3.3 单指向麦克风

单膜片、单指向麦克风的形成是通过在麦克风极头上开放的声波入口实现的，如图2-8所示。指向型麦克风和单指向麦克风有声波入口的设计，而全指向麦克风并没有这种设计。在图2-9中显示了这种声波入口的设计可以使来自麦克风后面的声波通过两条路径到达麦克风膜片，其中P1表示声波从麦克风后面到达膜片前面，P2代表声波由侧面到达膜片的背面。此时，如果P1=P2的话，膜片将保持静止状态，没有任何电压的输出。P3表示从麦克风正面直接到达0度轴的声波，同时经过P4从侧面的入口到达膜片的背面，从距离上说，因为P4>P3，所以在P4和P3上的信号会产生相位差，从而增强了轴上的声波信号。根据上述，单指向麦克风又被称为相位差麦克风。图 2-10 为单指向麦克风的极坐标图。从图上可以看出，单指向麦克风在膜片 0 度轴处具有最大的灵敏度，而在 180 度的地方灵敏度最小。对于单指向麦克风来说，通常在振膜 90 度的地方灵敏度有 6dB 的衰减，而在 180 度的地方有 25dB 的衰减。

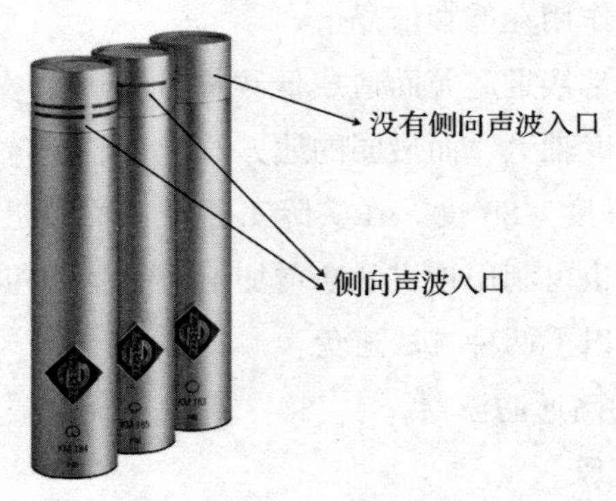

图 2-8　指向型和单指向麦克风有声波入口的设计，而全指向麦克风没有

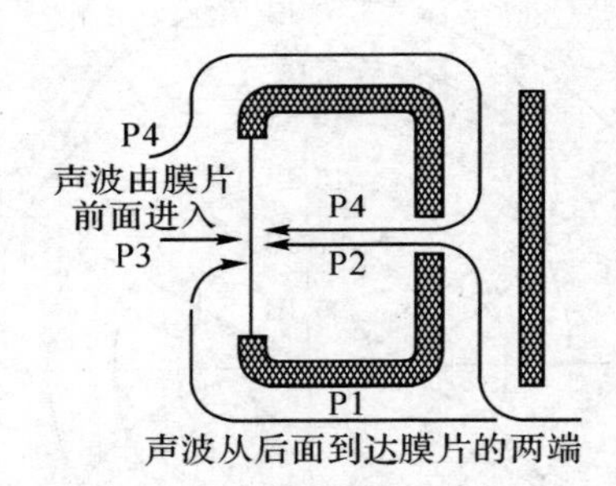

图 2-9　入射声波在单指向麦克风极头上的表现情况

另外，尽管麦克风指向性在这里是由二维的极坐标显示的，但在实际工作中，麦克风的指向性其实是以三维的形式存在的，如图 2-11 所示。其中（a）为全指向，（b）为心形指向，（c）为双指向，（d）为超心形指向，（e）为锐心形指向。

单指向麦克风在实际操作中有以下几个特点：

1. 在麦克风前面有较大的拾音角度，而在后面 180 度的地方有较大的灵敏度衰减。

2. 能够较好地隔绝来自其他声源的串音以及室内的反射声。

3. 能够在音轨之间取得较大的隔离度。

4. 有近讲效应，并且对演员的呼吸声和噗麦克风的爆破声较为敏感。

5. 声音由于缺乏低频响应，所以缺乏温暖度。

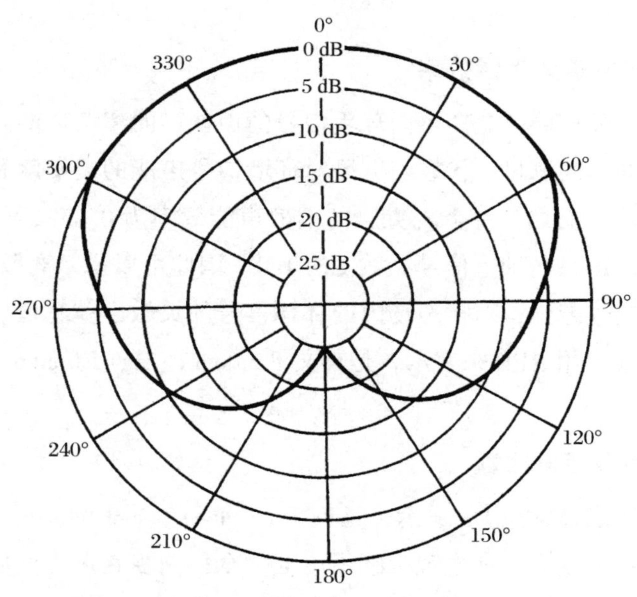

图 2-10　单指向麦克风极坐标图

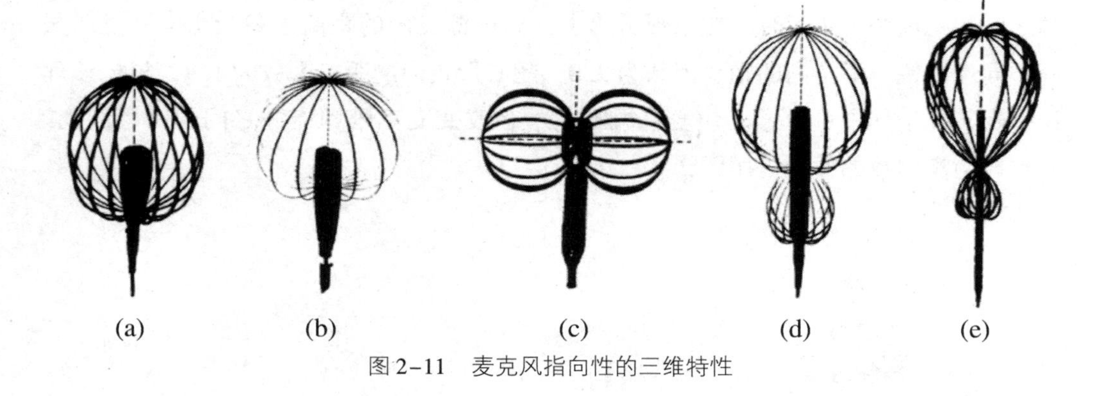

图 2-11　麦克风指向性的三维特性

2.1.4　麦克风有效拾音角度

麦克风有效拾音角度代表该麦克风的一定拾音范围，声源在该范围内位移时，其增益和频响表现在主观听觉上没有明显变化。例如心形指向麦克风的有效拾音角度为 131 度，从其极坐标图上看就是±65. 5 度，代表声源在该麦克风前方±65. 5 度范围内，增益及频率响应具有高度的同一性。在实际工作中，一旦声源超出该拾音范围，在主观听感上，不论是灵敏度还是音色都会有较大的变化。麦克风的有效拾音角度以麦克风轴上信号灵敏度衰减 3dB 处的位置为界，并在录音时，应将声源位置控制在该范围内。

2.1.5 麦克风离散声能效率

所谓离散信号的声能就是声场内环境信号的声能，而离散声能效率是对麦克风在0度轴上的指向性的测量，代表麦克风对环境信号声能的灵敏度和轴上信号声能灵敏度之间的比值。例如，一个麦克风的离散声能效率为0.333，代表该麦克风对于环境信号的灵敏度只是轴上信号灵敏度的1/3。因此可以说，离散声能效率越低，代表麦克风的指向性越强，对于声场内的环境信号的灵敏度就越低。离散声能效率在麦克风特性上通常用REE来表示，是英文Random Energy Efficiency的缩写。

2.1.6 麦克风距离因数

麦克风距离因数通常用DF表示，是英文Distance Factor的缩写，表示在混响声场中，各指向种类的麦克风在主观听感距离上和全指向麦克风之间的关系。该关系表明，当全指向麦克风的距离因数为1时，或假设全指向麦克风和声源之间的距离为1米时，心形指向麦克风的距离因数只有达到1.7，或者说心形指向麦克风和声源之间的距离为1.7米时，在主观听感上，和声源之间的距离才和全指向麦克风相同。同理，锐心形指向的距离因数为2.0，超心形指向的距离因数为1.9。根据该理论，在实际工作中可通过变化麦克风指向性来改变麦克风和声源之间的听感距离。麦克风距离因数的效果可用图2-12表示。

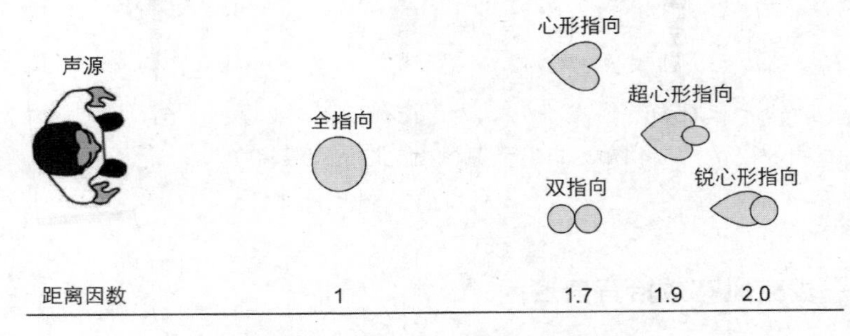

图2-12 麦克风距离因数示意图

表2-1总结了麦克风特性在各指向麦克风之间的比较。

表2-1 麦克风特性在各指向性麦克风之间的比较

麦克风指向性	全指向	心形指向	超心形指向	锐心形指向	双指向
有效拾音角度	—	131°	115°	105°	90°
麦克风在极坐标90°处的输出量（以0°轴为标准）	0	-6dB	-8.6dB	-12dB	-∞

续表

麦克风指向性	全指向	心形指向	超心形指向	锐心形指向	双指向
麦克风在极坐标 180°处的输出量（以 0°轴为标准）	0	-∞	-11. 7dB	-6dB	0
0 输出角度	—	180°	126°	110°	90°
离散声能效率	1	0. 333	0. 268	0. 250	0. 333
距离因数	1	1. 7	1. 9	2	1. 7

2. 1. 7 多指向麦克风

除了单膜片、单指向麦克风外，目前在录音室内很多麦克风为双膜片、多指向麦克风。双膜片麦克风形成多指向特性的方式如图 2-13 所示。在图中可以看出该类麦克风有两个电容元件，即两个背板，两个膜片，并且在各自单独使用时均为心形指向。当指向选择开关处于位置 1 时，只有膜片 D1 被使用，麦克风呈心形指向。在位置 2 时，膜片 D2 与 D1 叠加形成全指向，如图 2-14（a）所示。在位置 3 时，D2 膜片呈反相状态，在和 D1 叠加时两个膜片重叠的部分相互抵消形成 8 字指向，如图 2-14（b）所示。在位置 4 上，D2 仍呈反相状态，但由于电阻 R 对于膜片 D2 输出的抑制，使 D2 的输出略小于 D1，并在合成后构成超心形或锐心形的指向特征，如图 2-14（c）所示。当 R=0 时，麦克风呈 8 字指向；R=∞ 时，麦克风为心形指向。

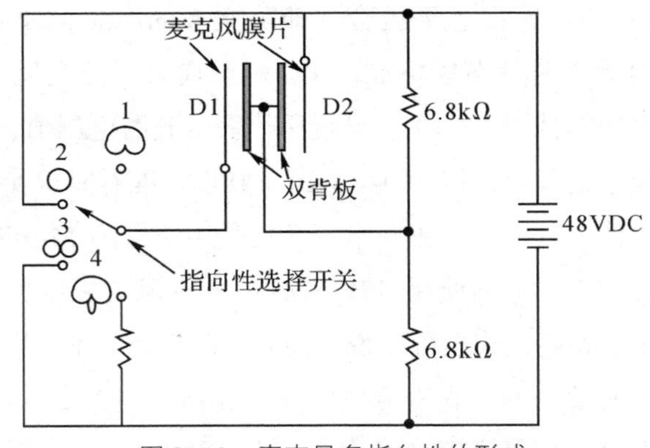

图 2-13 麦克风多指向性的形成

目前，在市场上，一些单指向麦克风同样采用双膜片设计，但这种双膜片设计的目的不是为了形成多指向，而是为了对入射声波进行分频段拾取，一般情况下尺寸较小的膜片用来拾取高频信号，而负责拾取低频信号的膜片在尺寸上通常是高频膜片的 1 倍。这种设计的优点在于使两个膜片有各自优选的拾音频段，并在信号合成后形成较宽且平直的频响特性。图 2-15 展示了使用该类膜片设计的麦克风。

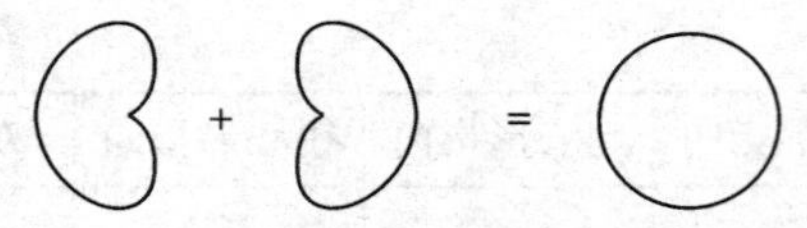

(a) 两个心形指向叠加形成全指向

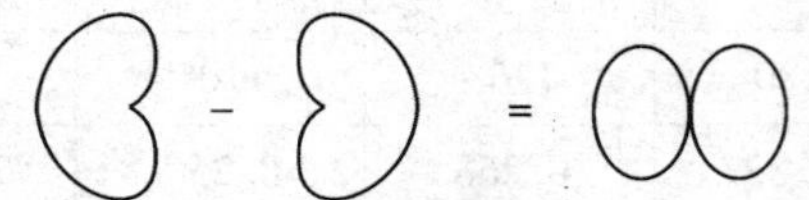

(b) 两个心形指向相减形成8字指向

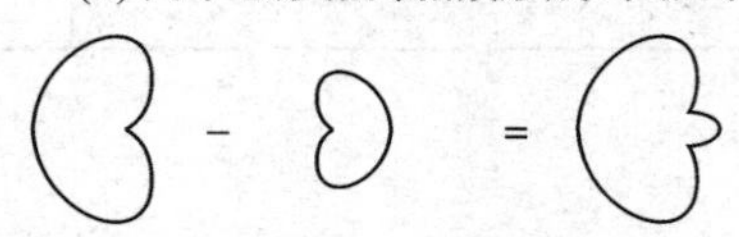

(c) 两个不等心形相减形成超心形指向

图 2-14　心形指向彼此的不同组合形成全指向、双指向以及超心指向模式

图 2-15　可将入射声波进行分频拾取的双膜片麦克风

2.1.8　麦克风灵敏度

因为麦克风是一种换能器，所以其灵敏度又被称为换能效率，代表作用在麦克风振膜上的声压和麦克风输出电压之间的比值，在一定的输入声压级下，输出的电压越大，麦克风灵敏度越高。一般来说，较高的麦克风灵敏度有利于提高录音节目的信噪比，因为在录音设备上不需要提升增益就可以获得较高的信号输入电平值。目前有如下两种标准来衡量麦克风的灵敏度：

1. IEC 方式。IEC 是国际电工委员会，即英文 International Electrotechnical Commission 的缩写，也通常被称为英国标准。IEC 标准代表的麦克风灵敏度表明，在输入麦克风 1 帕斯卡声压的情况下，在输出端所代表的开路电压值，单位为毫伏/帕斯卡。其中 1 帕斯卡等于信号声压级为 94dBSPL。IEC 标准有时也使用输入声压在 0. 1 帕斯卡下的电压输出值，其中 0. 1 帕斯卡等于信号声压级为 74dBSPL。

2. dBV 方式。目前美国标准使用 dBV 来表示麦克风灵敏度，即以 1V 为参考标准的伏特 dB 值。因此 dBV 方式也可以说是用 dB 来表示的 IEC 值。

目前在录音室内所使用的电容麦克风的灵敏度通常在 5 毫伏/帕斯卡 ~15 毫伏/帕斯卡左右，铝带麦克风的灵敏度通常在 1 毫伏/帕斯卡 ~2 毫伏/帕斯卡左右，动圈麦克风的灵敏度通常在 1. 5 毫伏/帕斯卡 ~3 毫伏/帕斯卡左右。

2.1.9　麦克风自身噪声

麦克风的自身噪声就是使用电压表示其固有的噪声输出。麦克风的等效噪声代表用麦克风所处声场的本底噪声的声压来表示麦克风自身噪声的电压输出。麦克风等效噪声的单位为 dBA。例如，如果一个麦克风的自身噪声值为 20dBA 的话，代表该麦克风在被放置在一个环境噪声为 20dBA 的声场内时所输出的电压值。目前录音室所使用的专业电容麦克风的自身噪声通常在 7dBA ~ 15dBA 之间。

2.1.10 麦克风阻抗

麦克风阻抗又被称为源阻抗，或输出阻抗。目前录音室内所使用的麦克风通常为低阻抗麦克风。使用低阻抗麦克风的主要原因在于麦克风线的长度对于高阻抗信号的影响。对于高阻抗麦克风来说，其电缆长度一般不应超过 15 米，否则高频信号会产生衰减，并且较容易出现哼噪声和容易受到无线电信号干扰。一般来说，麦克风的输出阻抗越高，代表其信号在一定距离内开始衰减的频率就越低。在实际工作中，麦克风的阻抗值可以大概分为：

1. 低于 600 欧姆的低阻抗。
2. 在 600 欧姆 ~ 10k 欧姆之间的中阻抗。
3. 高于 10k 欧姆的高阻抗。

对于电容麦克风来说，其阻抗值通常在 50 欧姆 ~ 200 欧姆之间。对于动圈麦克风来说，其阻抗值通常在 600 欧姆左右。

2.2 麦克风换能原理

麦克风根据其换能原理可划分为电动麦克风和电容麦克风两种。其中电动类又可细分为动圈麦克风和铝带麦克风。

2.2.1 动圈麦克风

电动麦克风的设计以法拉第定理为原理，即当一个导体在磁场中运动时，导体内会产生电流。该导体在电动麦克风中有两种设计即线圈和铝。以线圈作为导体的电动麦克风为动圈麦克风，以铝带为导体的电动麦克风为铝带麦克风。动圈麦克风中的线圈通常使用铜线制成，和麦克风振膜连接，而振膜则通常由质量很轻的塑料或铝片制成。电动麦克风的磁场由内置的永磁体形成。当声压作用在麦克风振膜上时，膜片振动带动与其连接的线圈振动，做为导体的线圈在永磁体所形成的磁场中振动并产生电流，将作用在麦克风膜片上的声信号转换为电信号输出。该流程如图 2-16 所示。动圈麦克风的输出电压可用公式 24 表示，并从公式中可以看出麦克风内部的磁场强度、线圈长度以及麦克风线圈的运动速度都直接影响到动圈麦克风信号输出的强弱。

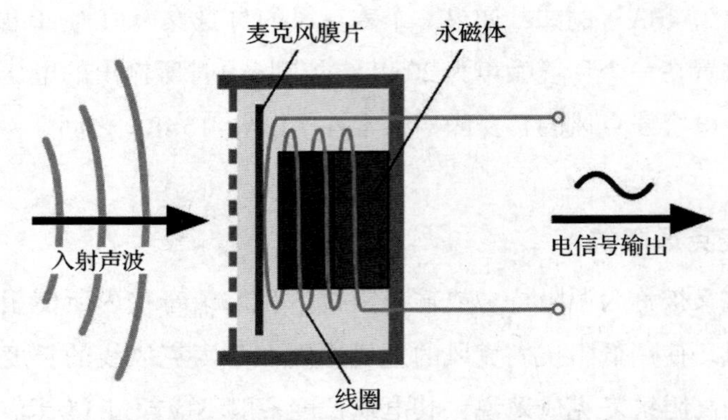

图 2-16　动圈麦克风将声波作用在膜片上的振动转为电信号输出

$$E = Blv$$（公式 24）

其中，E=输出信号电压（伏特），B=磁场强度（高斯），l=线圈长度（米），v=线圈运动速度（米/秒）。

在频响方面，动圈麦克风通常在 5kHz 左右有若干 dB 的提升，然后在 8kHz ~ 10kHz 左右有较为明显的衰减。该衰减主要是由于音圈和振膜的质量较大，从而对膜片振动起到一种阻尼作用所造成的。图 2-17 为常见的一种动圈麦克风的频响曲线。

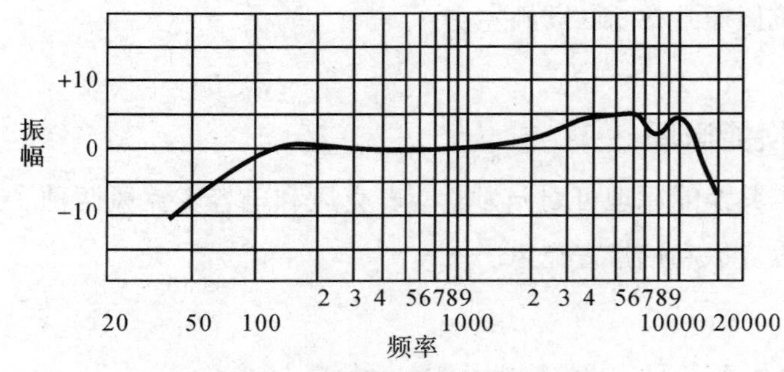

图 2-17　动圈麦克风的频响示意图

2.2.2　铝带麦克风

对于铝带麦克风来说，其使用的铝带既是麦克风膜片，又是在磁场中运动的导体。铝带通常由铝箔制成，厚0.1 毫米，宽2 毫米 ~4 毫米，质量仅为0.2 毫克，以求达到较好的瞬态反应。为了取得在 2kHz ~ 4kHz 之间较理想的共振频率，铝带被制成皱褶状以保持一个精确的张力值。铝带作为导体和麦克风膜片被悬挂于两磁极面中间的磁场中，随入射声波频率而振动，同时在铝带两端产生一定的电压输出，如图 2-18 所示。图 2-19 为铝带麦克风的内部结构。

如图 2-18 所示，对于铝带麦克风来说，通常需要设计有增量变压器，以便使

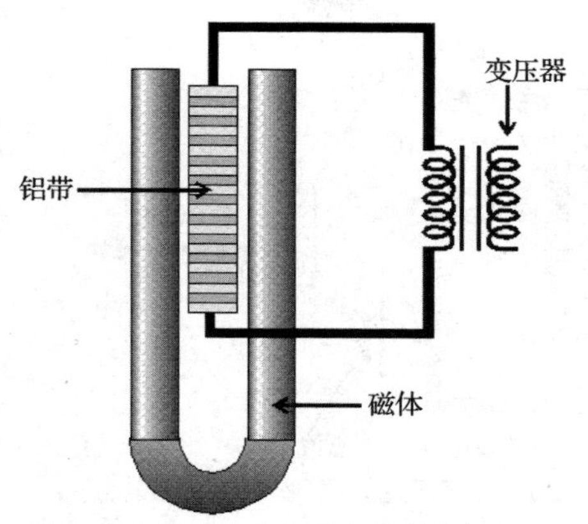

图 2-18　铝带麦克风的内部结构示意图

得麦克风的输出信号符合信号放大器的输入级标准。另外，因为铝带麦克风对于风噪声十分敏感，所以不适合户外使用。由于绝大多数铝带麦克风采用铝带前后均暴露在空气中的设计，所以其指向性通常为 8 字指向。

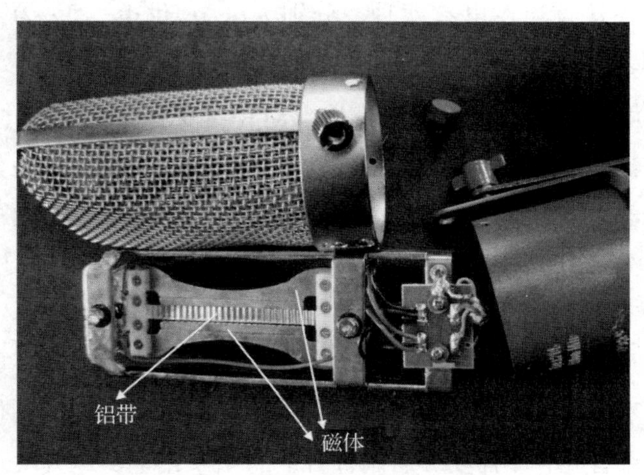

图 2-19　铝带麦克风得内部结构

2.2.3　电容麦克风

如图 2-20 所示，电容麦克风的换能元件是电容器，电容器的两个极板各自作为麦克风膜片和固定极板而存在。电容麦克风的膜片和固定极板之间采用空气绝缘，使电容麦克风具有低噪的特点。当声源信号引发麦克风膜片振动、膜片和背板之间的距离产生变化时，便产生电容的变化，同时形成一定的电压输出。电容和电压之间的关系如公式 25 所示。电容麦克风所形成的电压通常需要前置放大器进行放大以便达到标准的信号级。图 2-21 展示了内置于电容麦克风的晶体管前置放大器。前置放大器的供电通常由外接供电系统完成。

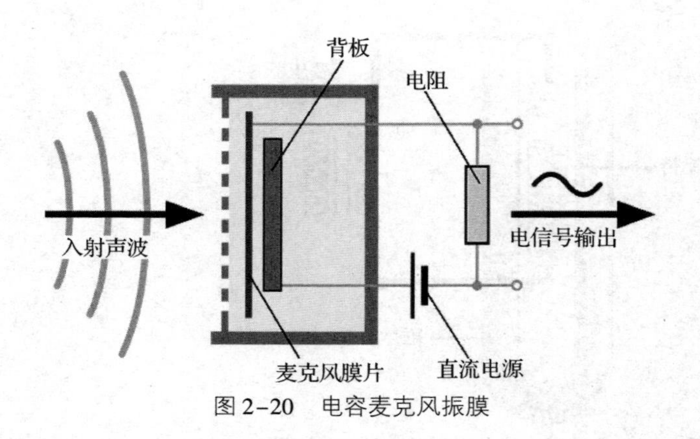

图 2-20　电容麦克风振膜

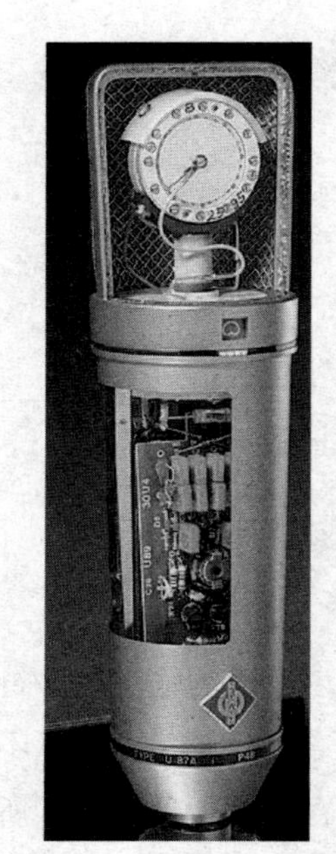
图 2-21　电容麦克风膜片

$$C=\frac{Q}{V}$$　（公式 25）

其中 C = 电容量（法拉），Q = 存储电量（库仑），V = 极化电压（伏特）。

电容麦克风外接直流供电有两种，分别为 A-B 供电，即 12V 供电，以及目前在录音室内常用的幻象供电，即 48V 供电。在幻象供电系统中，直流电压由热（XLR 接头针 2）和冷（XLR 接头针 3）两条导线分别传输至麦克风极头以及前置放大器。目前 48V 供电是各类调音台以及麦克风前置放大器的标准设置。另外，部分麦克风，比如一些强指向的枪式麦克风，由于工作场所的需要，也可以使用 1.5V ~ 9V 电池进行供电，并且电池的工作时间通常在 8 小时以上，可以满足户外录音工作的需要。

对于使用电子管做为前置放大器的电容麦克风来说，由于需要更高的伏特电压供电，因此通常不使用 48V 供电系统。该类麦克风一般带有独立的供电盒，所以在使用该类麦克风录音时，不需要开启调音台上的 48V 幻象供电开关。电子管麦克风通过 8 针电缆和供电盒连接，然后再通过 3 针 XLR 电缆和调音台连接。图 2-22 显示为电子管电容麦克风及其供电盒和 8 针麦克风电缆。

图 2-22　电子管电容麦克风及其供电盒和 8 针麦克风电缆

2.3 其他类型的麦克风

2.3.1 界面麦克风

界面麦克风通常又被称为 PZM 麦克风，如图 2-23 所示。PZM 是英文 Pressure Zone Microphone 即压力区域麦克风的英文缩写，因为该类麦克风是根据界面压力效应（如图 2-23 所示）所开发的一种麦克风，并且由于麦克风膜片和界面之间的距离非常近，造成在频率范围 20Hz～20kHz 之间几乎没有梳状滤波效应产生，并且由于在麦克风振膜前入射声波和反射声波之间的耦合干涉，导致该类麦克风的灵敏度通常高于普通麦克风灵敏度大约 6dB。因为界面麦克风的灵敏度较高，所以目前该类麦克风主要用于会议系统以及体育节目的拾音。目前 PZM 麦克风膜片距离所处平面一般在 1 毫米左右，以便最大限度地降低梳状滤波效应产生的可能性。

图 2-23　PZM 麦克风

2.3.2 强指向麦克风

强指向麦克风的主要功能在于能够在较远的距离拾取到清晰的直达声信号，同时削弱来自周边其他方向的环境信号，突出轴上信号。强指向麦克风目前主要通过两种方式形成其强指向的特性，即相位差方式（例如枪式传声器）和聚焦反射方式（例如抛物面传声器）。

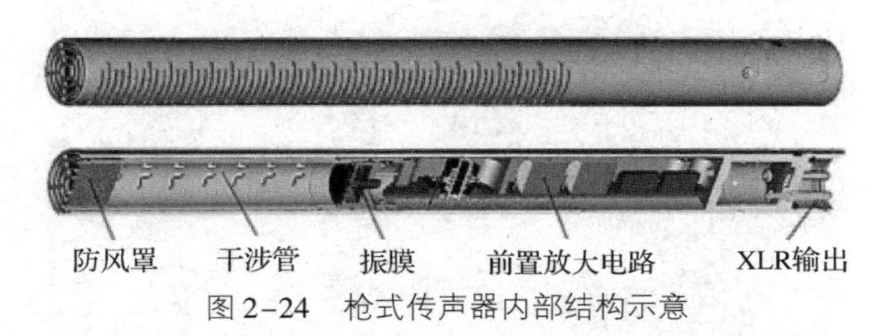

图 2-24　枪式传声器内部结构示意

从图 2-24 中可以看到枪式麦克风的振膜位于干涉管内部的位置，声波在到达膜片之前完成彼此干涉，并且通过干涉，导致来自两侧和后面的声信号有很大程度的衰减。图 2–25 为枪式传声器指向坐标图。从图上可以看出这种传声器在 0 度轴上具有最大的灵敏度，在 90 度和 270 度上声源信号可衰减大约 15dB，而来自 180 度的地方可衰减大约 10dB 左右。灵敏度最小的地方在±60 度和±120 度左右，所拾取到的声波信号在该角度大约衰减 25dB 左右。

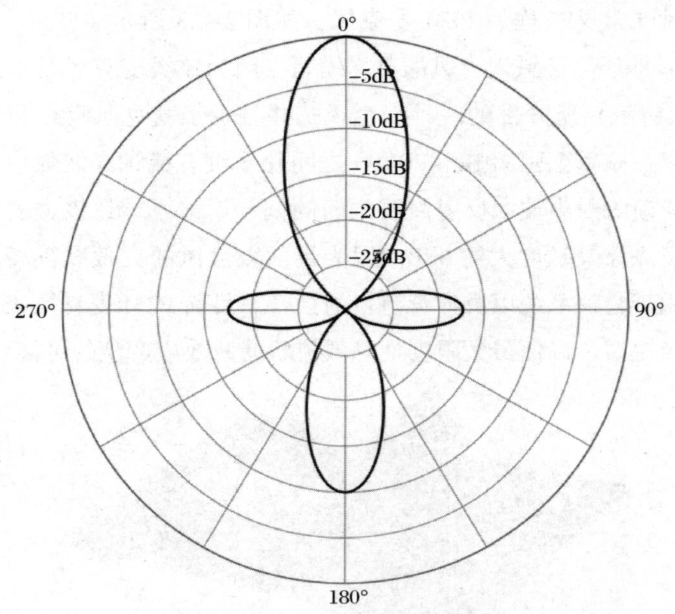

图 2–25　枪式传声器指向坐标图

如图 2–26 所示，抛物面传声器主要通过抛物面反射体来收集入射声波，然后经过聚焦反射，将声波信号传导至处于反射焦点位置的麦克风上。该类麦克风相对于其他没有任何辅助设施的麦克风来说，表现出更高的灵敏度。但由于抛物面传声器主要拾取反射声波信号，所以所拾取到的信号波长在很大程度上受到抛物面反射

图 2–26　抛物面传声器

体尺寸的影响，也就是说，该种传声器无法对波长大于抛物面尺寸的频率信号进行聚焦。所以，录音信号通常被限制在中频和高频区域。该类麦克风由于有较高的灵敏度，所以通常用于在野外录制大自然的声音，或是录制体育比赛现场的声音，图 2-27 显示了工作人员在场外通过抛物面传声器拾取在远处球场内的信息。

图 2-27 使用抛物面传声器录制体育比赛现场

2.3.3 无线麦克风

无线麦克风采用 FM 无线电载波，而非传统的麦克风电缆来对声波信号进行传输。该类传声器主要用于舞台扩声或其他要求演员行动相对自由的场合。

如图 2-28 所示，无线麦克风系统由三个设备组成，即麦克风、无线信号发射器和无线信号接收器，并且每个无线麦克风只能与一套发射器和接收器配合使用。手持无线麦克风的发射器通常内置于麦克风内并有较短的天线相连。在使用无线传声器时，麦克风信号经过调频处理到无线电载波上，载波频率通常是 UHF（即超高频）以保证信号的稳定性。麦克风信号通过发射机传出，通过接收器拾取后和调音台连接进行处理。发射机内的电池一般可使用 8 个小时。发射机在非手持类无线麦克风系统中通常被称为腰包式发射机。一般来说，信号发射器的载波频段为 UHF500MHz ~ UHF860MHz，而接收器应可以自动扫描到在该频段中的信号。通常接收器可以自动搜索到大约 900 个到 1000 个频点。在接收 UHF 频段信号时，接收器只需要 10 厘米 ~20 厘米左右的天线长度，并且载波频率越低，所需要的天线长度就越长，如果使用 VHF 信号作为载波频率，其接收机的天线通常要设计到 75 厘米左右。在实际工作中，接收机最好摆放在录音师视线和表演区域之间，并尽量和墙体保持一定距离。另外，尽管一些接收机的技术特性标明其操作范围在 90 米左右，但在实际工作中，接收机和演员之间的距离最好不要超过 60 米。一般来说，无线麦克风信号的干扰可分为以下两种：

1. 多路干扰，即当无线信号从较为坚硬的表面反射时，接收机接收到多个反射信号所形成的干扰。在受到信号干扰时，信号强度在接收机上时强时弱，当信号在较弱的时候会产生较大的噪声，所以这就是为什么目前绝大多数接收机为分集接收机。分集接收机使用两个或多个天线对信号进行拾取，以便保证信号拾取的连续性，或者说是对信号进行优选，以避免信号掉频和信号嘈杂。

2. 相同频率设备的干扰，即由于无线麦克风所占据的频率范围通常没有被专门授权，所以经常会有其他设备的操作频率和无线麦克风在同一频率范围内，例如电视或其他广播系统。所以在选购无线麦克风时通常要考虑一下使用环境，例如是否在使用的场所内有任何信号频率和无线麦克风频率相重合。当同台使用多个无线麦克风时，要保证每个麦克风有自己的频率范围，并且要求在两个麦克风之间载波频率差别越大越好。

由于无线麦克风可以使演员在舞台上有较大的移动范围，并且可以使舞台看起来不会过于凌乱，所以通常也用于乐器的现场演出当中。在实际应用中，应注意麦克风的卡子和乐器接触的表面应具有一定的柔软度，以避免损坏乐器表面的漆料。图 2-29 展示了卡在小提琴上的无线麦克风。

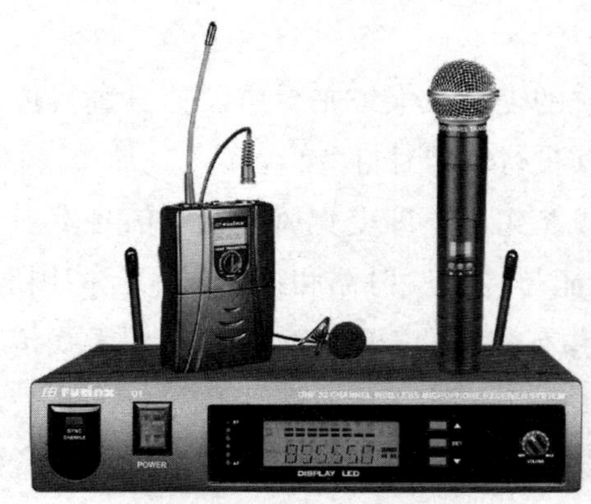

图 2-28　无线麦克风系统

图 2-29　用于小提琴上的无线麦克风

2. 3. 4　领夹式麦克风

领夹式麦克风通常为电容麦克风，如图 2-30 所示。领夹式麦克风在影视录音及电视采访节目的声音制作中常被放置于领带与领口上，并且在需要的情况下可藏

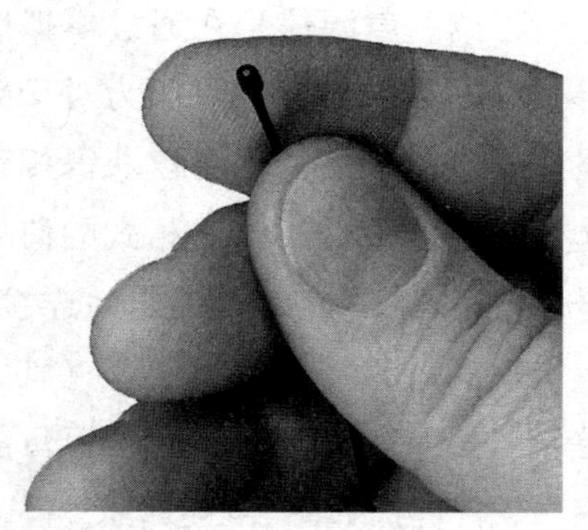

图 2-30 领夹式麦克风

于耳后，甚至头发里。领夹式麦克风根据其使用要求在设计上具有两个重要特性：

1. 指向性为全指向。

2. 对高频信号进行提升。

对于领夹式麦克风来说，采用全指向设计是为了方便麦克风可以放置在不同的地方，而并不是只能放在嘴旁边；而高频提升的设计则是因为人声的频率辐射具有很强的方向性。比如高频，在人头部前方较为丰富，而在侧面的话会有很大的衰减。所以在使用该类麦克风时应避免直接将麦克风放在嘴前，否则会有较大的嘶噪声，音色也会过亮。另外，尽管领夹式麦克风会配有防风罩，但在节目制作中为了美观通常不使用。

2.3.5 接触式麦克风

所谓接触式麦克风就是一种直接安装在声源表面的传声器，以便反应声源的物理振动，而不是空气中声压的变化。接触式麦克风通常用于现场扩声，以便最大限度地避免啸叫和串音。该类麦克风通常为电容麦克风，并且体积较小，可以达到 1 毫米厚，25 毫米宽，75 毫米 ~ 200 毫米长。在实际工作中，接触式传声器要求在乐器表面上的放置位置准确，以便拾取到理想的乐器音色。该类麦克风具有一定的柔韧度，可以适应很多乐器表面的曲线设计。接触式麦克风采用电池或幻象供电方式进行供电。图 2-31 为固定在乐器上的接触式麦克风。

图 2-31 接触式麦克风

2.3.6 数字麦克风

所谓数字传声器是在麦克风的极头上内置有 24 比特量化、96kHz 采样的模拟数字信号转换器，并且采样率在 44.1kHz～96kHz 之间可调。声源信号在通过模拟振膜后传入模数转换器，以便信号以数字的形式输出，如图 2-32 所示。因为对于数字麦克风来说，从麦克风振膜到模数转换器之间的距离非常短，所以可以获得相对较高的音质和信噪比。数字传声器采用 10V 幻象电源供电，输出 AES42 格式的信号至数字麦克风接口，经处理后转为标准 AES 信号，通过 XLR 接口和工作站连接。数字麦克风接口如图 2-33 所示。但目前来说，在工作站上只能通过数字麦克风厂商所提供的软件进行录音，以便对麦克风上包括指向性转换等参数进行遥控。目前市场上的其他录音软件无法和数字麦克风共同使用。软件界面如图 2-34 所示。

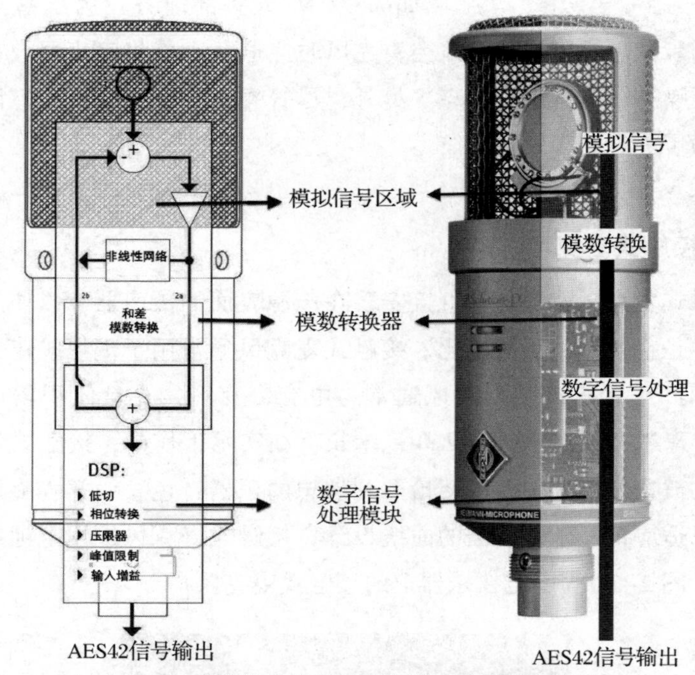

图 2-32　模拟信号在数字麦克风上实现模数转换

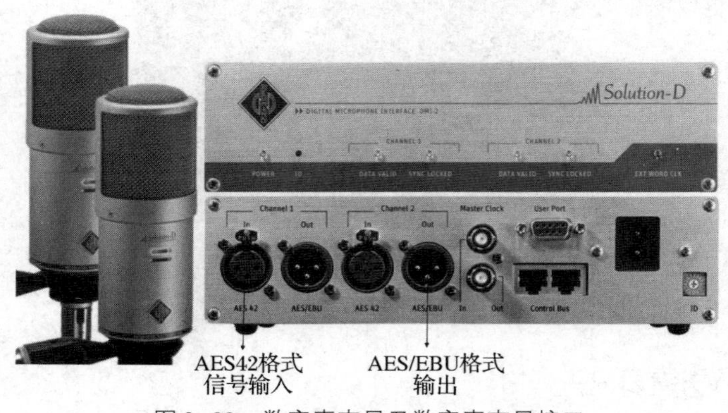

图 2-33　数字麦克风及数字麦克风接口

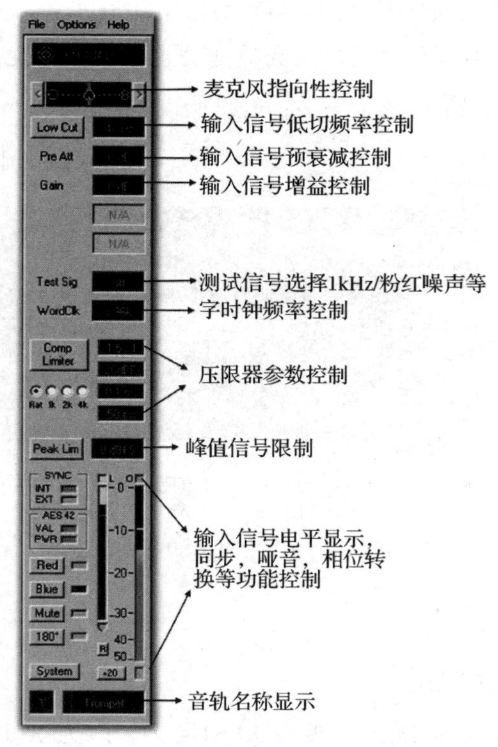

图 2-34　数字麦克风录音软件界面

2. 4　麦克风前置放大器

麦克风前置放大器的功能在于将麦克风微小的信号输出放大到设备比如调音台和录音机可操作的范围。麦克风前置放大器又被简称为话放，不同的话放由于各自特性不同对所输入的麦克风信号在主观听感上具有一定的影响，其影响主要包括以下几点：

1. 声场距离，有些话放会将直达信号在主观听感上推远。

2. 清晰度，不同的话放会给直达声信号以不同的清晰度。

3. 环境声，有些话放会赋予直达声信号一些环境声。

4. 对直达信号不同的瞬态反应。即有些话放对直达信号的反应速度较快，而有些话放对直达信号的反应较慢。其中反应较快的话放通常适合录制打击乐器，比如小军鼓，以便突出乐器的打击感。

从客观角度出发，话放和麦克风之间是一个相互的关系，无论是为麦克风选择话放还是为话放选择麦克风，主要考虑的问题有两点，即话放是否容易产生输入信号过载，以及话放是否将增加麦克风信号的噪声。当然还有一些其他的考虑，比如二者的阻抗匹配。目前话放的输入阻抗多在 2k 欧姆以上，而麦克风的输出阻抗多在

150 欧姆～200 欧姆。话放应设计有 48V 幻象电源开关，以便连接电容麦克风。另外，很多话放还设计有相位开关以及高通滤波器。目前在麦克风前置放大器上的一些基本设置如图 2-35 所示。

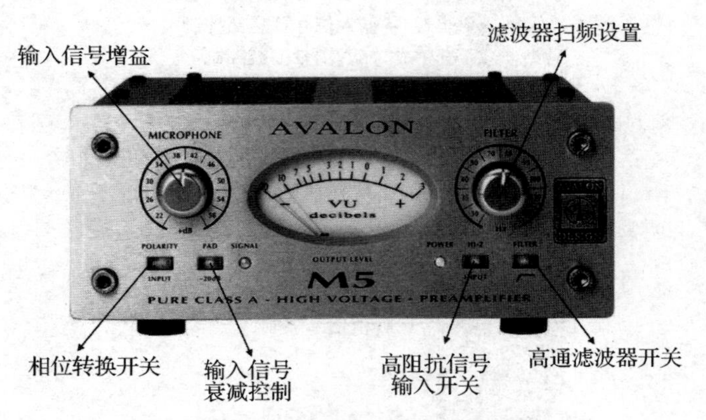

图 2-35　单声道麦克风前置放大器

2.5　麦克风接头和电缆

麦克风线使用平衡电缆，接头为 XLR 接头。因为 XLR 格式最早由卡农公司（ITT-Canon）开发，所以又被称为卡农接头。在录音室内最常用的 XLR 格式为 XLR3，代表为一种 3 脚类型的 XLR 接头，其中 X 代表脚 1，为英文 External 缩写，承载接地信号；L 为脚 2，为英文 Live 的缩写，代表热信号或输出信号，用（+）来表示；R 为脚 3，为英文 Return 的缩写，代表冷信号或返回信号，用（-）来表示。XLR 接头分公头和母头两种，公头代表信号的发送端，而母头代表信号的接收端。所以和麦克风连接的电缆头为母头，代表电缆接收从麦克风传出的信号，而接去调音台的电缆头为公头，代表电缆将麦克风信号传输给调音台。图 2-36 为公头和母头的示例。录音时，录音师首先应在调音台上检测各声道相位，以避免有的信号线脚 2、脚 3 混淆，造成反相的问题出现。

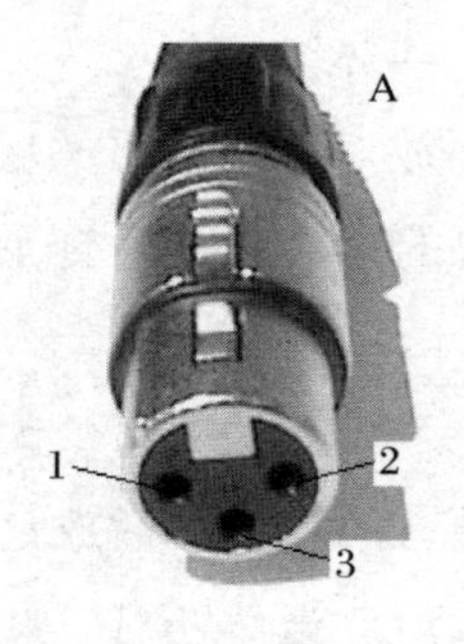

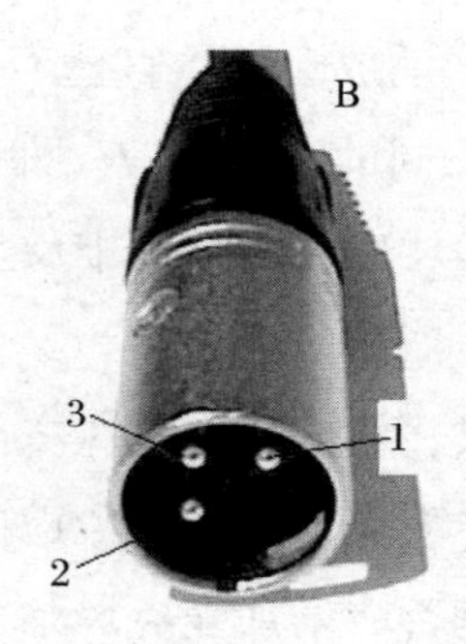

图 2-36　XLR A 为母头，B 为公头，及各自脚 1，2，3 的位置

麦克风的 XLR 接头和平衡电缆连接。如图 2-37 所示，平衡电缆使用两条导线对音频信号进行传输，而屏蔽线并不负责传输信号。音频信号在平衡电缆内是以极向相反，或者说是镜像模式进行传输的。一旦干扰信号冲破屏蔽进入信号导线，将在两条导线内以极向相同的模式出现，被称为共模信号。共模信号进入在信号接收端的差分放大器时相互抵消，并因此被隔绝。对共模信号隔绝的程度用共模信号隔绝率，即 CMRR（Common Mode Rejection Ratio）来衡量，CMRR 值越大，说明信号的信噪比越高。一般来说，共模信号隔绝率通常为 80dB，也就是说，平衡电缆对噪声的隔绝度一般为 80dB。在实际工作中，共模信号通常表现为进入到信号通路内的噪声信号，例如 60Hz 哼噪声。

相对于平衡电缆来说，在非平衡电缆中只有一条导线，即通过脚 2 对音频信号进行传输，而并没有返回信号导线，如图 2-37 所示。在实际工作中，有时也将返回信号导线，即脚 3 和脚 1 连接在一起。由于非平衡电缆不存在共模信号衰减的可能性，所以对于外来噪声具有较低的隔绝能力，所以通常只能在较短的距离（例如 10 米 ~ 15 米）内进行使用。

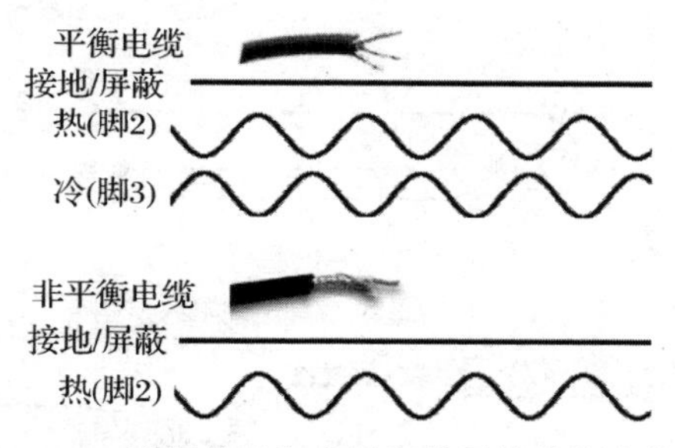

图 2-37　平衡信号和非平衡信号的传输比较

在录音室内除了 XLR 接头外，还有 1/4 英寸接头。根据内部结构不同，该类接头又可分为大两芯接头和大三芯接头，大两芯接头用来连接非平衡线，大三芯接头用来连接平衡线。这两种接头如图 2-38 所示。1/4 英寸的大三芯接头又被称作 TRS 接头，其中 T 代表输出信号，是英文 Tip 的缩写，R 代表返回信号，是英文 Return 的缩写，S 代表接地，是英文 Sleeve 的缩写。1/4 英寸的大二芯接头又被称为 TS 接头，即接头中没有连接信号的返回通路，或将返回通路和接地进行连接。

有时，在录音室内需要将 XLR 接头转换为 TRS 接头。应注意在他们彼此之间脚 1 和脚 1 连接，脚 2 和脚 2 连接，不能混淆。另外，图 2-39 展示了在实际工作中将 TRS 接头和 TS 接头连接形成 Y 型导线的方法，以及 TRS 接头和 XLR 接头相互连接形成 Y 型导线的连接方法。

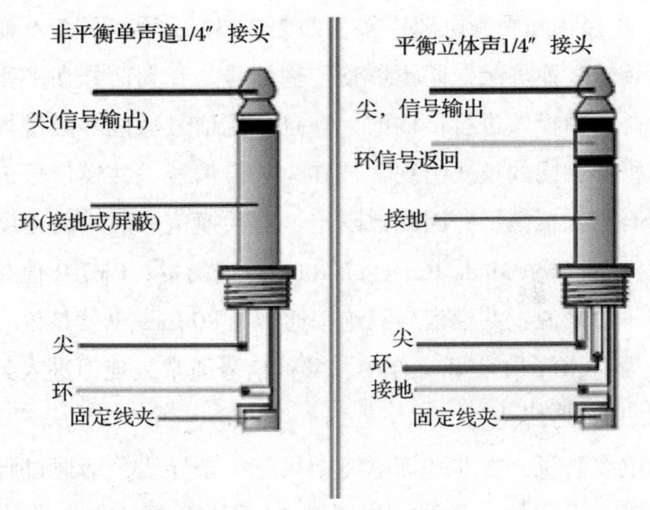

图 2-38　TS 及 TRS 接头

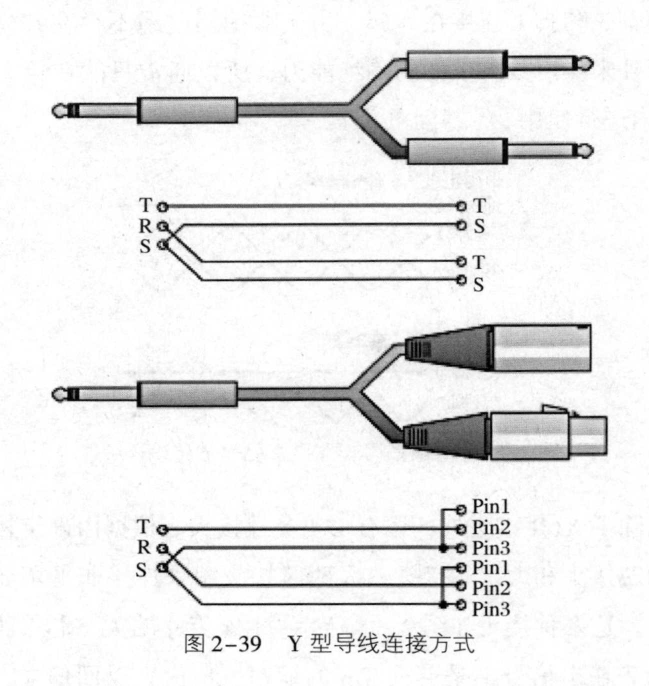

图 2-39　Y 型导线连接方式

2.6　DI 盒

DI 盒的主要功能是将高阻抗非平衡信号转换为低阻抗的平衡信号，以便传输至有平衡输入格式的专业音频接口或调音台，从而使音频信号获得最大的信噪比。DI 盒在录音室内和麦克风一样重要，并且要求其要保持信号在经过较长的电缆后，不会有附加的噪声出现。一般来说，非平衡部分的线缆不应超过 8 米，以保持最少的噪声量。如图 2-40 所示，DI 盒均设计有 1/4 英寸输入接口，负责接收来自乐器如电吉他、电贝司以及键盘的信号。另外设计有 XLR 输出接口，将信号传输至录音或扩声设备，例如工作站的音频接口，或调音台。DI 盒一般还设计有串联接口，以便信号在传输至调音台的同时，还可以传输至舞台上的监听扬声器。在录音室内，DI 盒的 XLR 信号输出可以接到调音台，而串联信号可以传输至乐器音箱，以便录音师通过架设麦克风来进行录制。

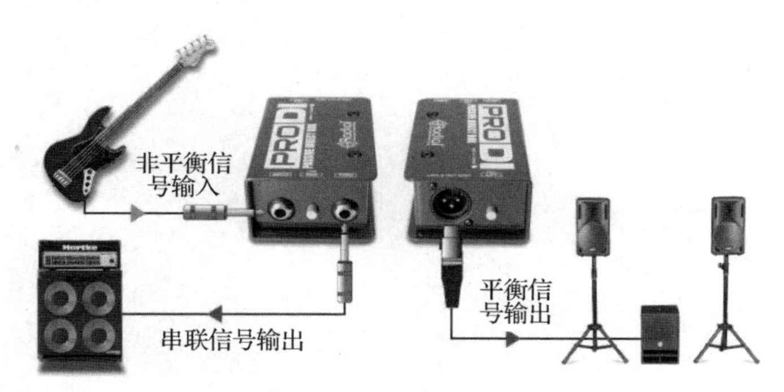

图 2-40　DI 盒上的各种接口设计

DI 盒一般有无源和有源两种设计。无源 DI 盒通过变压器来放大信号，而有源 DI 盒则通过放大器来放大信号。一般在实际应用中，无源乐器，例如木吉他，通常和有源 DI 盒配合使用，以便有更多的增益输出。而有源乐器，例如电吉他、电贝司、键盘乐器等，通常与无源 DI 盒配合使用，以防止过载失真。

第三章

扬声器设计原理

扬声器作为换能器，其主要作用是将系统内音频信号由电能转化为声能进行输出。其工作原理为，当音频信号以交流信号形式进入于音圈时，交流信号的正负极交替与扬声器内的永磁体所形成的固定磁场相互作用，导致音圈以及音圈支架根据左手定则共同前后运动。因为音圈及音圈支架和扬声器纸盆相连，因此可以推动扬声器纸盆共同运动。纸盆的前后运动推动周围的空气分子振动产生声波。

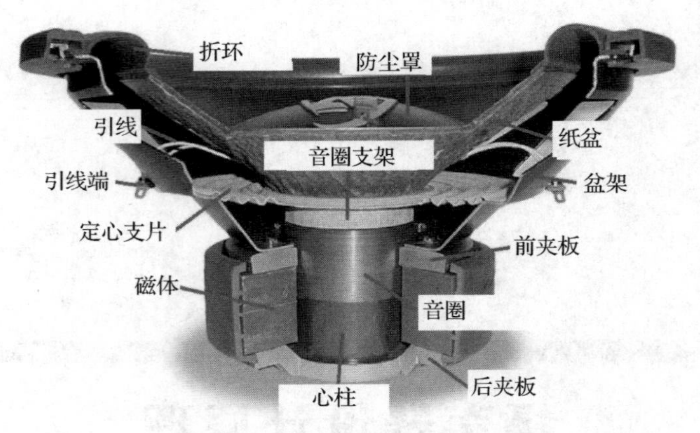

图 3–1　动圈扬声器结构

图 3–1 展示了动圈扬声器的结构。该结构主要由三个部分组成：

1. 振动系统：由磁体、音圈、音圈支架、前后夹板和心柱组成。

2. 振膜系统：由纸盆构成。

3. 支撑系统：由折环和定心支片构成。其中折环又被称为外支撑，定心支片又被称为内支撑。

3. 1　扬声器主要部件及功能

3. 1. 1　扬声器振动系统

扬声器的振动系统其实是一个磁路系统，是扬声器的驱动系统。当音频信号进入音圈时，导致音圈和其所处的永久磁场相互作用形成该力和扬声器内磁场强度，作为导体的音圈长度以及以交流形式存在的音频信号的关系可用公式 25 表达如下：

$$F = Bli \qquad \text{（公式 25）}$$

其中，B=磁场强度（泰斯拉），l=音圈长度（米），i=进入音圈内的音频信号，即交流电流。

扬声器内磁体的功能在于给扬声器提供磁场，也可以说是为扬声器提供驱动力。磁体通常有铁磁体和钕磁体两种。其中铁磁体的特点是磁体本身很重，并且在使用较长时间或在受损后容易失去磁性，而钕磁体是一种很强的永磁体，磁性不易消失，并且和铁磁体相比重量比较轻。

扬声器盆架的功能在于将扬声器内各部件聚集在一起，同时也为振动系统提供了一个振动空间。扬声器的盆架设计相当于一个房间的设计，在设计不合理时，同样会给回放的信号带来失真并且使声音缺乏定义感。

在音圈架的设计上，不同材料的使用将在很大程度上影响扬声器的高频响应。目前市场上主要使用导体材料和非导体材料两种。对于导体材料来说，主要使用铝或铝合金。铝合金由于具有较高的强度，可以有效避免由于长时间使用而带来的音圈变形。但同时又由于铝属于导体材料，增加了涡电流，并由于涡电流的热效应，所以会产生信号损失及失真。非导体音圈架通常由玻璃纤维制成。由于非导体音圈架并不存在涡电流的问题，所以从该角度上说，其失真率较低。导体音圈架和非导体音圈架的另一个区别在于二者的高频响应不同，其中非导体材质的线圈架在1.5kHz～2kHz之间的输出应高于导体音圈架在该频率范围内的输出1dB～2dB。其主要原因除了发生在导体音圈架上的涡电流损失之外，还源于材料重量的因素。用于非导体材料的玻璃纤维要轻于用在导体材料所使用的铝合金。

另外，音圈在音圈架上的缠绕方式同样会影响到扬声器的频响变化。较多的缠绕匝数将引起较大的电感量并导致扬声器输出信号在高频的衰减。尽管不同的音圈缠绕匝数和缠绕直径会形成不同的电感量，但电感量的最大不同还是主要取决于音圈缠绕的层数。绝大多数低音单元所缠绕的层数为2层，而对于次低音单元来说，缠绕层数通常为4层。2层音圈和4层音圈设计的区别在于所衰减的高频点不同，通常音圈层数越多，所开始衰减的频率越低，并且由于多层音圈所产生的多余的重量，其对于高频信号的形成也起到一种抑制作用。

为了保持音圈运动的精确度，在磁缝隙内的磁场强度应尽可能保持对称性，以便音圈在两个方向上的运动所受的力相同，并且在运动上保持高度的同一性，否则信号将会出现失真。如果磁力线可以仅被控制在磁缝隙内非常狭窄的区域中的话，磁场对称性其实是可以被忽略的。但事实上磁力线通常会蔓延到磁缝隙以外，在缝隙的任意一端形成一个游离的磁场，被称为边缘磁场。边缘磁场的对称性也是扬声器设计中重要的一个环节。图3-2展示了三种心柱设计所形成的三种不同的边缘磁场状态。其中图3-2（a）代表由非对称的磁缝隙结构所导致的不稳定的边缘磁场状态。图3-2（b）代表由于心柱采用底部切割的设计，即T形心柱设计，而形成较为对称的边缘磁场。图3-2（c）也是心柱按一定角度进行切割的设计，使得边缘磁场表现得更加对称。

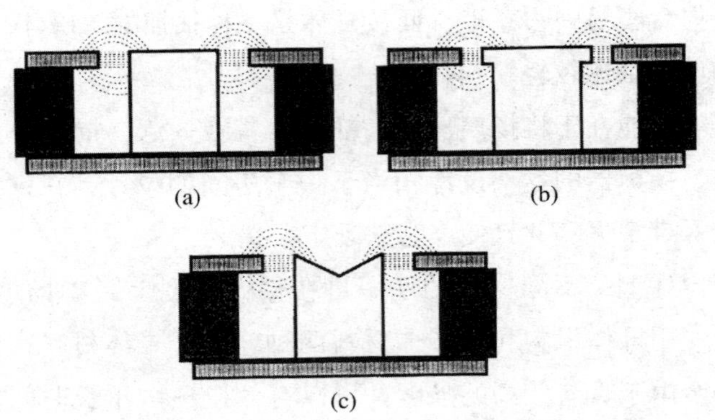

图 3-2　不同边缘磁场状态示意图

3.1.2　扬声器振膜

扬声器振膜系统，即纸盆的作用是在音圈的作用力下推动空气，使得空气分子振动从而产生声音。扬声器纸盆一般来说可以从以下四个方面影响声音质量：

1. 纸盆的重量。如果纸盆超重，则对于音圈的推动较难起到良好的响应。

2. 纸盆材料的强度。如果纸盆所使用的材料缺乏一定的强度的话，在其运动过程中，会非常容易受到折损。

3. 纸盆对于其振动的阻尼。如果纸盆所用材料没有一定程度的阻尼设计的话，纸盆在振动中所表现出来的位移过度将导致谐波失真，并有声染色产生。

4. 纸盆的尺寸。扬声器纸盆的尺寸大小和其声学阻抗有着直接的关系，也就是说，扬声器的纸盆很难去推动一个比自己面积更大的一个空气范围，即扬声器所要回放的频率越低，其效率就越低。而扬声器的这种声学阻抗不匹配的情况是限制其回放低频信号的主要原因。目前扬声器较大的低音单元纸盆尺寸通常在 12 英寸到 18 英寸不等。其中 18 英寸纸盆通常用于次低音箱的使用。

扬声器纸盆除了由经过处理的纸制成之外，对于高音头来说还有铝盆、钛盆。对于低音单元来说有聚丙烯盆以及碳化纤维盆等。

扬声器纸盆的共振模式可分为两种，即放射模式和同心模式，如图 3-3 所示。放射模式表现为在纸盆上相邻部分的运动方向相反。在图中“+”号代表纸盆向外运动，表示一个正极信号，而“-”号代表纸盆向内运动表示一个负极信号。该类共振模式一般主要发生在低频。同心共振模式是以纸盆中央为圆心，振动产生的波从内向外扩张，类似水波纹的振动方式。当振动波到达纸盆边缘并返回纸盆的中央时，会和其他正向外扩张的波彼此干涉，并形成叠加和抵消相位的情况。

随着辐射频率的提高，纸盆上的有效辐射区域逐渐减少，并且在一定高频之上，辐射区域仅限于纸盆的中心位置。但由于纸盆中央材料质量的降低，所以导致高频信号输出在振幅上急剧衰减。在高频上开始衰减的频点被称为截止频率。为了取得平直的频响曲线，通常需要提高截止频率点，并最好将该截止频率点提升到人耳的听觉频率范围之外。因此在扬声器设计中，通常要求保持音圈质量和纸盆质量的比值尽可能小。

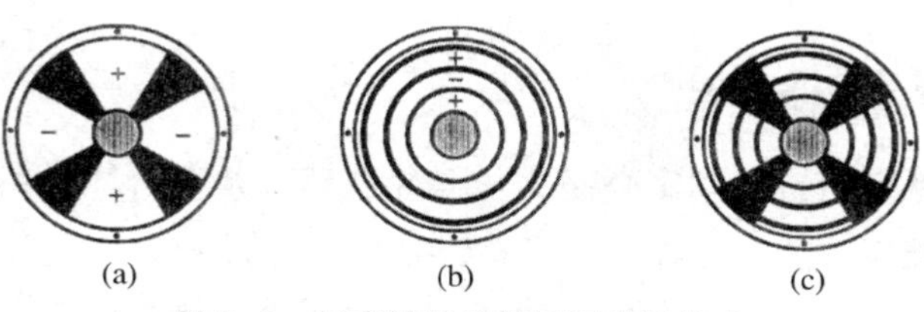

图 3-3　扬声器纸盆的不同共振模式

随着扬声器输出频率的提高，其输出的声波越来越趋于一定的方向性，并且在达到一定的频率后，声波呈声柱状发射。图 3-4 展现了不同尺寸的扬声器纸盆轴外 6dB 衰减点处的角度。从图上可以看到对于 16 英寸纸盆来说，在 500Hz 处，6dB 衰减点为 100 度，而在 5kHz 处，6dB 衰减点只需要偏离 0 度轴 10 度。所以，扬声器将随着频率的提高，其输出声波的指向性增强，指向范围变窄。

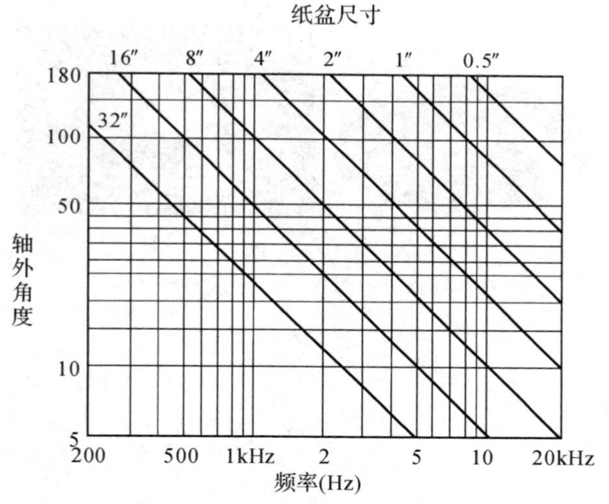

图 3-4　不同尺寸的纸盆轴外 6dB 衰减点处的角度

在扬声器纸盆中央通常设计有防尘罩。扬声器防尘罩的主要功能在于防止灰尘或其他颗粒进入扬声器内，尤其是可以防止灰尘进入音圈和前夹板之间的磁缝隙。一般来说，防尘罩主要有密封和多孔两种设计。其中，由于密封式设计无法使气流通过，所以会在防尘罩内形成一个自身的声学效应。在密封设计的防尘罩内，里面的气压随纸盆前后位移而变化，并形成压缩波和扩展波，影响扬声器的工作。对于多孔防尘罩来说，虽然可以解决罩内压缩波和扩展波所带来的问题，但同时也会引发扬声器箱体内空气的流失，并且当纸盆向内运动时，将迫使经过防尘罩的气流到达纸盆的辐射面，并和纸盆辐射运动相互干涉，从而影响扬声器的频响特性。除此之外，多孔防尘罩的设计具有冷却功能，因为经过防尘罩的气流可以对音圈进行降温处理。

3.1.3 扬声器支撑系统

扬声器支撑系统由折环和定心支片两部分组成。其中折环根据其所在的物理位置又被称为外支撑系统或前支撑系统。折环通常由橡胶材料、泡沫塑料或经过处理的亚麻制成。定心支片主要是由加了胶的棉麻纤维或合成材料制成。定心支片又被称为内支撑系统或后支撑系统。折环有如下功能：

1. 将扬声器纸盆和盆架连接在一起。
2. 对纸盆振动起到一定程度的吸收作用。

定心支片的主要功能在于控制扬声器音圈运动的方向不会产生偏移。如图 3–5 为定心支片及其安装位置。

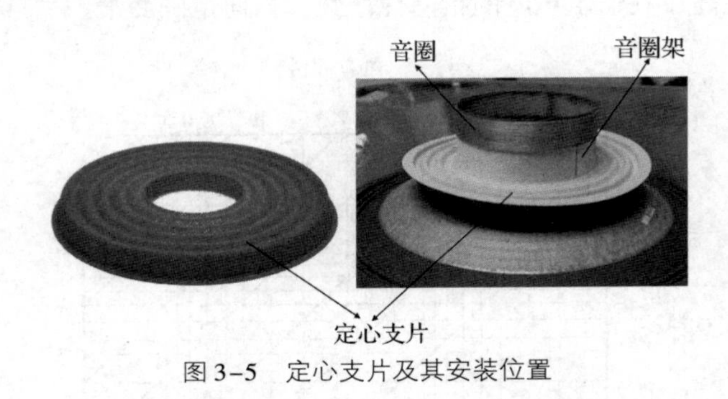

图 3–5 定心支片及其安装位置

3.2 扬声器特性

3.2.1 扬声器阻抗

扬声器的阻抗又被称为扬声器额定阻抗，是指扬声器输入端的电压和通过扬声器的电流之间的比值。虽然目前绝大多数扬声器的标识阻抗为 8 欧姆，但在实际工作中，扬声器的阻抗并非一个单一的数值，而是随着频率的不同，具有较大的变化范围。一般来说，扬声器在 150Hz 频点左右的阻抗为 8 欧姆，但在 50Hz 左右很有可能是 30 欧姆，在 10kHz 处大约为 4 欧姆。图 3–6 展示了一个两元封闭箱体扬声器，其阻抗随频率变化的情况。

除了 8 欧姆阻抗外，目前还有标识 4 欧姆和 15 欧姆阻抗的设计。根据欧姆定

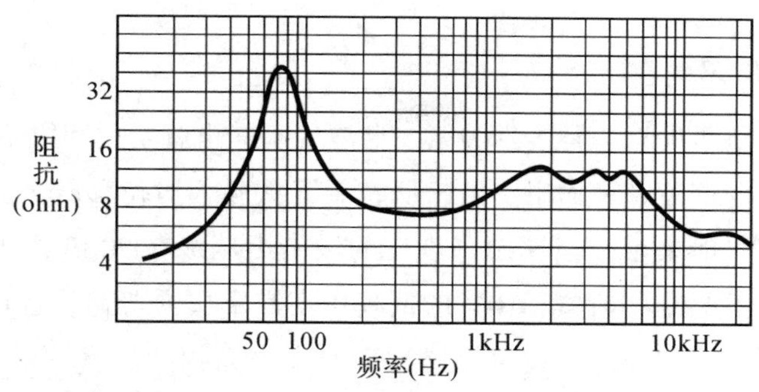

图 3-6　扬声器的阻抗随频率变化而变化

律，阻抗越低，流经扬声器的电流就越大，放大器的负荷也就越大。因此低阻抗，例如 8 欧姆以下的阻抗值，同样会引发功率放大器工作过度并造成损坏。在实际工作中，扬声器的阻抗通常与其灵敏度相关联，其中低阻抗扬声器由于有较大的电流输入所以会表现出较高的灵敏度，而高阻抗扬声器由于电流输入较低所以相对来说灵敏度较低。

3.2.2　扬声器灵敏度和效率

扬声器的灵敏度被定义为扬声器在输入 1 瓦电功率时，在距离扬声器 1 米处所测得的声压级，因此扬声器灵敏度通常使用 dBSPL/瓦/米表示。例如一个扬声器的灵敏度为 86dB/瓦/米，代表当输入扬声器 1 瓦的功率时在距离 1 米处测得的声压级为 86dB。有时扬声器灵敏度也被表述为 dBSPL/2. 83 伏特/米，代表在测量时扬声器所使用的阻抗为 8 欧姆。不同种类的扬声器具有不同的灵敏度，高档监听扬声器的灵敏度一般为 98dB/瓦/米，现场扩声用的扬声器灵敏度通常为 118dB/瓦/米，而较小的扬声器灵敏度只有 84dB/瓦/米。灵敏度和音质没有必然的联系，例如扩声扬声器在设计上，为了现场扩声音量上的需要，通常以音质损失作为代价来取得较高的灵敏度和输出声压级。

扬声器的效率被定义为输出声功率和输入电功率之比，也就是说，有多少输入电功率可以被转换为声功率输出。扬声器灵敏度和效率的主要区别在于，灵敏度受到测量声场以及在测量过程中被测量的扬声器音元的方向性所决定，而其效率则不受上述客观的条件影响。扬声器的效率是很低的，比如一般高质量家用扬声器的效率应该低于 1%，也就是说，当在输入扬声器 20 瓦的功率时，其输出的声功率应该小于 0. 2 瓦，其余的能量均作为热能通过音圈消散。一般来说，家用高保真扬声器的效率性在 0. 5% ~4% 之间。扩声扬声器的效率性在 4% ~10% 之间。对于摇滚乐现场演出用的大型扩声扬声器的效率性在 10% ~20% 之间。

3.2.3 扬声器失真

扬声器输出信号失真通常表现为第二谐波失真，也就是说和原始输入信号相比，输出信号有附加的谐波频率输出。由于低音单元振膜相对位移较大，所以失真多产生在低频信号。一般来说，当家用扬声器的输出声压级在 90dB 以上，或高灵敏度扬声器的输出在 105dB 的时候，10% 的低频失真其实非常普遍，且这种失真绝大多数为第二谐波失真，部分发生在第三谐波，而在中高频的失真一般低于 1%。但由于扬声器作为一种换能器所表现出来的固有的非线性特性，所以这种失真通常被认为是扬声器的正常表现，并且从实际听音的角度说，人耳对于这种低频的失真并不敏感。一般来说对于高音号角设计的扬声器在喉口有 10% ~15% 的失真相当普遍。

3.2.4 扬声器频率响应

扬声器频率响应是衡量其线性表现的重要指标之一。在理想情况下，扬声器的输出信号频响曲线，应该在振幅稳定的状态下，从最低频率到最高频率的频响曲线保持平直。但尽管如此，一般高质量的扬声器也只能在±3dB 内，80Hz ~ 20kHz 频率范围内保持平直，而较差的扬声器则表现出更为复杂的频响表现。扬声器的频响表现只能从客观的角度说明该扬声器较为真实地反映了由放大器输入的音频信号，但并不代表其音质主观评价的结果。例如，一个扬声器的频响特性在客观数值上展示为从 100Hz ~ 15kHz，±3dB 之间保持平直，但该指标并没有说明扬声器的声染色情况，回放信号的声场的深度情况以及高低频的质量等。

3.2.5 扬声器输入功率

扬声器的输入功率可分为额定输入功率和最大输入功率两种。其中额定输入功率代表一个能保证扬声器长时间正常工作而不会受到损坏的输入电功率值。在对额定输入功率进行测量时，测量时间通常规定为 96 小时。扬声器的最大输入功率可分为长时间最大功率值和短时间最大功率值两种。在进行长时间最大功率的测量时，测量信号为一个持续 1 分钟、间隔 2 分钟、连续 10 次的模拟信号，扬声器在该测量信号所代表的功率值下不会产生永久性损坏。用于短时间最大输入功率测量的信号为一个持续 1 秒、间隔 60 秒、重复 60 次的模拟信号，扬声器在接收该信号所代表的电功率测量后不会产生永久性的损坏。扬声器的短时间最大功率数值通常大于长时间最大功率数值，并代表该扬声器所能承受的输入功率的上限。

3.2.6 扬声器的辐射特性

扬声器的辐射特性代表扬声器的指向性，通常用极坐标表示，说明了不同频率信号在偏离扬声器0度轴后，其响度和0度轴信号响度之间的关系。所以扬声器的辐射特性又被称为扬声器的轴外频率响应特性。例如一个扬声器的辐射范围是120度的话，代表在该扬声器前，以0度轴为中心、±60度之间频响特性可保持一致，也就是说，此时如果一个人在该扬声器前±60度之间不会感到信号有什么响度上的变化。另外，有些扬声器还指出其辐射特性为120度、±6dB、40Hz ~ 16kHz，代表在该扬声器前方120度内，低频信号在低于40Hz，高频信号在高于16kHz时，将有大于6dB的衰减。

扬声器的辐射特性通常需要从水平和纵向两个方向进行考察。通常水平的辐射范围要大于纵向的辐射范围，但如果扬声器采用横向摆放时，原纵向辐射方向将变为横向辐射方向。从频率的角度出发，高频信号和低频信号相比通常具有较窄的辐射范围，并在某一高频点上以声束的形式对声波进行传输。在高频形成声束的频率点与扬声器纸盆的尺寸有着直接的关系，通常来说，纸盆越小，形成声束的频点越高。表3-1列出了各扬声器纸盆尺寸以及与其对应的声束频率。

表3-1 各扬声器纸盆尺寸以及与其对应的声束频率

纸盆尺寸（英寸）	形成声束的频率（Hz）	纸盆尺寸（英寸）	形成声束的频率（Hz）
0.75	18240	8	2105
1	13680	10	1658
2	6840	12	1335
3	5742	15	1052
5	3316	18	903
6.5	2672		

在实际工作中，辐射角度较大的扬声器，其能够覆盖的观众听音区域就越大，并且在该区域内所表现出来的频响特性就越稳定。另外，相对于扬声器的辐射频率而言，扬声器的箱体可作为辐射声能的障板存在。所以如果能和麦克风摆位正确配合，例如使麦克风的零度轴最大限度偏离扬声器的零度轴，则可以有效避免舞台扩声中的啸叫问题。

3.3 扬声器箱体设计

扬声器箱体的主要功能在于增加扬声器纸盆和空气之间的声学阻抗，从而提高工作效率。扬声器的箱体设计简单来说可归纳为以下两点考虑：

1. 如何避免箱体前后声波彼此干涉，从而避免梳状滤波效应的产生。在图 3–7 中展示的干涉中，扬声器前后信号相位相反，彼此抵消。当然这只发生在正弦波的情况下。对于复杂的乐音来说则表现为低频信号的衰减。

2. 如何提升其低频信号响应。

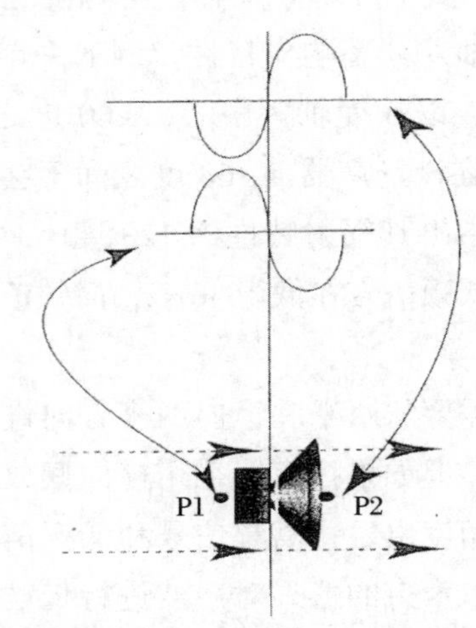

图 3–7　扬声器在缺乏障板阻挡时，长波长低频信号容易前后干涉，相互抵消

根据上述两点考虑，目前在录音室内的扬声器箱体设计主要有封闭式和导相孔式两种，如图 3–8 所示，封闭式箱体设计的优点在于可以有效阻止扬声器前后声波彼此干涉所造成的梳状滤波效应。封闭式箱体设计的缺点主要有两个：

1. 扬声器纸盆向后辐射至箱体内的声能被浪费，因此降低了扬声器的效率。

2. 箱体内的气压对纸盆向箱体内的位移起到一种阻尼的作用，造成低频共振频率点较高，低频响应不充分。

导相孔的主要功能在于将位于箱体内的声能引导到箱体前面并使得从导相孔内传出的声波和位于扬声器前面的声波呈相位叠加状态，从而改善扬声器系统的效率，提升了低频信号振幅。图 3–8 展示了封闭和带有导相孔设计的两种箱体。

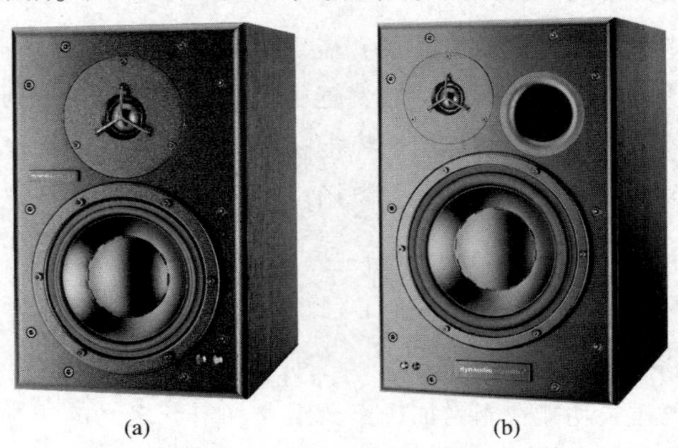

(a)　(b)

图 3–8　封闭箱体（a）和带有导相孔设计的箱体（b）

除了导相孔设计外，目前还有很多扬声器，尤其是在家用高保真扬声器的设计中，仍使用传输线的方式来增加低频响应。所谓传输线设计就是在扬声器箱体内部增加一个声波通道，在通道内铺设高频信号吸声材料，所以整个通道类似低通滤波器。当信号被通道引导、从箱体下面的孔洞传出时，将对低频信号起到补充的作用。图 3-9 展示了传输线扬声器的内部结构。

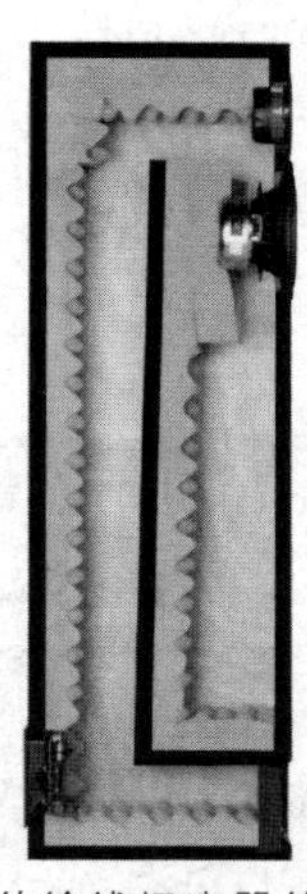

图 3-9 传输线扬声器的内部结构

3.4 号筒式扬声器

上述各种扬声器的纸盆都是直接暴露在空气中，并直接推动空气振动产生声音。该类扬声器又被称为直接辐射式扬声器。而号筒式扬声器，由于纸盆推动的空气要经过安装的号筒处理后才能辐射到空间内，所以该类扬声器也被称为间接辐射扬声器。从结构上看，号筒扬声器的号筒和扬声器振膜相连，号筒和纸盆连接处被称作喉口。如图 3-10 所示，声波信号在喉口处表现为高压低振幅信号，并经过喉口处的挤压到达号筒的喇叭口处后转换为低压高振幅信号，从而实现号筒扬声器以下两个使用优点：

1. 提高扬声器效率。
2. 增强扬声器的指向特性。

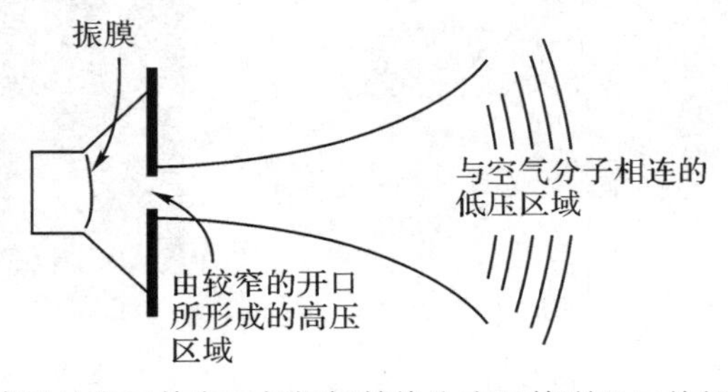

图 3-10 声信号从喉口的高压低振幅转换为在号筒喇叭口的低压高振幅信号

在实际工作中，低音号筒和高音号筒扬声器都具有这两个优点，同时也是这两种号筒扬声器的设计目的，尤其是对于高音号筒来说，其指向性表现得更强，一般来说高音号筒在水平方向应覆盖 80 度 ~ 90 度的范围，而在垂直角度只覆盖 30 度 ~ 40 度的范围。目前，高音号筒通常被设计成扇形，如图 3-11 所示；低音号筒通常被设计成 W 形，W 形号筒又被称为折叠号筒，如图 3-12 所示，以增强其效率。另外，目前一些录音室也使用一种双辐射号角扬声器，这种扬声器在其分频点 1kHz ~ 16kHz 之间，垂直辐射和水平辐射都有 100 度的辐射范围，并且在辐射范围内的声能表现一致。这种辐射特性非常接近直接辐射体在一个理想障板设计上的表现。双向辐射号角扬声器如图 3-13 所示。

图 3-11　扇形设计的高音号筒

图 3-12　W 形设计的低音号筒

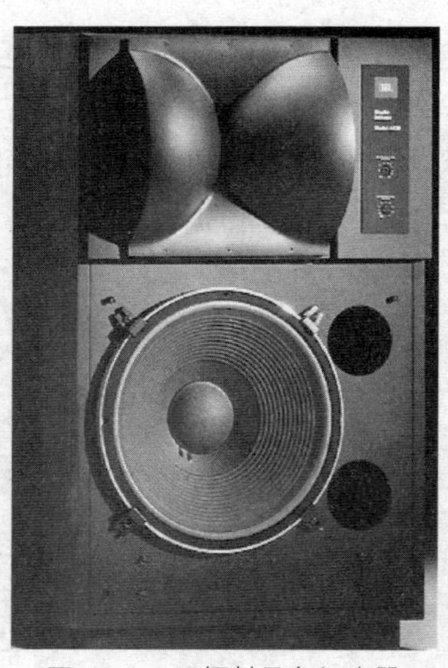

图 3-13　双辐射号角扬声器

3.5　扬声器分频系统

对于扬声器系统来说，单一纸盆的设计通常无法准确、清晰地回放一个全频信号，所以目前多采用两个或两个以上音元构成的组合扬声器来回放信号。其中将信号分为两组回放的为两元扬声器系统，有一个分频点；将信号分为三组回放的被称为三元扬声器系统，有两个分频点。分频系统的主要功能在于：

1. 将高频信号传输至高音元，同时在低音元信号通道内去除高频信号。
2. 将低频信号传输至低音元，同时在高音元信号通道内去除低频信号。

如图3-14所示，分频系统中的分频元件主要由电容器和电感器组成。由于电容器阻抗和频率呈反比关系，也就是说频率越高电阻值越小，而频率越低，电阻值就越大，故而表现为高通滤波器特性。对于低音分频来说，由于电感阻抗和频率的关系，通常可作为低通滤波器使用。对于中音分频来说，电容器和电感器配合可形成带通滤波器特性。

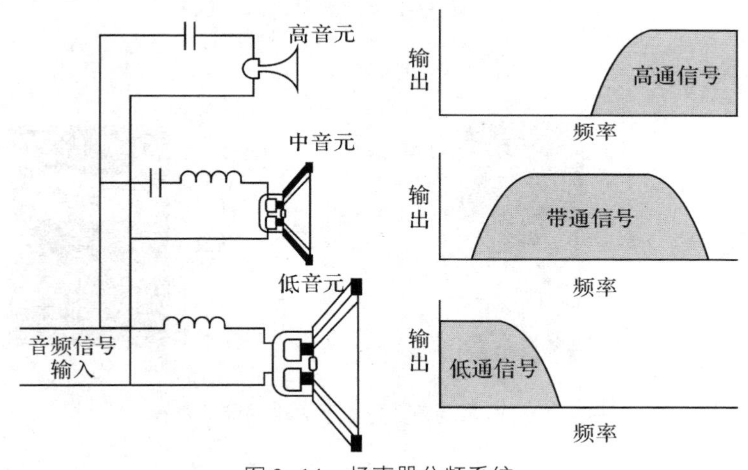

图3-14　扬声器分频系统

分频系统按每倍频程所衰减的dB值可分为一级分频系统、二级分频系统和三级分频系统。其中一级分频系统为每倍频程衰减6dB，共有一个分频元件，如图3-15（a）所示。二级分频系统为每倍频程衰减12dB，共有两个分频元件，如图3-15（b）所示。三级分频系统为每倍频程衰减18dB，共有3个分频元件，如图3-15（c）所示。四级分频系统为每倍频程衰减24dB，共有4个分频元件，如图3-15（d）所示。

扬声器分频系统根据其是否有电源供应还可分为有源分频系统和无源分频系统两种。图3-16（a）显示了在有源分频系统中，信号首先经过分频系统然后再传输至功放的过程。而在无源分频系统中，信号则是先经过功放，然后再被传输至分频

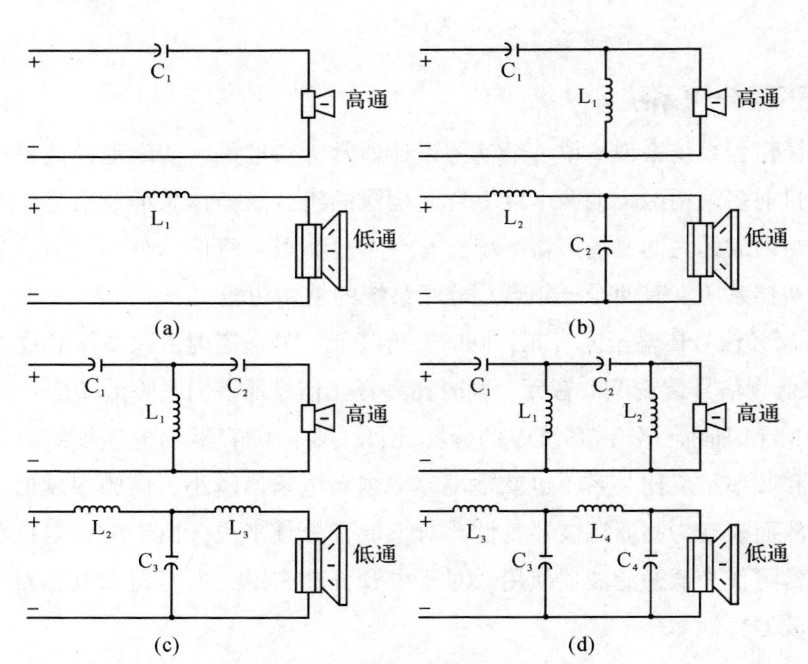

图 3-15　扬声器 1-4 级分频系统示意图

器。如图 3-16（b）。

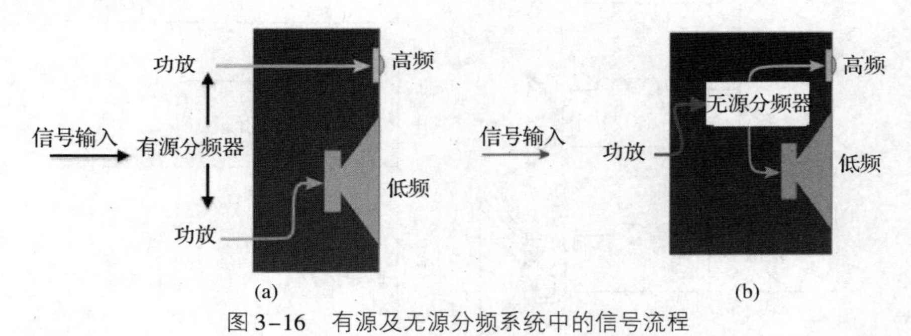

图 3-16　有源及无源分频系统中的信号流程

在扬声器分频系统中所使用的电容量/电感量和分频频率之间的关系可分别用下列公式 26 和公式 27 表示：

$$f=\frac{1}{2\pi RC} \quad （公式 26）$$

$$f=\frac{R}{2\pi L} \quad （公式 27）$$

其中 C=电容（法拉），L=电感（亨力），f=分频频率（赫兹），R=扬声器阻抗（欧姆）。

如果目前有电容 10 微法拉，阻抗为 8 欧姆的话，可得出高频的分频点为：

$$f=\frac{1}{2\times3.14\times8\times10\times10^{-6}}=1990\text{Hz}$$

如果也将1990Hz作为低频的分频点的话，也就是说在高低音元使用共同分频点的话，那么电感值应为：

$$L=\frac{8}{2\times3.14\times1990}=0.00064\times10^{-3}=0.64\text{mH}$$

3.8 扬声器的摆放

在实际工作中，录音师并非在听单一扬声器的声音，而是在听扬声器所在的声场。因此扬声器在室内所摆放的位置将在很大程度上影响录音师所听的音质。在摆放扬声器时通常要注意以下5点：

1. 在双声道立体声节目中，录音师和两个扬声器之间应保持等边三角形关系，并且扬声器的高音元应与录音师的耳朵等高，以保证录音师坐在一个最佳的听音点，并听到最准确的立体声声场及客观的高频响应。图3-17展示了控制室中近场监听扬声器的摆放情况。对于远场监听来说，只要扬声器的高音元高于人耳位置，就应按一定的俯角安装，将高音元指向录音师的头部位置，以便取得较为理想的立体声平衡。

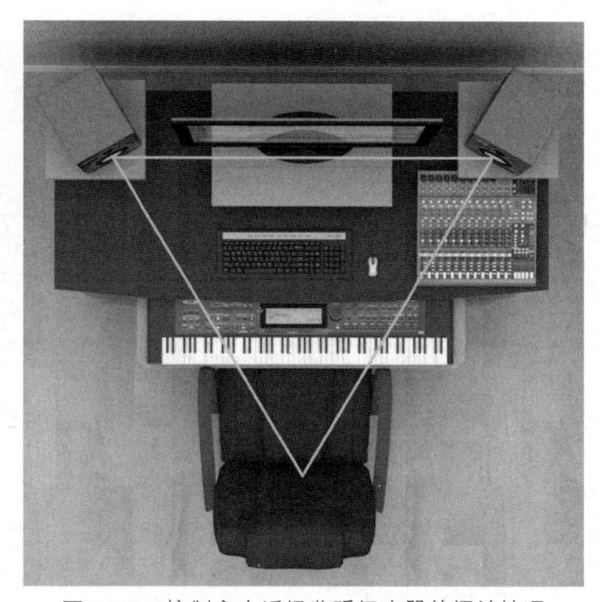

图3-17 控制室中近场监听扬声器的摆放情况

2. 扬声器距离墙面越近，由于墙面共振，低频信号提升的就越多。目前在摆放扬声器时，通常扬声器和前面墙之间的距离和扬声器与侧面墙之间的距离比应大于33%。

3. 扬声器和墙面之间的距离会影响房间共振模式。目前来说扬声器和前面墙的距离根据具体条件应为房间总长度的 1/3 或 1/5，以避免房间共振模式影响录音师听音的客观性。

4. 扬声器的高音元通常按内扣的方式指向录音师的耳朵，以便取得最佳高频信号的平衡，立体声声场的宽度以及清晰度。

5. 近场监听扬声器应安放在扬声器支架上，以防止在调音台上造成反射。一般来说，安放在支架上的扬声器会弱化反射信号直接传导至录音师头部的位置。如图 3-18 所示。

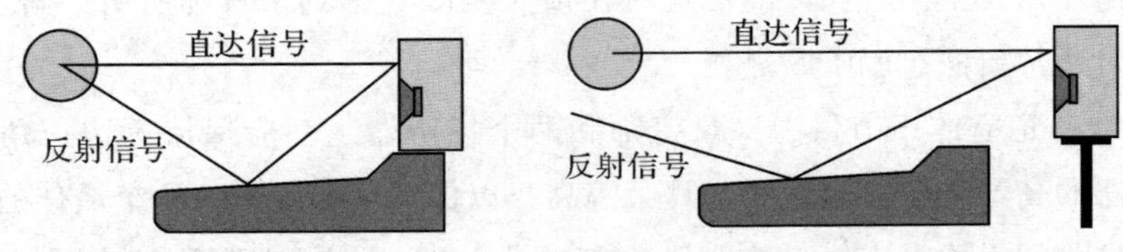

图 3-18 安装在支架上的扬声器可以有效避免声波由调音台直接反射到人耳

第四章

调音台应用

4.1 调音台总述

调音台在信号链中位于麦克风和信号存储设备中间，为录音师在进行信号处理时提供更多选择和方便。录音师通过调音台将各乐器分别记录在多轨录音带或工作站上，然后再通过调音台将已存储在工作站中的信号返送回来进行监听。从麦克风通过调音台进入工作站的信号为录音信号，该信号通过调音台上的声道通路传输至多轨录音机和最终的记录媒体。而从工作站返回调音台的信号为监听信号，该信号通过调音台上的监听通路返回。目前在调音台设计上，根据如何安排信号的监听通路和录音通路，可分为占线式调音台和分体式调音台两种。其中分体式调音台在设计和使用上将调音台分为左右两部分，如图 4-1 所示，在调音台左边部分为麦克风输入区域，而右边被用于信号返送区域，因此对于一个 24 路分体式调音台来说，有可能只有 12 路的信号输入能力。所以为了增加信号输入通道的数量，分体式调音台的尺寸通常很大。对于占线式调音台来说，如图 4-2 所示，由于信号的输入推子和监听推子都安排在同一个通道上，所以调音台的尺寸大为缩小，并且实用性提高。一般来说，一个 24 路占线式调音台应具有 24 路的信号输入能力，以及 24 路信号的返送能力。在占线式调音台上，位于通道上排的推子，俗称小推子，负责信号输入；下面一排的推子，俗称大推子，负责信号的监听。

分体式调音台的信号流程为：

1. 麦克风信号进入调音台。信号增益由负责信号输入通道的增益控制。

2. 由调音台将麦克风信号输出至工作站。此时推子位置决定输出信号电平，或是在工作站的信号输入电平。

3. 信号进入工作站后返送至调音台的输入端。即监听推子组。此时调音台上推子的位置决定监听音量，以及信号输出至最终存储媒体的输出电平。

占线式调音台的信号流程为：

1. 信号由小推子进入调音台，信号输入增益由小推子增益控制。

2. 小推子的位置决定信号从调音台输出的输出电平，以及在工作站上的信号输入电平。

3. 工作站每路信号输出至与之相应的调音台大推子，此时调音台大推子的位置决定监听音量，以及信号输出至最终存储媒体的输出电平。

在调音台上，信号均经过母线进行输出和输入。在调音台上共有两种母线，即声道母线和混音母线。声道母线也被称为多轨母线，录音信号通过多轨母线传输至多轨录音机或工作站，通过混音母线传输至控制室监听系统以及最终的两轨立体声记录设备。在调音台上，还有一种母线被称为编组母线，比如，如果一个调音台被称为 24-4 调音台，则代表该调音台有 24 路输入，同时设计有 4 路编组输出。也就是说，在多轨录音中，所有的音频信号在通过主推子输出之前，可以被编入 4 个属组，例如，打击乐一组，弦乐一组，管乐一组，主唱一组，以便工作人员通过控制 4 个推子的平衡来控制 24 路信号的平衡。图 4-1 和图 4-2 中显示了在调音台上各有 8 个属组母线的设计。

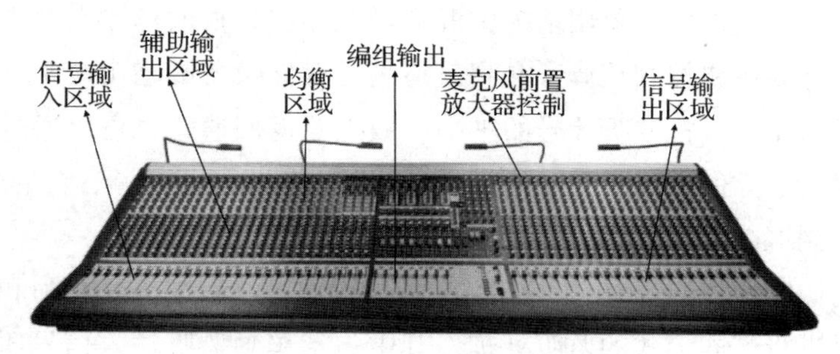

图 4-1　分体式调音台

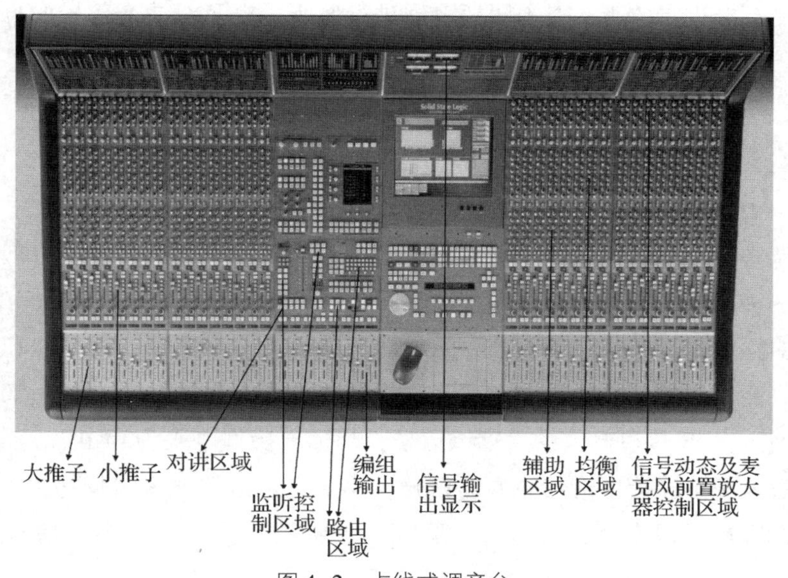

图 4-2　占线式调音台

总结来说，在调音台在使用上可以被分为三个模块，即输入输出模块、监听模块及总控制模块。其中输入模块对于模拟调音台来说就是麦克风前置放大器，该放大器的功能在于接收麦克风微小的输出信号后，将其放大到调音台的可操作电平范围内。然后再通过增益控制将其放大到录音节目需要的范围。对于数字调音台来说，输入的麦克风信号则在麦克风前置放大器之后进入模拟数字转换器，然后再进行增益控制，以便调音台在数字阶段里提升输入信号电平。

调音台的输出模块是将经过放大的输入信号送至该音轨的声道母线，准备进入混音母线。另外在很多古典音乐录音中，为了获得最短的信号通路，经过增益控制的麦克风信号也可以直接传送至最终载体而不需经过声道母线，以便保持最高的保真度。例如在模拟调音台上可以通过直接输出功能实现，而在数字调音台上可以直接通过软跳线将一个通路上的模数转换器输出和最终载体或工作站上的数字输入口连接。

调音台的总控制模块主要用来提供混音母线输出、辅助总输出及效果返回通路的控制。混音母线主要控制从调音台到最终信号存储设备的输出电平，而辅助输出主要控制传送给乐手耳机监听信号的平衡。效果器返回通路也可以通过辅助功能进行控制，同时为了方便操作，很多录音师也将混响信号返回到调音台的两个音轨上，通过推子来控制混响量。

调音台的监听模块较为复杂，因为在整个的录音过程中，录音师和制作人需要对不同的信号进行不同形式的监听处理，其中包括单独监听输入信号质量，单独监听在录音机或工作站上的录音信号质量，对乐手和控制室之间不同节目平衡进行监听，对不同音源进行监听，对不同扬声器进行监听，以及对录音信号的推子前和推子后的不同监听等。

4.2 调音台功能简介

1. 输入增益

用来调整麦克风输入或线入信号的增益。该旋钮在模拟调音台上一般有线性钮和分步钮两种设计，在分步旋钮中，一般标明每步增益或衰减 5dB 或 10dB，以便录音师明确对输入信号所放大的级数。一般对于数字调音台来说，线性旋钮设计较为普遍，并且在表头的液晶显示屏上都有输入信号的增益数据显示。这里的麦克风输入增益指通过 XLR 接口输入的麦克风信号，其标准操作电平为+4dBu。而线入增益通常指通过 1/4 英寸接口格式输入的信号，比如电声乐器或来自周边 CD 机的输入信号。其标准操作电平为－10dBV。图 4－3 中展示了数字调音台上信号增益控制旋钮。

2. 幻象电源

该开关负责给电容麦克风提供 48 伏直流电。在使用模拟调音台时，为了安全起见，该开关应在电容麦克风连接后，推子在起点位置才进行开启，并且应在电容麦克风拆除前，推子回到起点位置之后关闭。根据不同设计，数字调音台和大型模拟调音台一般每个通路都有独立的幻象电源开关，如图 4－4 所示。而对于小型模拟调音台来说通常用 1 个 48V 电源开关负责所有声道的幻象供电。

3. 麦克风输入/线入转换开关

用来针对输入信号是否为麦克风输入信号或线入信号进行转换。一般该开关只

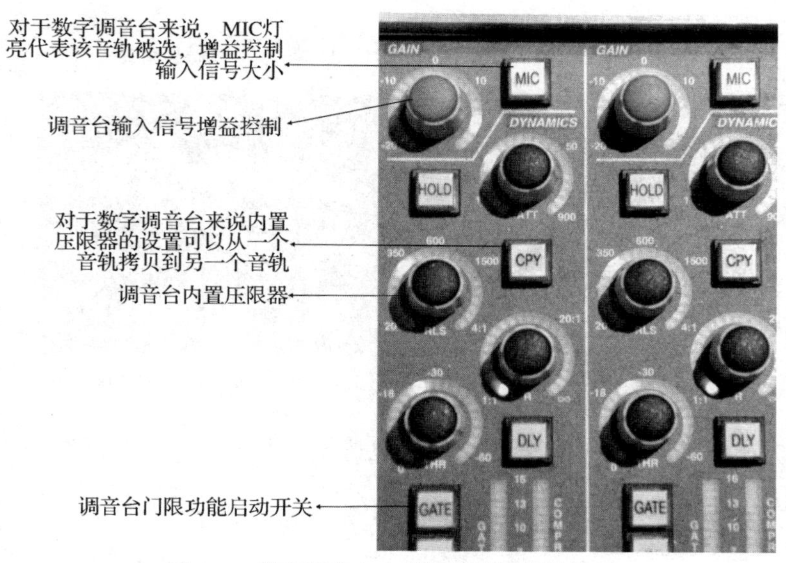

图 4-3　数字调音台上的输入信号增益控制

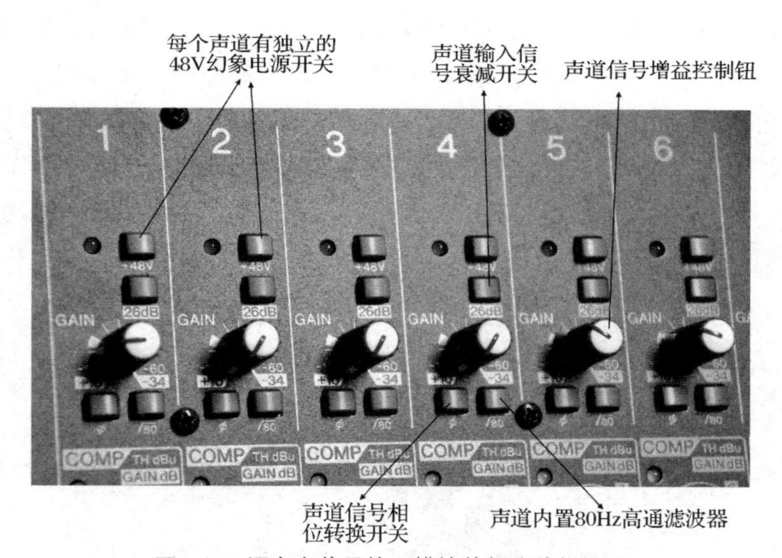

图 4-4　调音台信号输入模块的部分功能设置

用于模拟调音台。在模拟调音台上设计有 XLR 格式的麦克风输入口及 1/4 英寸格式的线入输入口，如图 4-5 及图 4-6 所示。

4. 输入信号衰减开关

用来迅速衰减麦克风输入信号电平，具体衰减级数根据厂家的设计而定。在图 4-4中，标明声道信号衰减开关可迅速衰减输入增益 26dB。

5. 相位转换开关

相位转换开关在调音台上使用字母 φ 表示，如图 4-4 所示，用来倒转该通路信

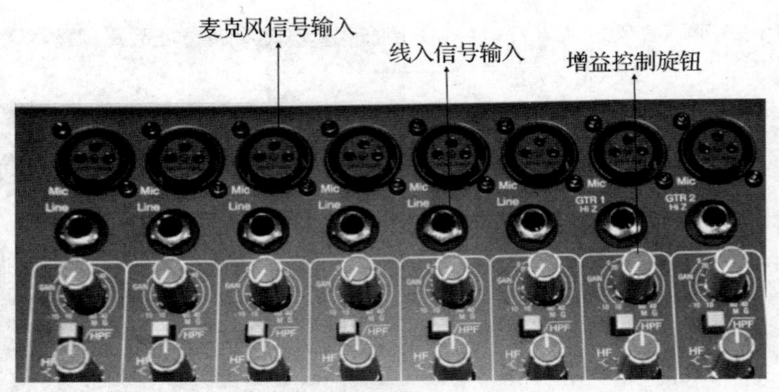

图 4-5　模拟调音台上的 XLR 麦克风输入口及 1/4 英寸线入输入口

号的相位。在多轨录音中的试音阶段通常应按下该开关，以检查该通路信号和其他通路信号之间的相位关系。

6. 高通/低通滤波器

在实际工作中，滤波器通常用来衰减低频及高频噪声，例如哼噪声、低频共振噪声，或是高频的嘶噪声。根据不同的设计，在调音台上有些滤波器的拐点频率可选，有些不可选，但通常来说，滤波器的级数，即在拐点频率上每倍频程所衰减的 dB 值是不可选的。图 4-6 展示了调音台上的内置滤波器，图中该滤波器使用 HF 表示，为英文 High Frequency Filter 的缩写。从图 4-4 中也可以看到模拟调音台上的每个声道都设计有 80Hz 高通滤波器。图中该滤波器使用 HPF 表示，为英文 High Pass Filter 的缩写。

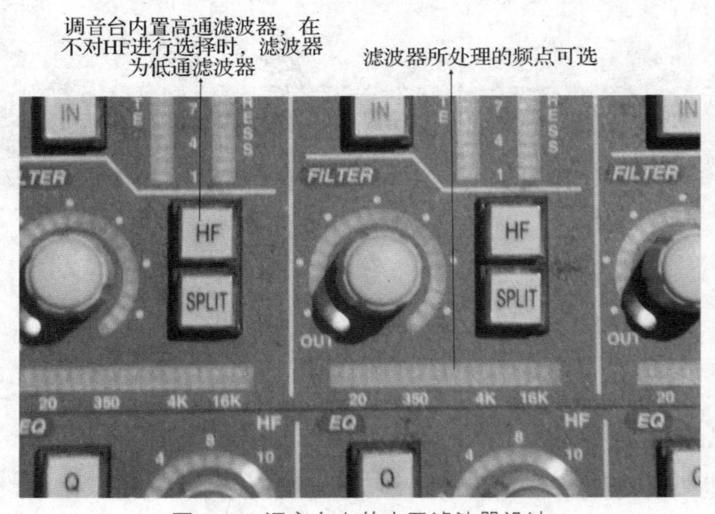

图 4-6　调音台上的内置滤波器设计

7. 音轨路由开关

如图 4-7 所示，调音台上路由开关的功能就是将声道信号按照所选择的路径传输给多轨录音设备。开关数量根据调音台音轨数量的不同通常从 24 个到 48 个不等，也就是说一个音轨上的信号可以根据录音制作的需要将其传输至记录设备上其中任意一个声轨，也可以将其同时传输给记录设备上的多个声轨。例如在录音过程中进行加倍处理时，可将一个麦克风信号记录在工作站不同的音轨上。

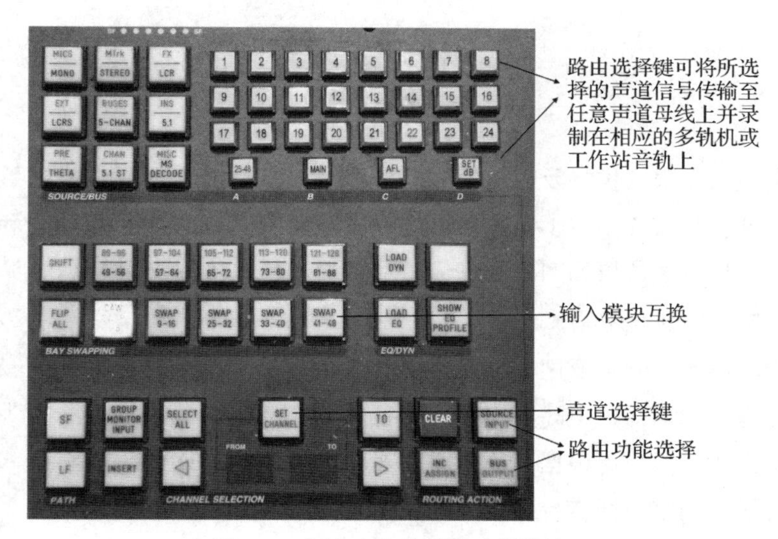

图 4-7 调音台上的路由功能设计

8. 直接输出接口

如图 4-8 所示，调音台上的直接输出接口可将该通路信号直接传输给记录设备上相应的音轨，而直接输出接口的信号输出电平由该通路的推子位置决定。

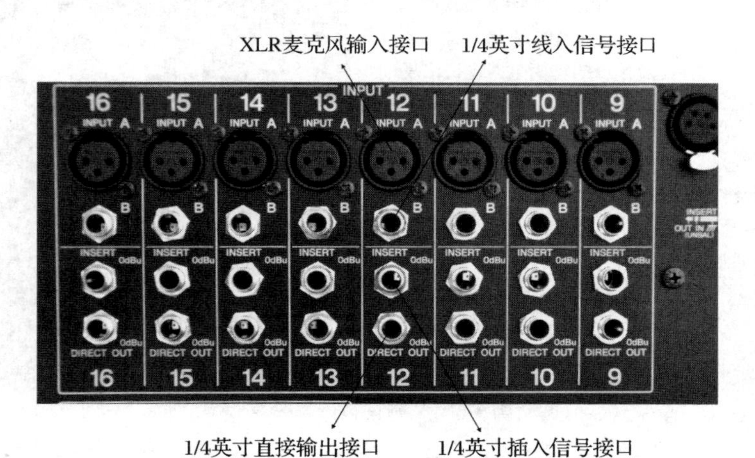

图 4-8 在模拟调音台背板上的 XLR 麦克风输入接口、线入信号输入接口、直接输出接口以及插入信号接口

9. 动态处理区域

在图 4-3 中可以看到，一般大型调音台在每个音轨上都设计有信号的动态处理

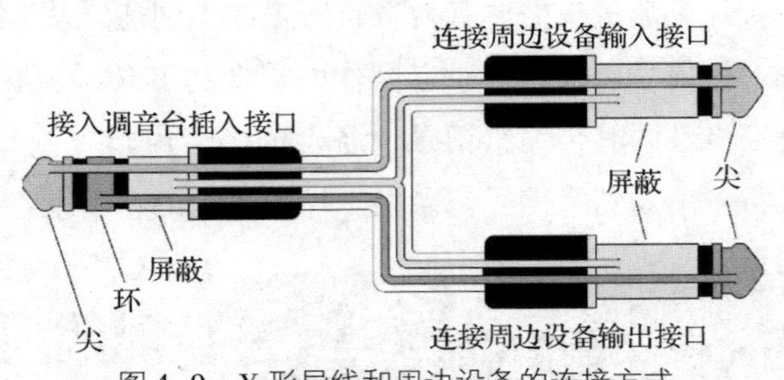

图 4-9　Y 形导线和周边设备的连接方式

功能，其中包括压限、扩展及噪声门等。而一些模拟调音台如果没有内置信号动态处理模块的话，则需要使用 1/4 英寸格式的信号插入接口通过 Y 形导线和周边压限器或扩展器连接。该接口如图 4-8 所示。Y 形导线的连接方式如图 4-9 所示。

10. 均衡中心频率控制

均衡中心频率控制主要用来选择将要处理的中心频率点。目前在调音台上常见的 4 段均衡为高频均衡，中高频均衡、中低频均衡和低频频段均衡。因为这些均衡为参数均衡，所以用户可根据自己的需要对中心频率点、Q 值、中心频率提升量或衰减量进行线性调整。调音台内置均衡如图 4-10 所示。

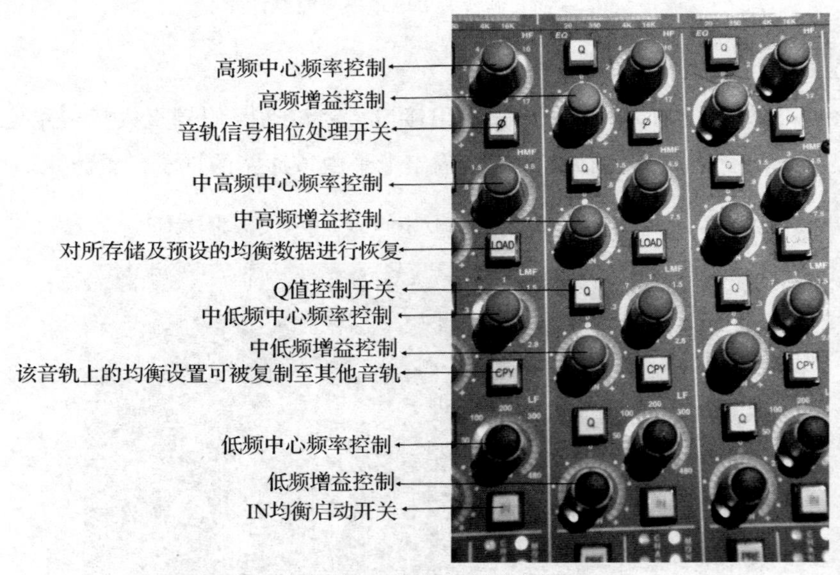

图 4-10　调音台内置均衡

11. 均衡 Q 值

均衡 Q 值用来调整所选中心频率的带宽，因为 Q 值等于中心频率和带宽的比值，所以 Q 值越大代表所处理的频带越狭窄，Q 值越小代表受到处理的频带越宽。一般来说在做均衡提升处理时，通常使用小 Q 值；而在做衰减处理时，则通常使用大 Q 值。从图 4-10 中可以看到 Q 值控制开关，在按下该开关后，右边的旋钮变为 Q 值控制钮。在开关抬起时，旋钮为中心频率选择钮。

12. 均衡提升/衰减

如图 4-10 所示，调音台内置均衡器通常可以允许用户在±15dB 至±20dB 范围内对中心频率进行提升或衰减处理。

13. 声道开关

调音台如果在均衡处理模块内设计有声道开关的话，则该开关通常用来决定均衡处理是在声道信号通路内还是在监听信号通路内完成。如果在声道信号通路内的话，经过均衡处理的信号将被直接记录在工作站或多轨机。而均衡如果在信号监听通路的话，经过均衡处理的信号只进入监听母线和混音母线，也就是说只可以从扬声器听到，并且只可以录在最终的两轨立体声载体，而不会被记录在工作站或多轨机。

14. 进入/跳出

如图 4-10 所示，开关“IN”是用来选择调音台是进入还是跳出均衡状态。由于在实际工作中，均衡电路通常会引发更多的噪声和相位失真，所以在不使用均衡功能的时候应选择跳出状态。

15. 声像定位控制

声像定位控制钮的主要功能在于将声源在录音师前方水平方向进行定位。声像控制是一种一入两出的设备，即当一个单声道信号输入后，如果将声像控制在声场中间位置的话，该信号将以相同的电平值传输至该声道的两个输出母线上。当声像钮转向左边时，在左声道母线上的输出不变，而右声道母线上的信号逐渐衰减，从而形成在两个输出母线上信号之间的电平差，并造成声源来自左边的听感效果。另外，当音频信号以相同电平值传输至两个输出母线时，左右声道信号将各自衰减 3dB，如图 4-11 所示，以保证被定位在声场中央的幻像信号不会有音量提高的听感。除了 3dB 衰减设计外，有些声像控制设计使用 4.5dB 衰减或 6dB 衰减模式。

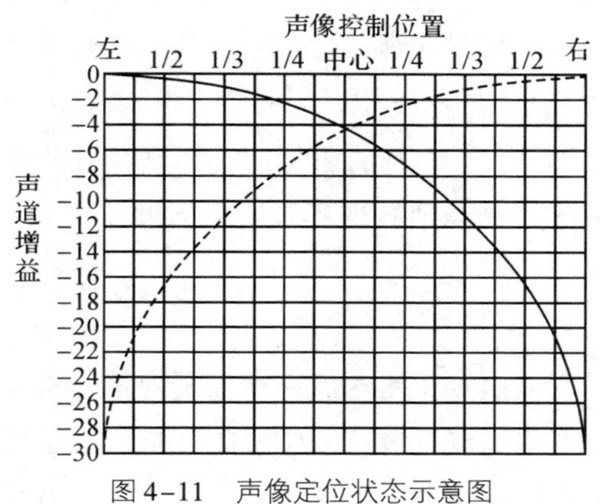

图 4-11　声像定位状态示意图

16. 并轨

在模拟调音台上，并轨代表录音师可将若干声道信号合并为两轨信号，以方便空出更多的音轨录制更多的声源信号。今天在工作站上的并轨通常代表在缩混过程中，在对各声道的输出平衡、均衡、效果设置等调整完毕后，合并为两轨立体声信号文件输出至硬盘，以便刻录到最终记录载体上。在工作站上，并轨功能可选择节目输出为两声道立体声节目、单声道节目或多轨单声道文件。

17. 哑音

如图 4-12 所示，哑音开关主要功能在于关闭所选择的音轨，而只对其他音轨进行监听。如果所选择的音轨已被编组，那么在关闭该音轨时，组内所有的音轨都将被关闭。

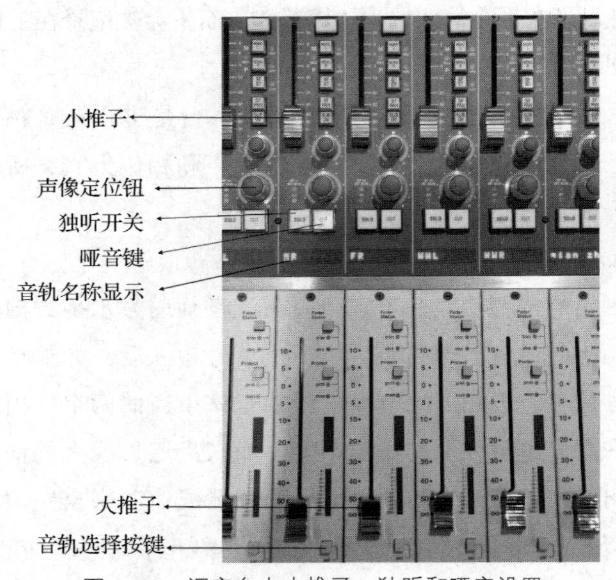

图 4-12　调音台大小推子、独听和哑音设置

18. 独听

独听开关在开启时，只对该音轨进行监听，其他音轨关闭。单独监听在使用上可分为独听和现场独听（SIP）两种模式。在独听模式下，调音台混音母线不受单独监听影响，即单独监听只会影响到监听母线。而现场独听模式下则会影响到混音母线，即最终的存储系统只能录到被现场独听的音轨信号。图 4-12 展示了调音台独听键。

19. 推子前监听

推子前监听代表对声道信号在到达该声道推子之前，将信号输出进行监听，也就是说，信号的电平将不受到该声道推子位置的影响。推子前监听信号通常通过辅助输出传送给在录音室内的演奏员，以便给演奏员不同的音乐平衡。另外，推子前监听功能可以使录音师在对某一声道信号进行监听调整时不用关掉其他声道的信号。例如在现场录音中，录音师可以通过推子前监听，在声道推子不推起的情况下，通过辅助输出来对该声道进行监听。这样既可以提前检查信号质量，又不会影响到当时节目的制作播出。图 4–13 展示了调音台上的推子前监听开关键。在该开关未被开启时，辅助输出处于推子后状态。

20. 推子后监听

对于监听模式来说，目前所有调音台的默认设定均为推子后监听模式，即信号在经过声道推子后被拾取，该声道的推子的位置决定了该声道信号的输出电平。

21. 辅助输出控制

图 4–13 显示了在调音台上的辅助输出模块。辅助输出有两个功能，1. 将信号输出至录音室内耳机放大器；2. 将信号传输至周边信号处理器，例如混响。辅助输出设计有推子前和推子后两个设置。其中对于推子前输出来说主要用于耳机放大器的信号，由于推子前信号不受到推子位置的影响，所以输送到耳机放大器的信号平衡可以用辅助输出增益控制。而在推子后状态下，演奏员耳机监听的平衡则由调音台上的推子位置控制。

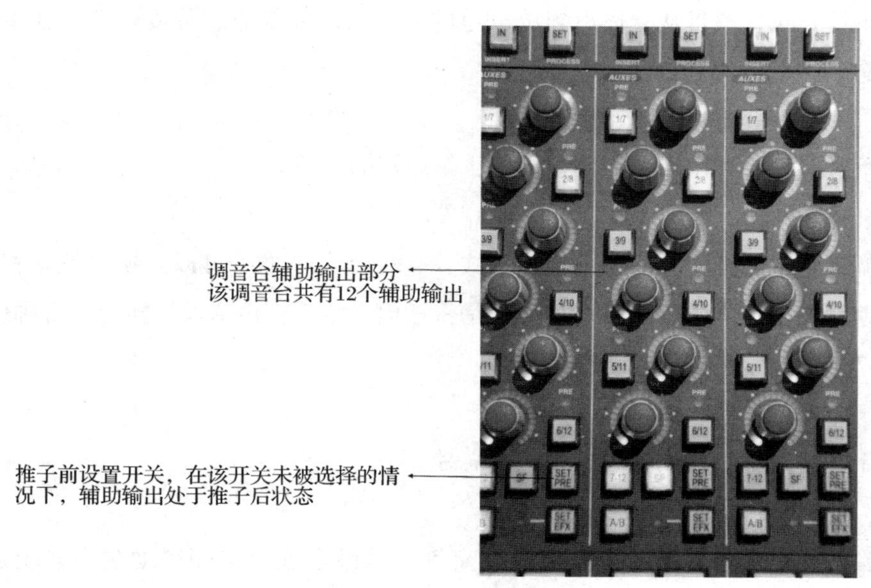

图 4–13　调音台的辅助输出部分

22. 监听选择开关

如图 4–14 所示，监听选择开关主要用来选择所要监听的音源，例如卡座、CD 等。另外在调音台上，监听选择部分还负责对远场、近场扬声器进行互换监听。

23. 音量衰减开关

音量衰减开关可以迅速降低输送到监听扬声器中的信号电平，通常衰减量

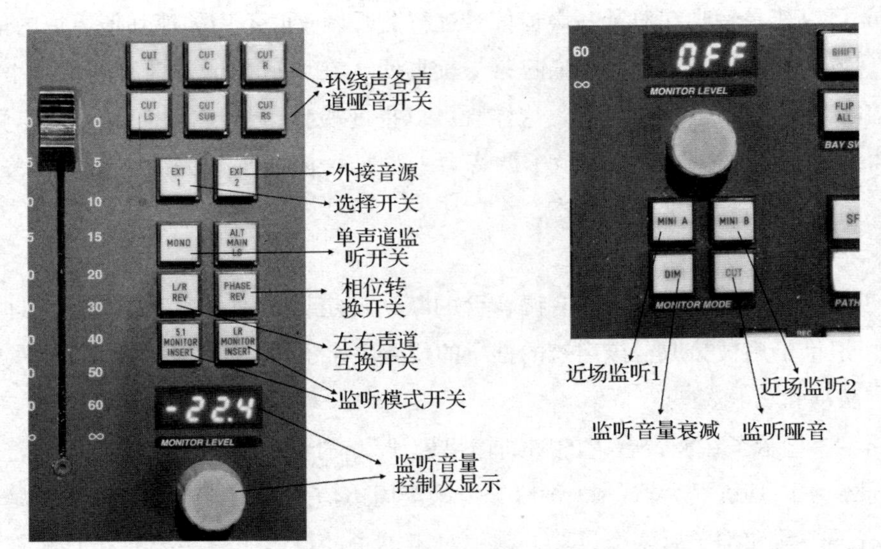

图 4-14　调音台上所设计的各种监听选择开关

为 40dB。

24. 单声道监听

用来检查录音节目从立体声到单声道的兼容度。如果兼容程度较差，在单声道监听状态下，个别信号将做大幅度衰减。

25. 监听音量控制

监听音量控制用来调节控制室内监听扬声器的音量。

26. 推子互换

在调音台上，推子互换包括两种形式，一种是大小推子可以互换以便录音师较为容易地触及推子的位置。另一种形式是将任何一个 8 轨声道模块换至录音师位置，如图 4-7 所示，以便录音师方便工作。

27. 辅助输出电平控制

对于各声道辅助输出信号电平进行总控。

28. 返送监听和对讲系统

录音师可以通过对讲系统和演奏员交流。对讲系统通常和辅助输出系统连接，将信号传至耳机放大器，同时和录音室内返送扬声器相连，以便演奏员在不使用耳机的情况下也可以和录音师交流。目前在很多调音台上可以实现对讲系统分组，以便录音师单独和某一个演奏员或单独和指挥交流而不会打扰到其他演奏员。图 4-15 显示了调音台上的该功能。

29. 振荡器

如图 4-16 所示，大型调音台通常内置有正弦波信号振荡器以便录音师使用该

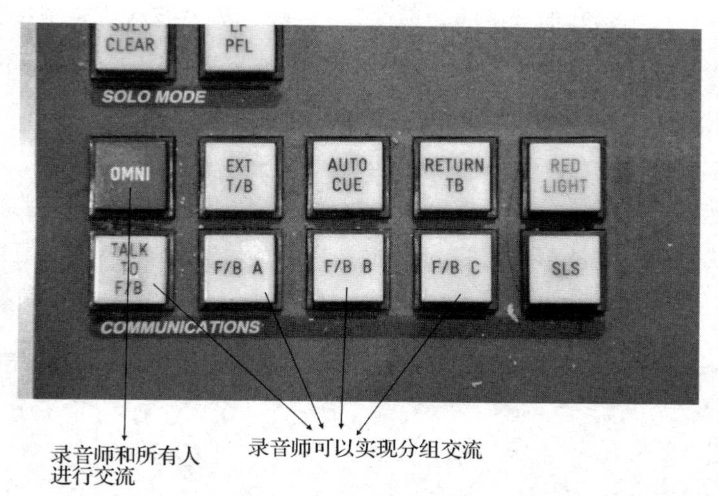

图 4-15 调音台上设计的对讲系统

信号和周边设备进行校对。通常正弦波信号为 50Hz，100Hz，220Hz，440Hz，1kHz，3kHz，10kHz 以及 15kHz。正弦波信号可通过混音母线输出至最终的两声道存储媒体，也可以通过多轨母线输出至工作站以及多轨录音机中。

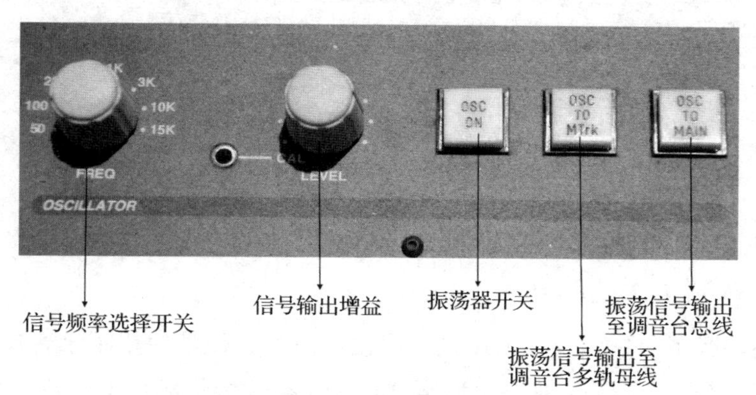

图 4-16 调音台内置正弦波信号振荡器

30. 调音台声道编组

不论在调音台或工作站上，录音师通常通过对推子进行编组来对若干推子上的信号进行同时控制。目前在调音台上共有两种编组形式，即控制编组和音频编组。音频编组代表编组内主推子的信号为组内其他各附属推子信号的和。提高主推子的信号输出值就代表了提高组内信号总和的输出值。例如调音台上总输出推子就是典型的音频编组主推子，它的信号代表了调音台上所有处于工作状态下的推子信号的总和。控制编组代表在编组内主推子只是负责定义附属推子的物理位置，而并非是其他推子信号的和，所以在控制编组中各音轨所代表的信号输出值相对独立。在使用控制编组时，移动主推子将引起其他附属推子一起位移，而每个附属推子则可以独立位移，不会影响到其他推子的物理位置。图 4-17 中展示了 8 个编组推子输出。目前在很多数字调音台上，任何一个推子都可以被定义为主推子，而不一定使用属组推子模块中的推子。

31. 总输出推子

总输出推子可以是一个推子控制一个立体声母线或是两个单声道推子各自控制一个母线，从而形成立体声信号进行输出。在图 4-17 中调音台使用两个单声道推子来构成一个立体声总输出。

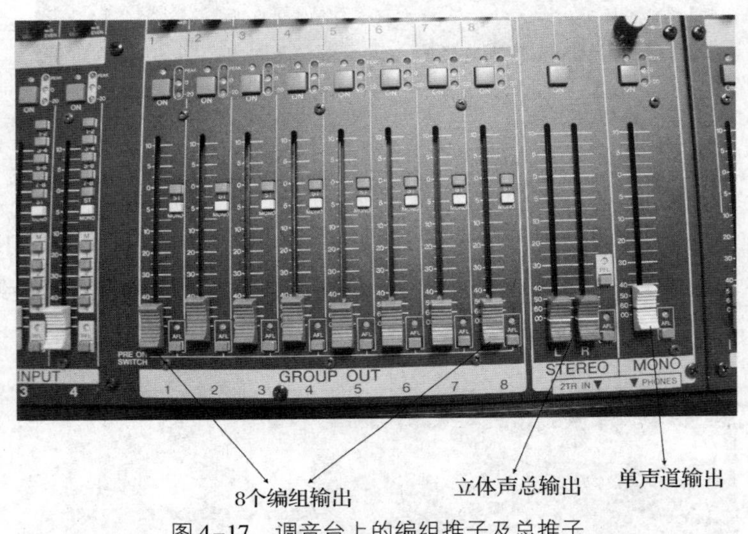

图 4-17　调音台上的编组推子及总推子

4.3　数字音频工作站简介

当上述调音台和数字音频工作站一起使用时，工作站便成了录音的主体部分，调音台成了整个系统的输入部分，通常这种组合被称为集成型工作站。今天很多家庭录音室或小型录音室已经不使用大型调音台，而是通过独立的数字音频接口将工作站和外界环境连接，其中包括麦克风前置放大器、混响效果器、信号存储设备以及功放和扬声器等。所以这种以计算机为基础的工作站要求其数字音频接口上的接头具有多格式多功能的特点。图 4-18 为目前常用的一款音频接口，并且从图上可以看到目前在工作站上常用的一些输入输出口格式。

目前来说，数字音频接口都应该至少可以按 48kHz 采样/24 比特量化来录制和回放信号，并且很多接口都可以对输入信号进行 96kHz 或 192kHz 采样。对于专业接口来说采样频率应该从 44.1kHz 到 192kHz 可选，其中包括 44.1kHz、48kHz、88.2kHz、96kHz、176.4kHz 以及 192kHz，并且采样频率可进行实时转换，也就是说可以直接将 48kHz 的音源直接输入至按 96kHz 采样设置的工作站中。为了方便起

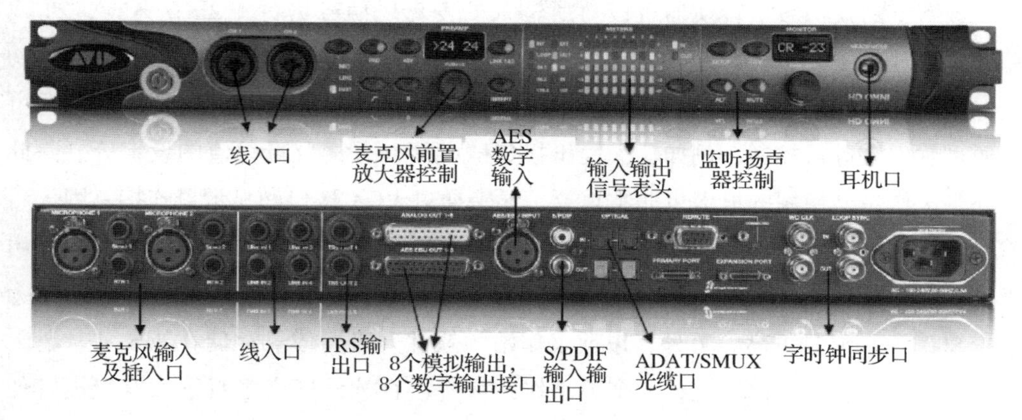

图4-18　数字音频工作站接口

见，目前很多接口上的平衡模拟/数字的输入输出均采用 DB-25 接口格式，如图4-18中的8个模拟及数字输出所示。每个 DB-25 格式接头最多可连接 8 条 XLR 或 TRS 电缆，如图4-19 所示。图4-20 展示了一款常用于家庭录音室的音频接口，设计有 8 个输入、输出；可对输入信号进行 192kHz 采样，24 比特量化处理；可以通过 USB2.0 或火线 400 和电脑主机连接，电脑可以是 PC 或是 Mac 系统。

图4-19　DB-25-XLR 接头

图4-20　小型数字音频接口

除音频接口外，目前数字音频工作站还包括有 PCI 卡、录音软件和电脑。PCI 卡在录音室内通常为声卡，负责接收外部输入信号以及将经过软件处理的信号输出、监听。PCI 卡通常分为主卡（Core Card）以及加速卡（Accel Card）用来支持强大的录音信号处理功能。例如 Pro Tools HD3 系统就有 1 个主卡、2 个加速卡共 27 个 DSP 芯片在采样频率为 48kHz 的设置下支持 192 轨的录音能力。当然这里有的加速卡使用 PCI 插槽，有的则使用 PCIe 插槽。图4-21 显示为目前常用的主卡和加速卡。加速卡一般使用软排线和主卡连接，而主卡可以通过 DB-25 接口和音频接口连接，也可以使用 DB-25 接口作为麦克风输入口，然后在将信号传输到内置在卡上的模拟数字转换器。图4-22 显示为该类型的 PCI 卡，麦克风 XLR 接头可直接转换为 DB-25 格式和 PCI 卡连接，每声道可有 65dB 的增益，可达到提升衰减 1dB 的精确度。内置在该卡上的模拟数字转换器可以对所输入的麦克风信号进行 192kHz 采样，24 比特量化处理。图 4-23 显示为仅接收 MADI 信号的主卡。该种卡不具备前置放大功能，所以需要和周边独立的麦克风前置放大器或音频接口相连。录音硬件的设置可以通过软件来进行控制，例如输入输出接口的配置，采样及量化值的设定等。除此之外，工作站所使用的显卡也非常重要，显卡通过 VGA 接口和显示器连接，因为目前录音软件界面上所显示的信息越来越多，所以显示器至少应为 17 寸以上，同时由于录音师的编辑速度也越来越快，所以，通常要求显卡应在 16 比特之上，解析度为至少 800×600 或是更高。另外，以前工作站的软件升级要依靠存储在 3. 5 寸软盘上的升级信息来实现，但现在绝大多数工作站可直接在软件厂商主页下载升级内容便可。所以在计算机内不需要再内置有 3. 5 寸软盘口。

目前一些工作站厂商规定自己信得过的计算机做为系统载体，例如 Pro Tools 选择了 2013 Mac Pro，Legacy Mac Pro（silver tower）并规定了计算机的 RAM 至少 8GB，最好有 16GB 或更多。目前在录音室内，通过工作站进行连接的主要方式如图 4-24 所示。

图 4-21　音频工作站主卡和加速卡

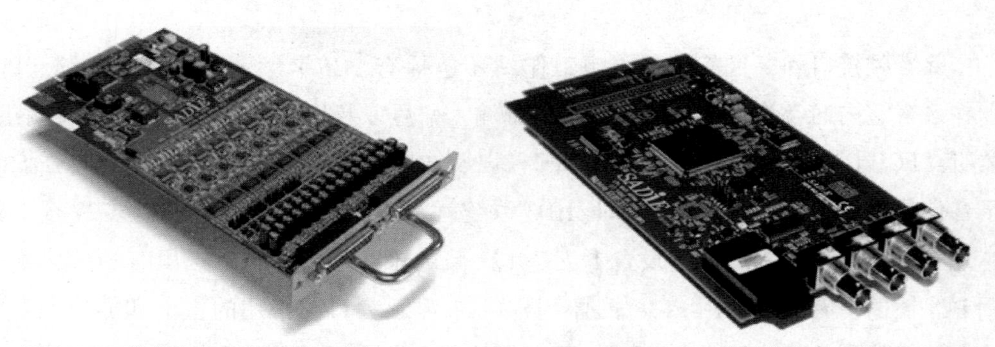

图 4-22　带有麦克风输入的工作站 PCI 卡　　图 4-23　带有 MADI 信号输入的工作站 PCI 卡

在图 4-24 中所显示的设备架设步骤简述如下：

1. 连接外接硬盘。根据具体情况，外接硬盘可以通过 SCSI、USB、火线连接一

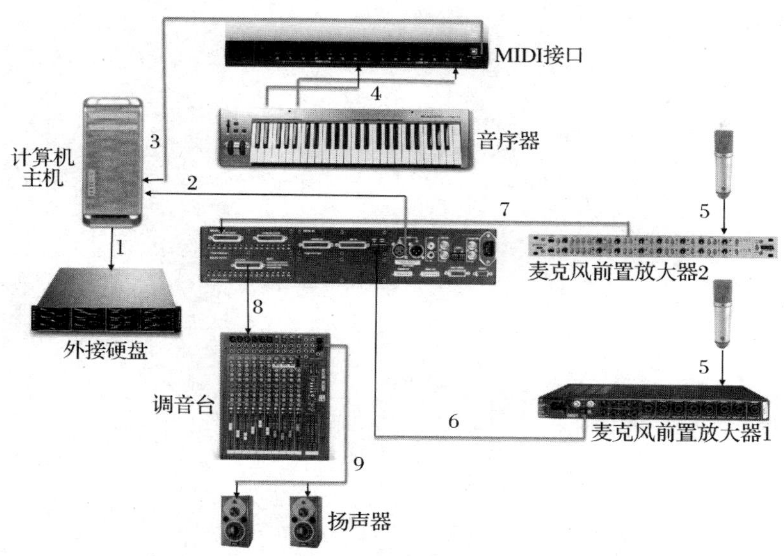

图 4-24 目前通过工作站进行设备连接的方式和步骤

个便携式的硬盘，也可以使用光纤连接一个硬盘组合。这里值得注意的是，如果使用若干 SCSI 接口硬盘，在电脑端应装上 SCSI 终端头。

2. 将计算机上的工作站主卡输出和数字音频接口的主口连接。例如对于 Pro Tools 来说就是将主卡的输出和音频接口上的主口（Primary Port）连接。连接线通常为生产厂商提供的线缆，比如说 Pro Tools 就提供一条 12 英尺长的接口电缆，并且根据用户需要可提供 25 英尺、50 英尺或 100 英尺长度电缆的选择。

3. 通过 USB 接口连接 MIDI 接口和计算机。

4. 连接音序器和 MIDI 接口将 MIDI 输出和音序器的输入连接，将 MIDI 输入和音序器的输出连接。

5. 将麦克风分别和模拟麦克风前置放大器与数字麦克风前置放大器连接。

6. 将数字麦克风前置放大器通过数字接口，例如 ADAT 接口和工作站数字音频接口连接。同时应通过 BNC 接口连接工作站接口和麦克风前置放大器之间的字时钟信息。

7. 将模拟麦克风前置放大器通过模拟接口，例如 DB25 接口和工作站相应的模拟音频接口连接。

8. 将工作站音频接口上的模拟输出和模拟调音台连接。

9. 将调音台和监听扬声器连接。

另外，如果系统里需要外接混响器的话，可以通过混响器主机上的数字接口例如 AES/EBU 接口和工作站音频接口上的相同格式的数字接口进行连接。

第五章

调音台信号周边处理设备

在录音制作中，录音师可以根据自己的需要，通过调音台周边设备对音频信号作额外的一些处理。该处理主要包括周边设备对信号在时间范畴上的处理，例如早期反射和混响；周边设备对信号在频率范畴内进行处理，例如均衡，以及周边设备对信号在动态范围范畴内进行处理，例如压缩限制。

5.1 周边设备对信号在时间范畴上的处理

在录音室内对音频信号在时间范畴内处理就是对延时和混响的应用。录音师通过对延时及混响的应用将已有的声信号放置在一个模拟的声场空间内。该空间可以是现实生活中存在的，也可以是一个完全想象出来的虚幻的空间。周边设备对于声场的模仿首先是对于早期反射的模仿。声波在室内的早期反射表现为一系列的离散回声信号，因此在模仿并形成这种效果时需要对原始信号进行复制和延时处理。这种延时效果在模拟录音时代通常需要通过一个辅助磁带录音机来完成，即录音信号被传输至主录音机的同时，也被传送到另一台录音机，所以在信号输出端形成一定时间量的延时效果，并在与主录音机信号合成时，在主观听感上很像主信号的回声。图 5-1 为通过磁带录音机来模仿信号延时的过程。一般专业模拟磁带录音机上录音磁头和返送磁头间距为 2 英寸，根据不同的带速所形成的延时时间如表 5-1 所示。

表 5-1

带速	延时时间	带速	延时时间
$3\frac{3}{4}$英寸/秒	528 毫秒	30 英寸/秒	66 毫秒
$7\frac{1}{2}$英寸/秒	264 毫秒	60 英寸/秒	33 毫秒
15 英寸/秒	132 毫秒		

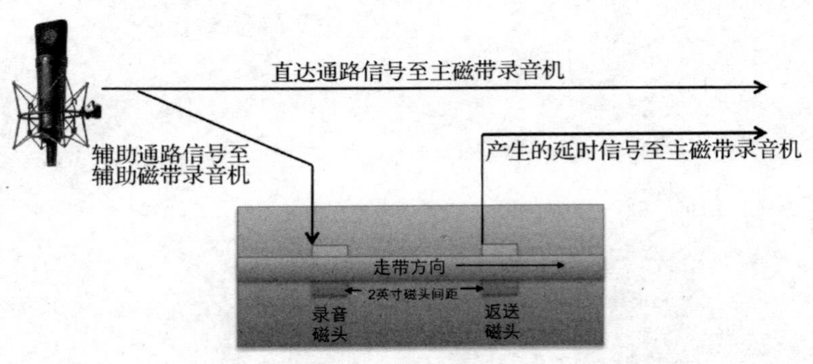

图 5-1　通过磁带录音机来模仿信号延时的过程

目前在录音室内，数字延时早已代替了早期磁带延时制作的传统方式从而实现了通过电路而非机械传动方式来提供延时信号。在效果器上，输入的原始信号经过采样数字化后，通过输入到存有上千个延时结构的位移寄存器而产生延时效果。其中，信号的位移通过时钟脉冲来实现，并可以在进行信号处理时，在任意相应的点取出，从而形成在该点位置上的延时总量。目前新型数字延时已经利用随机存储器取代了位移寄存技术，并通过大规模集成电路来降低形成较大延时的成本。今天在效果器上延时时间可以在较大范围内连续变化，其设置通常可以从 1 毫秒到 3 秒左右不等。

在古典音乐录音中，信号的延时通常通过控制麦克风和声源之间的距离获得。一般来说，通过硬件或插件对独奏乐器进行延时处理较为危险，因为由于存在有大量的串音信号，所以在对独奏乐器进行延时处理的同时，也在延时那些串音信号。在流行或摇滚乐的制作中，延时有时根据需要通常用来将单声道信号变为立体声信号，以便增加录音信号的群感或宽度。例如在只有一轨信号的情况下，可以将该音轨信号拷贝到另一个音轨上，然后增加拷贝音轨信号的延时量，并将两轨信号的声像定位在极左和极右的位置。这里值得注意的是，在将一轨信号进行延时处理后，通常需要同时提升该音轨的输出，以便在两轨立体声中取得音量的平衡。

除了延时外，混响在录音室内的应用也相当普遍。但由于在混响信号中，众多反射信号之间的时间间隔成不规则或者说是完全离散的状态，所以用上述模仿延时的方式很难达到一个满意的效果。在早期录音中，主要通过两种方式来对混响效果进行模仿，即人工混响板和混响室。

人工混响板如图 5-2 所示，由铁板、激发原件以及对铁板起到保护和支撑作用的木箱组成。铁板被音频信号激发后处于一种振动状态，铁板的振动被两个固定在板上的麦克风拾取。当激发信号停止后，铁板将继续保持振动若干秒，从而形成对混响效果的模拟。人工混响板的混响时间可以达到 7 秒左右，但通过在混响板上添加阻尼材料可以将混响时间降低到一个理想的值。目前来说，尽管混响板在对于混响的模仿具有较理想的表现，但由于体积较大，造价昂贵，所以已经很少被使用。

除了混响板之外，也可以通过混响室来对混响进行模仿。混响室内的墙面要求有最大的反射系数。录音师将原始的“干”信号传输至安装在混响室内的扬声器，然后通过在室内架设的麦克风将原始信号和混响信号一起拾取，以完成对自然混响的模仿。混响室因为建造成本太高，并且由于数字混响器的强大功能以及较高的性价比，所以目前已经很少被商业录音室所使用。图 5-3 为一小型混响室的内部情况。

随着数字电路以及微处理器的进步，录音师完全可以对整个立体声混响系统进行集成处理。这些系统将数字信号延时技术和复杂的计算机计算相结合来模拟一个

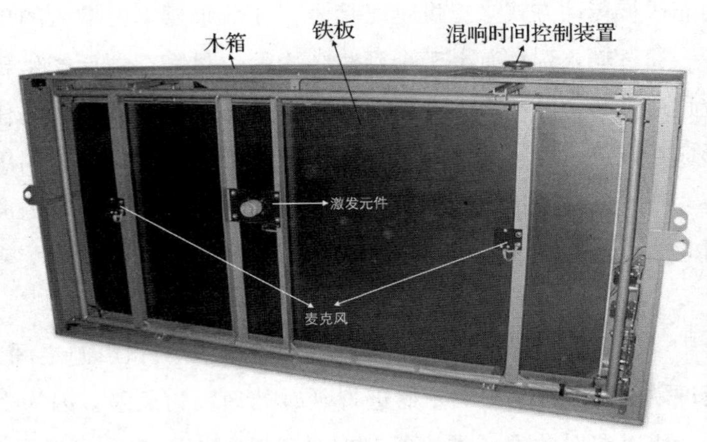

图 5-2　人工混响板

图 5-3　小型混响室

在真实的建筑空间内信号所具有声学效果，并且所输出的信号具有高度的自然性和真实性，同时在人工混响信号返回和直达信号合成后所产生的合成信号以经很难让听众分辩出混响信号是来自人工混响还是一个真实的建筑环境。效果器的混响软件程序安装在效果器主机的大型集成电路板上，并且绝大多数系统在新的程序被推出后均可以进行灵活更换和升级。目前，混响系统通常可以为用户提供若干种空间效果，例如大厅、教堂及房间等。另外，混响时间、预延时的时间、虚拟空间尺寸、混响信号的频率均衡等参数都具有可调性。

图 5-4 为目前专业录音室常用的效果处理器主机及其遥控器。图 5-5 为效果器主机背板的连接情况。效果器的输入信号来自调音台的辅助输出。效果器的输出信号一般连接调音台上的效果返回通路，比如在调音台上总控模块的辅助输入，或是为了操作方便，可以直接连接调音台上的某两个音轨，以便录音师通过推子来控制

混响量。对于数字调音台来说，效果器的输出可直接和调音台的数字输入相连接，然后再通过软跳线和调音台的辅助功能或音轨连接。

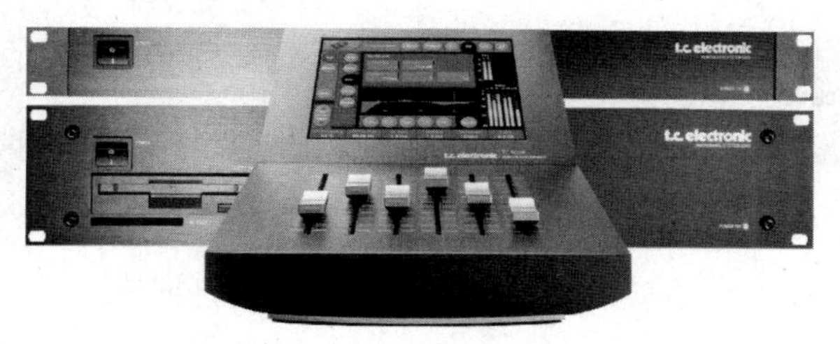

图 5-4　录音室常用的效果处理器及其遥控器

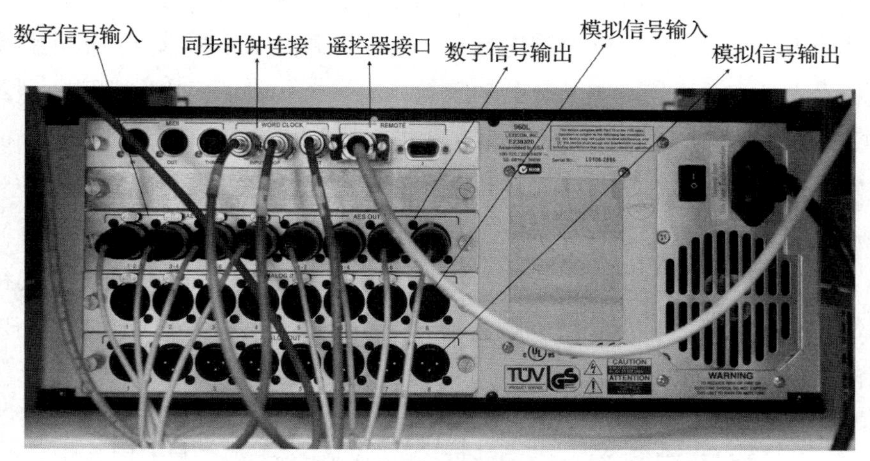

图 5-5　效果器背板连接

5.2　周边设备对信号在频率范畴上的处理

在录音室内对音频信号在频率范畴内进行处理就是对均衡器的使用。均衡器通常用于非古典音乐的制作中，并且作为一种频率范畴内的效果器，均衡器主要用来突出一件乐器的定义感，或勾勒几件乐器之间的频率关系。目前在录音室内有参数均衡器和图示均衡器两种。这两种均衡器的主要区别在于参数均衡的主要参数设置均可以根据用户需要进行调节，例如中心频率、带宽以及中心频率的增益。而在图示均衡器上，用户一般只可以调节中心频率的增益，而带宽和中心频率点则由厂家制定，用户不可以自己调节。图 5-6 为一个典型的参数均衡器，该均衡器提供四段均衡处理，即低频、中低频、中高频以及高频频段，并在每个频段上设计有中心频率选择、均衡增益以及带宽控制功能。另外，该均衡器还设计有高通滤波器、低通滤波器以及相位状态开关。

对于参数均衡来说，一般可分为搁架均衡和峰值均衡两种。其中搁架均衡代表

图 5-6　参数均衡器

均衡器将对高于或低于指定频率点的全部频段进行提升或衰减。搁架均衡可分为低频搁架均衡和高频搁架均衡。

图 5-7 展示了低频搁架均衡的两种实现方式，即通过高通滤波均衡曲线和低频的提升曲线来实现。其中高通滤波均衡曲线具有可调的截止频率点，截止频率点代表曲线的最大频率输出值衰减 3dB 处的频点，在该频点以下，均衡曲线按照每倍频程一定的 dB 值进行衰减。对于低频提升曲线来说，其最大的增益值由可调的转折频率决定。转折频率被定义为频率最大提升值衰减 3dB 处的频点，并且在该频率以下，均衡曲线按照每倍频程固定的 dB 值进行衰减。例如，对于一个 100Hz 搁架均衡来说，100Hz 频点应处于该均衡曲线最大峰值衰减 3dB 处。根据厂家对均衡器的设计，尽管均衡曲线的转折频率和截止频率点可调，但每倍频程衰减或提升的量，即均衡曲线坡度则不可调。

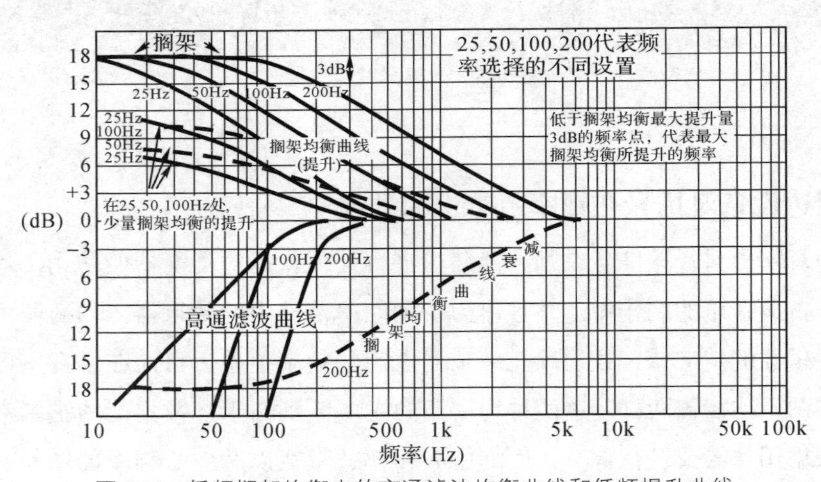

图 5-7　低频搁架均衡中的高通滤波均衡曲线和低频提升曲线

高频搁架均衡和低频搁架均衡类似，其搁架曲线包括高频提升曲线和低通曲线两种，如图 5-8 所示。高频提升曲线取决于其转折频率，即低于最大提升振幅的 3dB 处的频率点。而低通曲线的截止频率则以最大频率输出值衰减 3dB 处为起点，超过该频点后，曲线按照每倍频程固定的 dB 值进行衰减。高频搁架均衡和低频搁架均衡一样，根据厂家对均衡器的设计，通常转折或截止频率可调，但每倍频程的

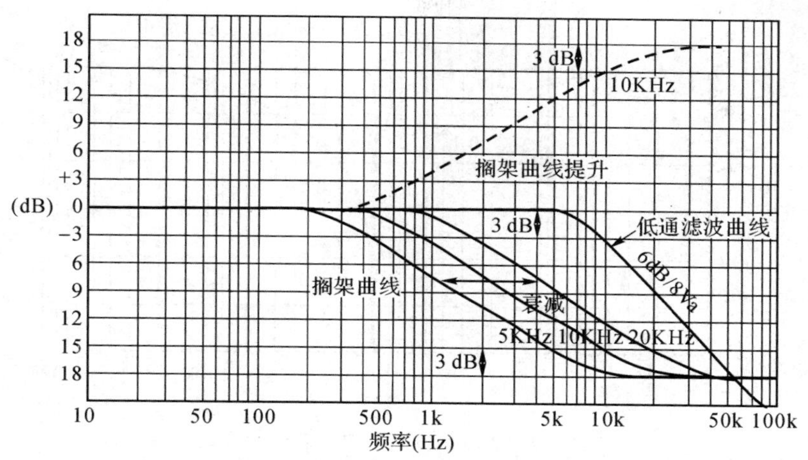

图 5-8　高频搁架均衡表现为高频提升均衡曲线和低通曲线两种

衰减量，即曲线的坡度则不可调。

除了搁架均衡之外，录音师也经常通过峰值均衡来对频率进行调节。峰值均衡的优点在于可以通过调节 Q 值来对所调节的中心频率的带宽进行控制。带宽在实际工作中，只有在明确中心频率的情况下才有意义，因为就物理宽度来讲，固定的物理宽度分别在高频和低频占据有不同的频率范围。如图 5-9 所示，在中心频率为 400Hz 时，其物理宽度所代表的频率带宽为 200Hz，而以 10k 为中心频率时，相同的物理宽度所代表的频率带宽则是 4kHz。因为中心频率和带宽的比值表示为 Q，所以 Q 值越大，均衡所能影响到的带宽就越窄。例如录音师通常使用大 Q 值来形成槽口滤波器的效果来过滤掉低频的哼噪声。Q 值和频率带宽之间的关系如图 5-10 所示，根据图示可以看到 Q 值为 10 和 Q 值为 0.1 之间的带宽区别。

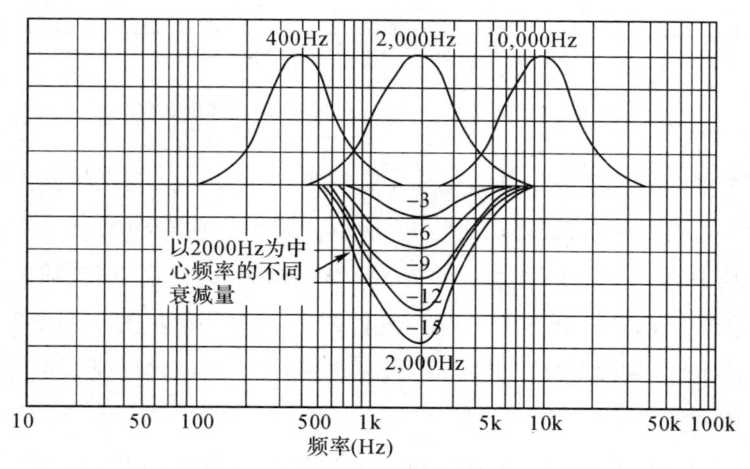

图 5-9　固定带宽分别在高频和低频占据有不同的频率范围

另外，峰值均衡在概念上应和带通滤波效果分开。如图 5-11，尽管从频响曲线

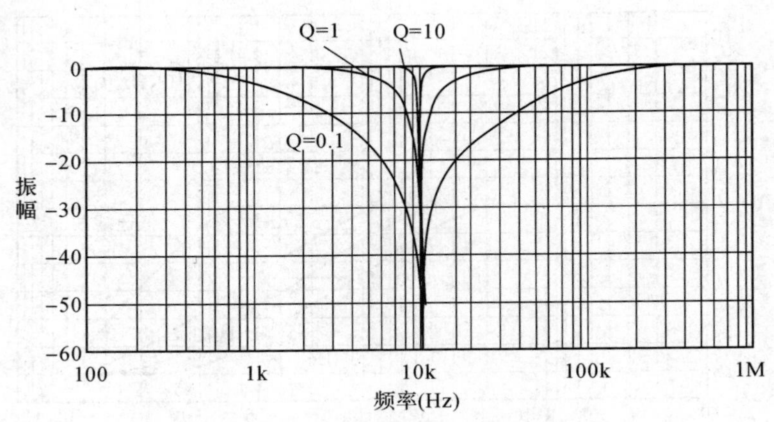

图 5-10　Q 值和带宽之间的关系示意图

图上看二者十分接近，但对于峰值均衡来说，中心频率的增益是依靠对其进行提升来实现的，而对于带通滤波曲线来说，其频率增益的提升是依靠对高低频衰减来实现的。另外，从曲线图上可以看出峰值均衡曲线在到达峰值点后呈现迅速衰减的特征，而带通滤波曲线则表现为在一定的频率范围内保持平直的特征。

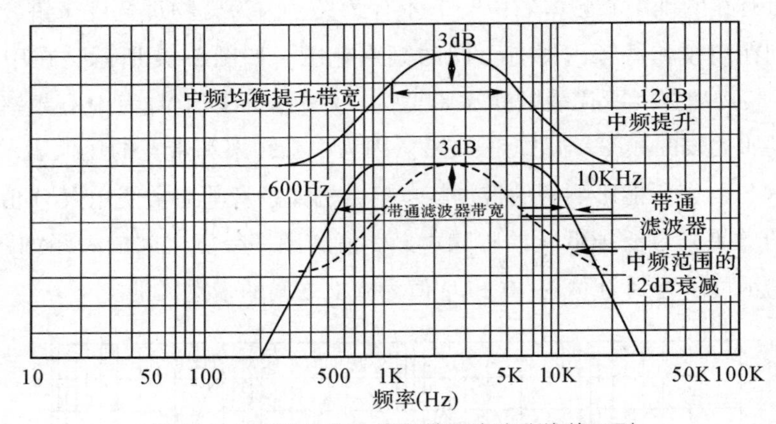

图 5-11　峰值均衡曲线和带通滤波曲线的区别

图示均衡器的名称来自于其增益推子在完成调节后，其物理位置像图示一样展示了经过调节后的频响曲线，如图 5-12 所示。图示均衡器的特点是中心频率及带宽不可调。其中每一个推子代表一个中心频率及相应的带宽，用户只能通过调节中心频率的增益来对已设计好的中心频点进行调节。一个专业图示均衡器，根据 ISO 标准至少应由 10 个频段组成，并且每个频段间隔为一个倍频程或 1/3 倍频程。在实际工作中，按照 1/3 倍频程设计的图示均衡器最为常见，其中心频率点通常为：20Hz、25Hz、31. 5Hz、40Hz、50Hz、63Hz、80Hz、100Hz、125Hz、160Hz、200Hz、250Hz、315Hz、400Hz、500Hz、630Hz、800Hz、1kHz、1. 25kHz、1. 6kHz、2kHz、2. 5kHz、3. 15kHz、4kHz、5kHz、6. 3kHz、8kHz、10kHz、12. 5kHz、16kHz、

20kHz。代表从 20Hz～20kHz 之间的 10 个倍频程，即①20Hz～40Hz，②40Hz～80Hz，③80Hz～160Hz，④160Hz～320Hz，⑤320Hz～640Hz，⑥640Hz～1280Hz，⑦1280Hz～2560Hz，⑧2560Hz～5120Hz，⑨5120Hz～10240Hz，⑩20480Hz。

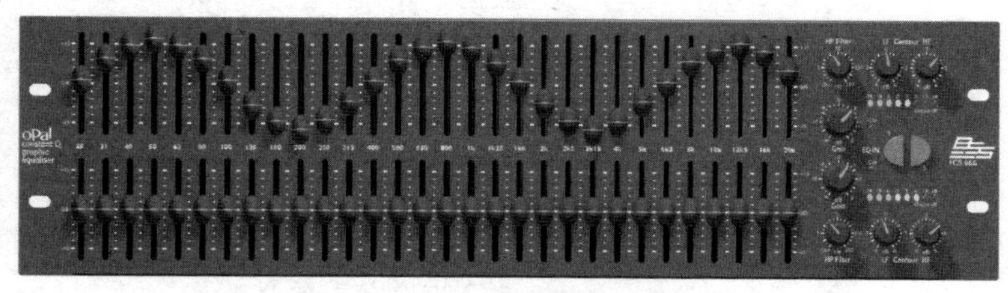

图 5-12　图示均衡器

5.3　周边设备对信号在动态范畴上的处理

5.3.1　压缩器

压缩器主要用于控制音频信号的动态范围。其中对音频信号进行压缩的主要目的为：

1. 控制信号的动态范围。在模拟录音时代，信号记录载体可承受的信号动态范围非常有限，因此非常容易产生过载失真。例如模拟磁带只能承受大约 72dB 的动态范围，而一般古典音乐的动态范围可达到 110dB。

2. 提高信号响度。录音节目的响度取决于信号的平均电平值，而不是其峰值电平的输出。录音师在使用压缩器对录音信号的峰值电平进行控制的同时，可以提高节目的平均电平值，从而提高整个节目的响度。

在实际应用中，压缩器只有在输入信号达到一定的峰值时才能被启动并对信号进行处理，该峰值在压缩器的设置上被称为门限。一般来说，压缩器的门限值应该在-40dB～+20dB 的范围内可调。当输入信号低于设备门限时，压缩器处于直通状态，录音信号不会被处理。因此在实际工作中，如果要使用压限器对信号进行处理，那么输入信号电平一定要足够高，以便达到所设定的门限水平，否则，压缩器的门限就要设定得足够低，去迎合输入信号的电平值。

图 5-13 中横坐标为输入信号，纵坐标为输出信号。0dB 为系统门限值。Tc 代表门限点。当输入信号从-10dB 增加到 0dB，具有 10dB 的动态范围时，由于此时信号并没有达到门限值，所以输出信号也同样从-10dB 到 0dB 并保持相同的动态范围。但当输入信号到达门限 0dB 后，再增加其输入值由 0dB～+10dB 时，其输出值只有 5dB。也就是说在输入信号到达系统门限后，其输出信号的动态范围由 10dB 降到了 5dB。

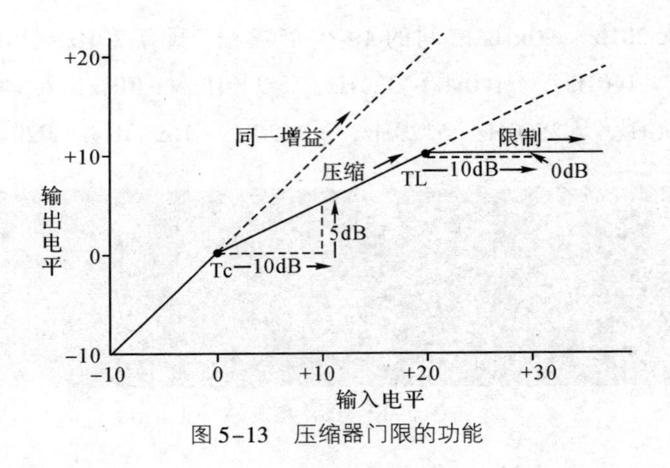

图 5-13　压缩器门限的功能

压缩器的输入信号在高于门限之后，其输出值的大小取决于压缩比。压缩比被定义为在压缩器门限之上的信号电平值和压缩器输出信号电平值之间的比例关系。如果压缩比是 2∶1 的话，代表输入信号在设定门限之上每增加 2dB，压缩器的输出只增加 1dB。图 5-13 显示了输入信号的动态为 10dB，但输出只有 5dB，说明此时压缩比被设定为 2∶1。压缩器的压缩比一般在 1∶1～∞∶1 可调。在实际应用中，如果压缩比为 1∶1 的话，代表压缩器处于直通状态。如果压缩比设定在 10∶1～∞∶1 时，压缩器的压缩功能将变为限制功能，因为此时压缩比很大，所以造成输出保持稳定不变。在图 5-13 中可以看到当输入信号电平达到+10dB 的时候，输出信号将不再继续提升，压缩器功能处于限制状态，压缩器变为限制器。因为限制功能表现为输入信号电平到达门限后将保持恒定不变的输出，所以在设定限制门限值时，录音师通常不考虑限制器的最大允许输出值，而只是考虑可以使限制功能启动的最大输入信号电平。在实际应用中，限制器的门限通常只需要保证设备不发生过载失真即可。因此，很多录音师为了安全起见，通常将限制器门限设定在-1dB 或-0. 5dB，而不是 0dB。

在图 5-14 中，压缩门限点 Tc 又被称为压缩拐点。压缩拐点分为硬拐点（如图 5-14（a））和软拐点（如图 5-14（b））两种，各自对所处理的信号造成不同的听感。其中硬拐点代表输入信号正好在门限点上按压缩比和压缩进入时间开始产生衰减变化。这意味着峰值信号得到了较为准确的控制，不容易产生过载失真，并且信号听起来打击感较强。硬拐点通常用于现场演出，以及在录音中对各种打击乐器的处理。软拐点代表压缩器在输入信号低于门限值大约 10dB 处就开始按一定的压缩比对其进行处理，直到输入信号电平到达压缩门限值后，其增益将按录音师所设定的压缩比进行衰减，从而使得录音信号在通过门限点时有一个平滑的曲线表现，保证了信号从非压缩到压缩之间进行转换的过程不易被人耳觉察。软拐点通常用于人声、弦乐等强调音色自然的音乐元素上。

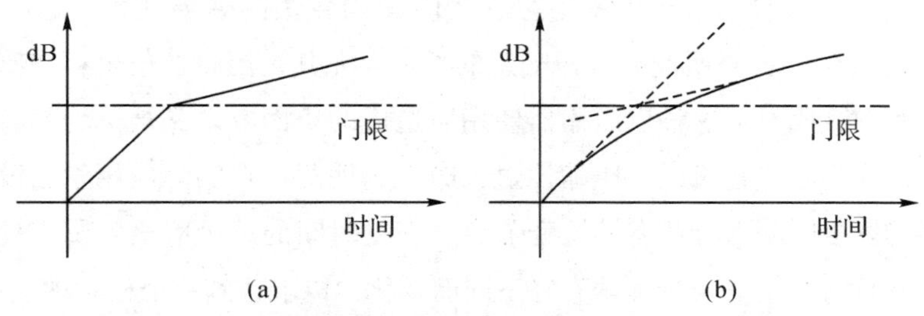

(a) (b)

图 5-14 压缩器硬拐点设置和软拐点设置之间的区别

5.3.2 压缩器的功能设置

5.3.2.1 压缩器进入时间

压缩器进入时间是指信号到达压缩门限后，压缩器开始启动并对输入信号进行压缩所需要的时间。目前许多压缩器提供的进入时间范围在 0.02 毫秒～200 毫秒之间可调。压缩器的进入时间尽管在理论上要求尽可能快，以便使压缩器能够尽快进入工作状态，但在实际应用中，进入时间还是应根据不同的节目类型有不同的设置。在对录音信号进行处理时，如果进入时间太快，则很容易对信号的音头振幅控制过度。因为录音信号的音头部分通常代表该乐器的定义感，所以对音头振幅的过分控制，很容易使得乐器在听感上定义感和打击感不够，并且缺乏该有的明亮度。但如果进入时间太慢，又容易造成漏压缩，即压缩器没有对峰值信号起到该有的控制作用，并且很容易造成过载失真。所以在实际工作中，很多录音师是通过时间扫描的方式配合主观听感来完成一个合理的进入时间设置的，即将进入时间逐渐减少，直到可以听到乐器在音色上有变化为止。

5.3.2.2 压缩器释放时间

压缩器的释放时间又称为恢复时间。是指当输入信号电平降至设定门限以下，压缩器完成压缩行为而恢复到正常状态所需要的时间量。目前绝大多数压缩器的恢复时间可在 100 毫秒～3 秒之间可调，还有一些压缩器的释放时间只有快、慢两种时间选择。其中较短的释放时间 100 毫秒～500 毫秒比较适合对于语言、人声的控制，而较长的时间较适合乐器的控制。释放时间的快慢在实际工作中对一个连续信号的影响如图 5-15 所示。其中图 5-15（a）中显示了第一个信号到达门限准备进行处理。图 5-15（b）代表了一个较长的恢复时间，并且由于恢复时间较长，压缩器的压缩处理分别影响到信号 2、3、4，并且这三个信号分别以 6dB、4dB、2dB 进行衰减，图 5-15（c）代表在较快的恢复时间设置下，只有信号 2 受到 2dB 衰减的影响。

在实际工作中，由于压缩器有控制峰值信号与提高平均电平信号的作用，所以较快的释放时间通常会引发低电平信号在短时间内较快的强弱变化，这种变化通常可以被人耳觉察到，并且听起来很像喘息的声音，尤其是当录音信号存在有较大的本底噪声的时候尤其明显。这种由压缩器使用所造成的负面效果又被称为喘息效应。喘息效应特别是在门限设置过低、压缩比过大时尤为明显。在实际应用中，没有一个固定的、准确的恢复时间适合所有的录音节目。恢复时间的总量应该以所处理的节目类型为依据，并且通常根据录音师的喜好不同而变化，以求达到一个相对理想的效果。

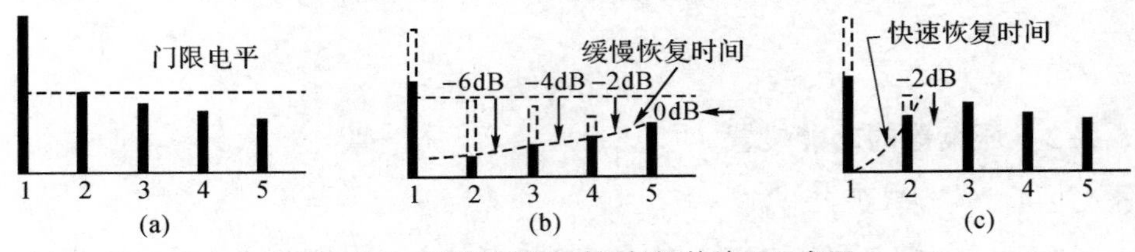

图5-15　压缩器释放时间长短的效果示意图

5.3.2.3　输出增益控制

录音信号被压缩后，在响度上有所降低。所以在压缩器输出端通常要进行一定的输出电平补偿，所以压缩器的输出增益控制又被称为补偿增益控制，即在保持信号动态范围不受影响的情况下增加信号的输出电平，从而增加输出信号响度。在调节压缩器输出增益时，所设定的参数通常和信号在经过压缩后的增益衰减值相同。例如，如果底鼓经过压缩后有6dB的增益衰减，那么录音师在输出增益上就可以做6dB的增益补偿。

5.3.2.4　旁路压缩和消嘶器

压缩器一般在背板设计有1/4″TRS接口格式的旁路通道，以便录音师除了主信号之外还可以通过插入其他信号来激发压缩器。目前主要通过旁路来激发压缩器的设备是均衡器，即通过将声源信号输出至均衡设备后，再将经过均衡处理的信号传输至压缩器和主信号合成，以便压缩器对经过均衡提升的频率信号进行压缩，并在该频率范围内取得更多增益的衰减。这里需要明确的是，压缩器属于振幅敏感设备，而并非频率敏感设备。经过均衡处理的信号只是因为在某一频段的振幅被提高，故而引发压缩器在该信号区域内工作。该流程如图5-16所示，旁路均衡信号在被压缩器内旁路模块检测到电平值高于门限后，传输至增益衰减电路，并和主信号一起输出。在实际工作中，均衡的处理主要在高频区域，其主要目的在于消除高频信号中的嘶噪声，例如人声中的齿音，像“s”“z”“ch”“sh”等。这种通过压缩器对高频进行衰减的功能又被称为消嘶功能，因此设计有内置均衡调节功能的压缩器又被称为消嘶器。在实际工作中，录音师也可以将经过低频提升的信号送至压缩器，使得压缩器重点对低频信号进行处理，从而使低频乐器在主观听感上更具有弹性和打击感。

除了消嘶功能外，旁路压缩还可以制作下潜（Ducking）效果，即由于旁路信号的出现，造成压缩器内主信号电平的衰减。该效果在实际工作中主要用于两个方面：

1. 在广播或 DJ 领域里，背景音乐连接压缩器的主输入接口，主持人的声音连接压缩器旁路。当主持人的信号进入压缩器时，背景音乐被压至更低的电平值，从而突出主持人声音的清晰度。而当主持人声音停止时，背景音乐的电平恢复正常。

2. 在后期制作或现场扩声时，可以将底鼓信号传输至贝司通路压缩器的旁路连接上，以便可以通过底鼓信号的动态来控制贝司的动态，并使得贝司的响度和底鼓响度的配合更合理，贝司听起来更有弹性。

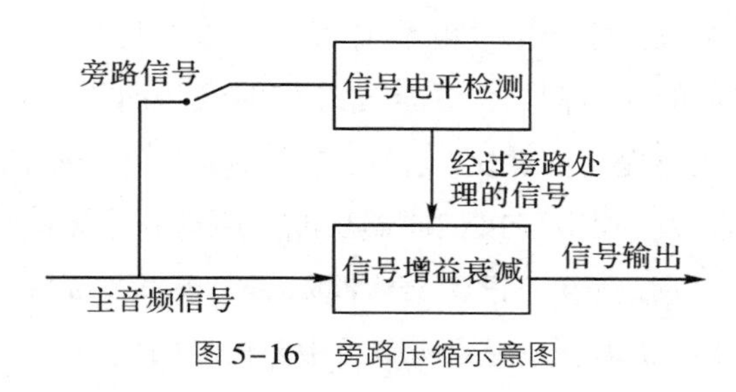

图 5-16　旁路压缩示意图

5.3.2.5　立体声连接开关

当压缩器对双声道立体声信号进行处理时，需要启动压缩器上的立体声连接功能，以保证两个声道的信号得到相同的压缩处理，从而避免由于两个声道之间压缩的不一致所导致的声像位移。例如，当一个响度较大的信号只出现在左声道的时候，在立体声信号通过压缩器并进行压缩后，左声道的增益衰减量将大于右声道，所以在主观听感上会觉察声像由左声道位移到右声道。但在立体声连接开关启动后，压缩器其中的一个声道将成为主机，而另一个声道所有的参数设置将自动和主声道的参数保持一致，以便两个声道的信号得到相同的处理。图 5-17 展示了在一个双通道压缩器上所设计的立体声连接开关。

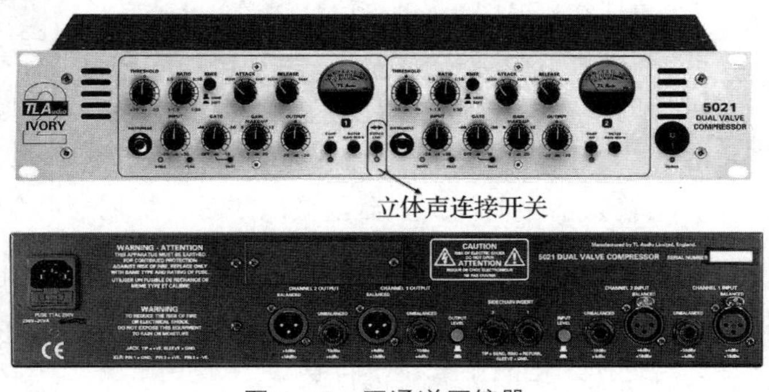

图 5-17　双通道压缩器

5.3.3 扩展器与噪声门

扩展器的功能主要在于扩展录音节目的动态范围。因为扩展器在其输入信号增益降低时，输出信号增益也随之降低。因此扩展器通常又被称为下行扩展器，即录音节目动态范围向本底噪声的方向进行扩展，而不是向信号峰值方向扩展。在扩展器的使用中，当输入信号电平降低到所设定的扩展门限以下时，扩展器启动，而当信号高于扩展器门限时，扩展器为直通状态，不对信号做任何处理。图 5-18 显示了扩展比在 1∶2 时，该扩展器的输入和输出情况。根据图示，当录音节目信号降低至扩展门限 0dB 时，输入信号原有的 20dB 动态范围变成输出信号的 30dB 动态范围。尽管图中最大输入信号电平等于最大输出信号电平，但动态范围已经不同，即最低输出信号已经低于最低输入信号电平 10dB。在实际应用中，扩展器主要用于消除录音节目中电平较低的噪声信号，并且通过将弱信号向下扩展的方式将噪声扩展到人耳的听阈之外，从而提高信噪比。扩展器在实际工作中通常用作噪声门来使用，如图 5-19 所示，或者说，噪声门以扩展器功能为原理。但无论是扩展器还是噪声门，其缺点在于设备会将偶尔落入噪声范围内的弱信号和噪声一起下行扩展，造成录音节目中弱信号的损失。

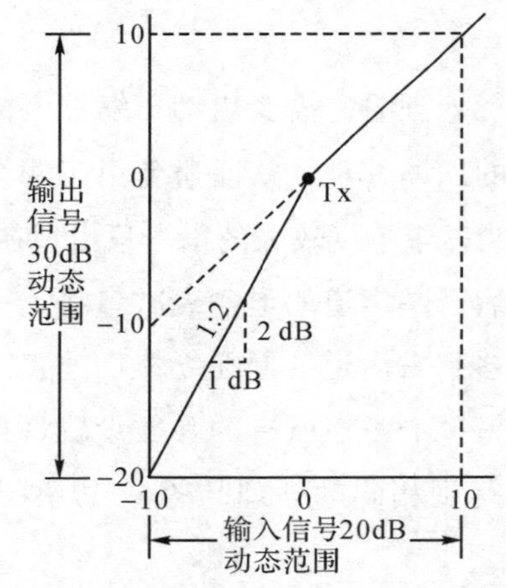

图 5-18　在扩展比为 1∶2 的情况下，扩展器输入信号和输出信号动态范围的比较

图 5-19　噪声门

扩展器的参数设置解释如下：

1. 扩展器门限：当输入信号低于扩展器预设门限时，扩展器开始向下扩展输入信号的动态范围。扩展器的门限一般在-50dB～0dB 范围内可调。当输入信号高于所设定的门限时，扩展器呈直通状态，不对输入信号作任何处理。在输入信号降低到门限之下后，输入信号按一定的扩展比进行衰减。

2. 噪声门进入时间：该时间代表当输入信号值大于所设定的门限后，到扩展器表现为直通状态所需要的时间。一般来说可分为可调和不可调两种，有的扩展器只有“快”和“更快”两个档次可调。

3. 噪声门释放时间：在扩展器的使用中，释放时间代表信号降到门限以下后到系统开始降低增益之间的时间。在这里，如果参数可调的话，释放时间一定要符合所处理信号的动态特性，例如语言应需要较短的释放时间，而乐器通常需要较长的释放时间。一般释放时间在100毫秒到3秒之间可调。

4. 噪声门增益衰减度：主要代表扩展器增益衰减的限制度，一般来说扩展器具有60dB的衰减度，有些设备在这个参数上具有可调性，以保持信号的最大程度的沉寂度。

5. 扩展器维持时间：该时间的作用在于对扩展器的释放时间进行补偿。用来控制在音频信号降到门限以下到“门”关闭之间的时间量。维持时间一般在10毫秒到4秒之间可调，以保持乐器动态的完整性，以便信号在降到门限后到“门”关闭之间的传输具有较高的平缓度。

在实际工作中，如果扩展器门限设定过高，录音节目中的低电平信号则会随着噪音一起被切掉，造成信号的不完整。但从另一个角度看，录音师也可以通过这种扩展手段来缩短鼓的信号衰减长度，并突出其瞬态性，从而提高其打击感。

5.4 跳线盘设计

绝大多数录音室需要通过跳线盘来对周边设备，例如压限器、麦克风前置放大器、CD播放机、混响器以及功放等与中央设备如调音台或工作站进行连接。而跳线盘的主要功能就是使工作人员能够更灵活地将这些设备连接在一起，同时可以通过拔掉所有跳线来恢复初始接线方式。标准跳线盘包括若干对上下两排接口，其中上面一排通常连接设备输出口，下面一排通常连接设备输入口，而如何选择跳线方式，则完全取决于各录音室本身的工作习惯。如图5-20所示，目前主要有四种跳线方式，即开放式（Open）、定位式（Normalled）、半定位式（Half-Normalled）以及平行式（Parallel）：

所谓开放式跳线，就是上面一排的接口和下面一排的接口之间没有任何跳线连接。也就是说，在实际工作中，需要人为进行连线才能使上下两排信号相通，即上排的输出信号才能传输至下排的输入口。该类跳线方式尽管可以给录音师以很大的灵活度进行设备之间的连接，但是每次工作之前的准备工作较为繁琐。

定位式跳线代表如果没有任何跳线插入跳线盘的上排或下排接口，那么上排和下排接口永远是相连接的。如果有任何跳线插入上排或下排接口，那么上下排的连接就被切断。有些工作场合使用该类跳线方式连接麦克风前置放大器和动圈麦克风。

例如在没有任何附加跳线的情况下，上面一排的动圈麦克风会一直和下面一排的话放相连，但同时也可以根据工作需要将上下排连接断开，将上排的麦克风连接去另一个话放，或将其他的麦克风连接去下排的话放。这里值得注意的是，如果使用电容麦克风和话放进行连接的话，每次跳线之前应先关掉话放上的48V 幻象电源，以便保护设备。

半定位式跳线设计表示跳线盘上下两排接口在没有跳线接入下排接口的条件下永远是相连接的。也就是说，如果附加跳线和上排接口连接的话并不切断初始上下排的连接状态。在实际工作中，半跳线式设计可以通过附加跳线将不同的信号源接去下排的信号接收设备的输入接口，同时也可以使用附加跳线将上排的输出信号送去多个不同的接收设备。例如录音师可以使用附加跳线将位于跳线盘上排的调音台输出同时发送去在跳线盘下排的录音机输入口和监听放大器。

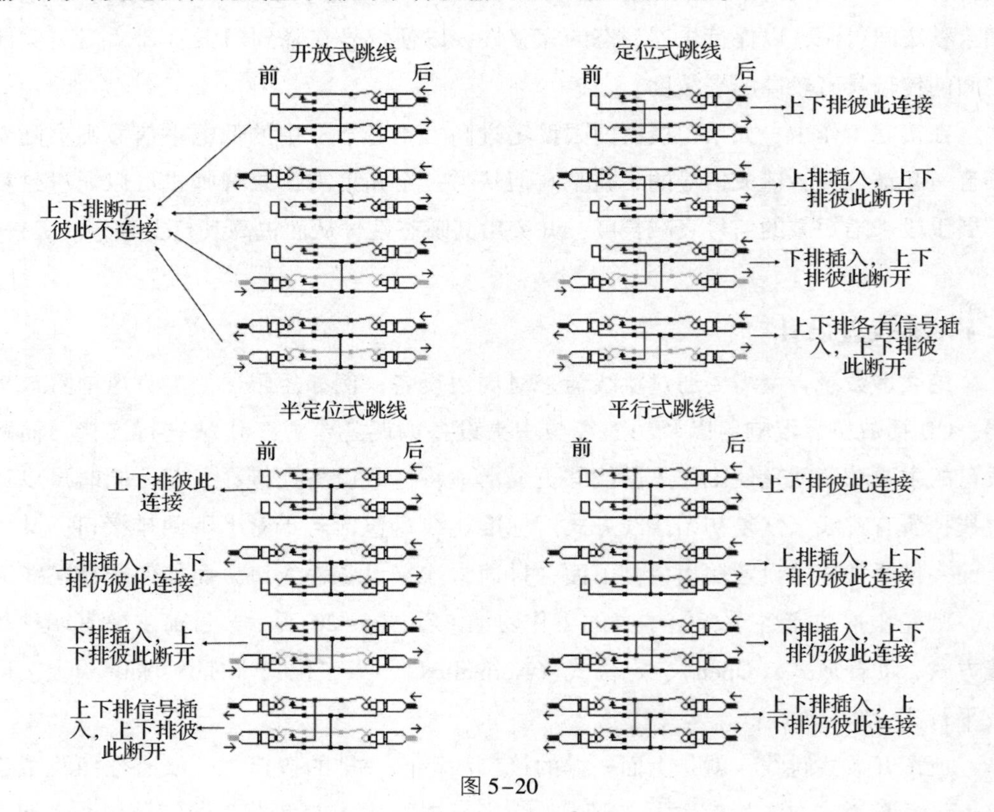

图 5-20

平行式跳线，也可称为并联式跳线，上下两排为固定连接，但与其他跳线方式不同的是跳线盘上下排两个接口全部为输出口，没有输入口。在实际工作中这类跳线方式通常是为了将一对输出（上排通常为左声道，下排通常为右声道）传输至多个输入端。例如在跳线盘上可以设计 4 对并行跳线接口，并将调音台总输出分别连去两个监听放大器，以及两台双声道 CD 录音机。

目前在录音室内，有使用 XLR 接头的跳线盘，$\frac{1}{4}$英寸接头的跳线盘，还有使用 TT 线缆的跳线盘。TT 是英文 Tiny Telephone 的缩写，其跳线接口为 4.4 毫米直径，因为在电信领域被称为 Bantam 接口，所以在录音室内这种跳线盘又被称为 Bantam 跳线盘，如图 5-21 所示。在录音室内的跳线均应使用平衡线缆，传输平衡信号。目前录音室机房内安装的跳线盘如图 5-22 所示。

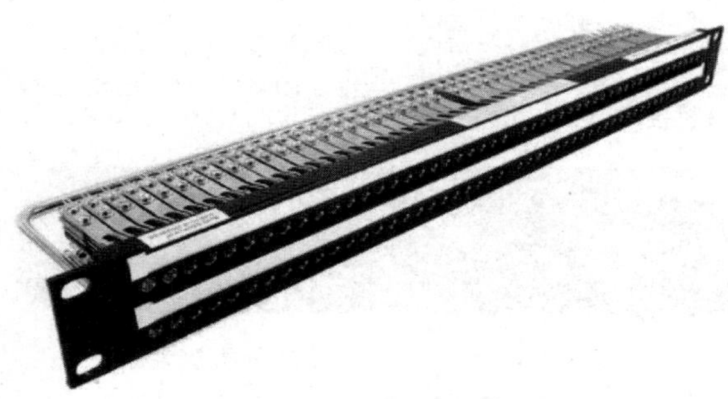

图 5-21　Bantam 跳线盘

图 5-22　安装在录音室机房内的跳线盘

5.5　耳机放大器

耳机放大器是录音期间控制室和录音室之间交流的主要途径。耳机放大器的信号来源于调音台的辅助输出，尽管二者之间可以直接通过一根 XLR 或 1/4 英寸信号线连接，但今天由于演奏员对耳放功能的要求越来越高，所以很多录音室通过 Cat5e 线缆和耳放连接，以便将信号分组发送，例如辅助 1 和辅助 2 可以发送架子鼓的立体声信号到耳放的声道 1 和声道 2，贝司可以通过辅助输出 3 发送至耳放声道 3，吉他可以发送到耳放声道 4 等，以便演奏员在自己的耳放上做简单的混音工作，有利于在录音中得到他们自己需要的平衡。所以今天的耳放其实是一台小型的混音设备，并具备单独声道的音量调节、编组、独听、均衡、存储和记忆功能。图 5-23 是一款具有上述功能的耳机放大器，并且目前在录音室内或现场演出都被广泛应用。

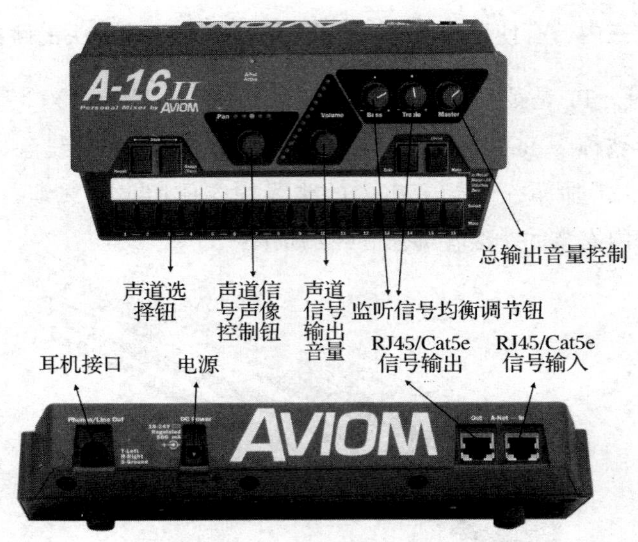

图 5-23　具备混音功能的耳机放大器

在录音室内的周边设备中，除了音频信号处理设备之外，主时钟控制器，平衡供电系统以及 UPS，即不间断供电电源同样对声音的质量起着重要的作用。其中主时钟控制器，用来将调音台、周边效果器及工作站同步。图 5-24 中显示了目前录音室内常用的主时钟设备。平衡供电系统可通过对共模噪声的极相进行反相来消除交流噪声。经过过滤或降噪处理的电源负责给扬声器和调音台供电。图 5-25 为一款录音室内常用的平衡供电系统。UPS 的作用是可以在录音室意外断电后为录音设备提供后备电源，以便录音师可以及时对已录制的节目进行存储。图 5-26 为一款 UPS 的前后面板设计。

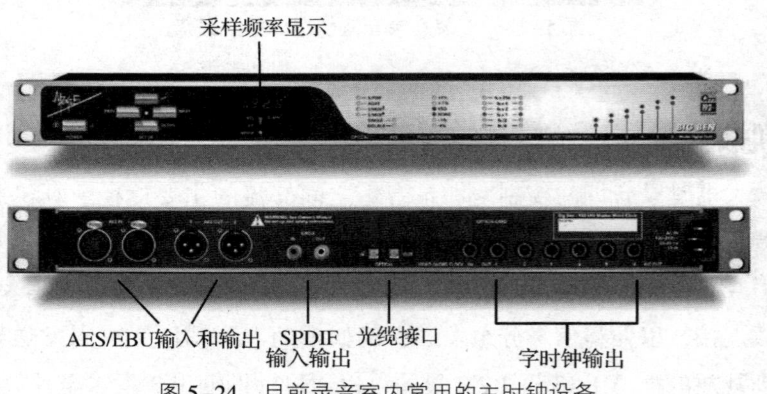

图 5-24　目前录音室内常用的主时钟设备

在录音室内，周边设备一般要求可以安装在标准 19 英寸机架上。图 5-27 为一个 4U、仰角设计的机架及机架设计尺寸。其中 U 为机架单位是英文 Rack Unit 的缩写。1U 等于 1.75 英寸（4.445 厘米）。图 5-28 为目前控制室内常见的 19 英寸机架。

图 5-25　录音室内常用的平衡供电系统

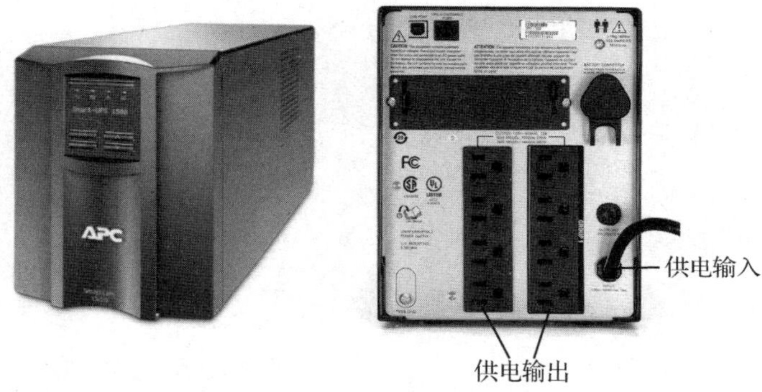

图 5-26　UPS 的前后面板

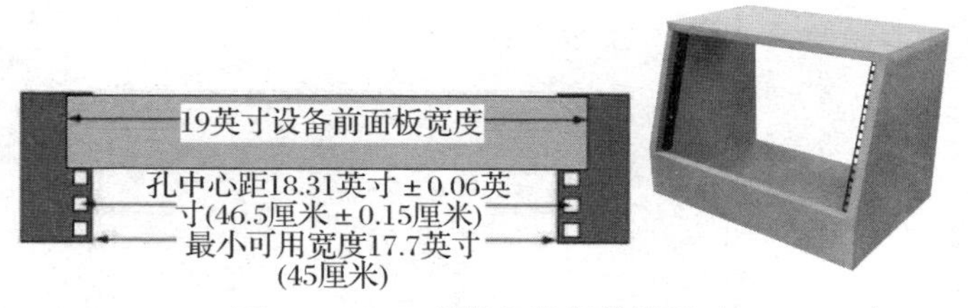

图 5-27　4U 机架及机架设计尺寸

图 5-28　目前控制室内常见的 19 英寸机架

第六章

模拟音频信号存储系统

6.1 磁带

在生活中，有些材料具有和金属相互吸引的特性，这种材料被称为磁体。人造磁体可以通过在金属条上缠绕一定匝数的金属线圈，并配合直流电获得。当直流电进入线圈后，便形成一个磁场，金属条于是成为磁体。根据所应用的材料不同，金属条在电流切断后，其磁性有保留或消失两种情况，例如，硬化钢在电流取消后就可以保持较长时间的磁化特性，而低碳钢则只能被暂时磁化。具有临时被磁化特性的磁体通常被称为软磁体，而可被永久磁化的磁体被称为永磁体，或是硬磁体。被磁化的物质被称为磁介质。磁介质可分为顺磁质、抗磁质和铁磁质三种类型。在模拟录音领域中主要探讨的是铁磁质的磁化特性，其所形成的磁场强度用公式 28 表示为：

$$H=\frac{nI}{l} \qquad \text{（公式 28）}$$

其中，H=磁场强度（奥斯特），n=单位长度内金属线圈的缠绕匝数，I=通过线圈的电流（安培），l=线圈长度（米）。

这里所指的铁通常为具有永磁特性的亚铁材料，当这种材料被放置在磁场中，然后再移出磁场后，可以测量到已经存储在材料内部的剩余磁量，并可以根据测量得出导致材料磁化的磁场强度。磁化材料被磁化其实是材料内部的亚铁颗粒被磁化，并且由于在瞬间磁化过程中，每个亚铁颗粒所受到的磁场强度不同，因此在对每个亚铁颗粒进行磁性测量的时候，该颗粒只能显示出当时瞬间被磁化时的磁场强度。

在模拟录音中所使用的磁带从结构上讲主要包括带基材料和带基上的涂层材料。其中带基以苯二甲酸乙二酯为材料，涂层为三氧化二铁颗粒。根据磁带所应用的目的不同，三氧化二铁颗粒的尺寸也有所不同。一般来说，每个颗粒长度为 7 微英寸到 20 微英寸，宽度通常是长度的 1/3 到 1/6。三氧化二铁在实际应用中，需要和其他材料进行混合使用，例如和黏结剂混合可以使磁粉和带基牢固粘接；和分散剂混合可以提高磁粉的分散性，和润滑剂混合可以提高磁带的平滑度和耐磨性。该混合物在磁带生产过程中被均匀喷洒在移动的带基上，该喷洒流程被称为涂布。经过涂布处理的磁带通过一个强直流电磁场，以便氧化颗粒在沿磁带长度方向上进行排列，以形成纵向记录方式。对于视频带来说，颗粒的方向应与磁带走带方向垂直，从而形成垂直记录方式，以便增加信号的存储密度。接下来的步骤是为磁带进行干燥和上光处理。在该步骤中，磁带将在两个高压热轮之间通过，这一刨光处理可以使磁带表面光滑。上光的目的主要在于改善磁带表面和磁头的接触性，因为在磁带表面任何一个微小的隆起都将导致磁带在瞬间和磁头脱离，从而导致信号脱落。在上光之后，磁带将被存放一段时间，使得磁带自身在这一段时间内逐渐趋于一种稳定状态，同时也可以对磁带进行进一步的干燥处理。在存放一段时间后，磁带将被裁剪成相应的尺寸宽度，以便于使用和运输。

磁带根据所使用的不同的氧化涂层材料，可以被分为氧化铁带、铬带、铁铬带、钴氧化铁带以及金属带，它们的频响指标以及主要用途如表 6–1 所示：

表 6–1

磁带类型	频响反应（Hz）	用途	磁带类型	频响反应（Hz）	用途
高档氧化铁带	20–12000	声乐	铁铬带	20–18000	音乐
普通氧化铁带	30–7000	语言	钴氧化铁带	30–14000	声乐
铬带	30–16000	音乐	金属带	20–18000	音乐

磁带上的每个三氧化二铁颗粒均包含有一个或多个磁畴，磁畴是目前研究磁体的最小物理单位。当磁带未被磁化时，磁畴的磁化方向呈现为一种离散的状态，此时磁带整体的磁性表现为 0。当磁带通过录音磁头所形成的微弱磁场时，只有那些在方向上表现为接近磁场方向的磁畴才可以被磁化，或者说由一种自然的状态转为一种被磁校正的状态。而当磁场消失的时候，其中一些磁畴方向将返回非磁化的状态。如果磁带通过的磁场为一种强磁场的话，会有更多的磁畴表现为被磁校正的状态，并且当磁场被消除后，只有很少的磁畴返回离散状态，而绝大多数磁畴将保持被磁化的状态。如果此时再继续增加磁场强度的话，所有磁畴都将处于被校正的状态，此时磁带趋于饱和。当磁带进入饱和状态时，任何再增加的磁化力对磁带都不会起到任何效果。图 6–1 显示了在磁带经过磁头后磁畴方向由离散变为校正的情况。

除了所记录的音频信号外，磁带录音机的偏磁振荡器还将偏磁信号一起传输至录音磁头，以改善在磁带上音频信号所表现出的非线性失真。偏磁信号为 40kHz ~ 150kHz 高频大振幅信号，由于该信号远高于人耳的听阈范围，所以在和音频信号同时进行记录时，不会被人耳觉察到。磁带的一些技术指标简述如下：

矫顽力：矫顽力代表磁带在饱和后，使其磁化强度减少到 0 所需要的磁场强度。矫顽力越大代表磁体越不容易被消磁。所以矫顽力较大的材料通常被用作硬磁体或永磁体。矫顽力的单位为奥斯特。

顽磁性：顽磁性代表在外磁场撤销之后，仍然在磁带上所表现出来的磁感应强

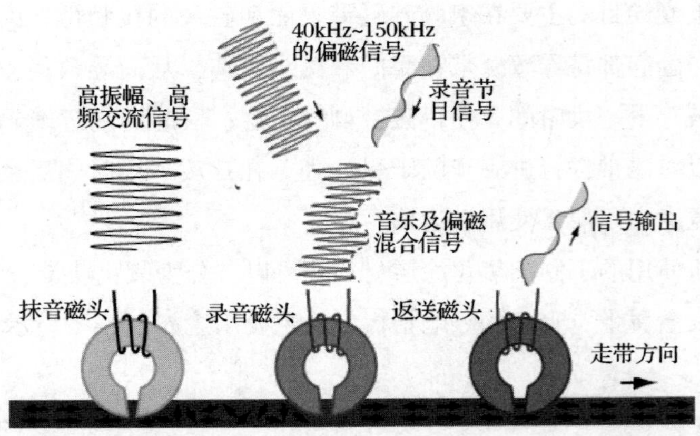

图 6-1　磁带经过录音磁头所形成的磁场后，磁畴方向由离散状态变为校正状态

度。顽磁的单位为高斯。磁带的顽磁性有时也用剩磁来表示。

灵敏度：磁带的灵敏度代表在输入信号电平相同的情况下，和指定参考磁带输出电平相比较，该磁带的输出电平量。例如，如果磁带的灵敏度等于+2 的话，代表该磁带的输出电平高于标准参考磁带输出电平 2dB。

谐波失真：谐波失真通常代表所记录信号的第三谐波失真。失真度的增加和磁带的录音电平接近饱和状态有关。一般来说，磁带的最大允许录音电平值等于 3% 的第三谐波失真点。

峰值储备：磁带的峰值储备代表在标准操作电平和 3% 第三谐波失真点之间的电平差。例如，如果磁带输入信号在高于标准操作电平 0VU 9dB 后达到 3% 第三谐波失真点的话，那么该磁带的峰值储备为 9dB。

6.2　模拟录音流程

模拟录音磁头作为换能器将输入的音频信号由电信号的形式转为磁信号，然后通过返送磁头将磁信号转为电信号。在录音过程中，由于在磁带上的高频信号相对于中频和低频信号来说更容易到达饱和点，因此在信号进入录音磁头之前需要进行预加重处理。这里所谓预加重处理就是对音乐的高频和低频信号进行一定的提升，也就是说，信号的高频和低频将以一种非自然的状态被记录下来，然后再通过后加重，即返送磁头之后的解码互补电路将信号恢复到正常的频响平衡。这种通过后加重处理，对高低频信号进行下行恢复的同时，也可以有效地降低磁带的本底噪音。在实际应用中，在磁带录音机进行正确校正的情况下，人耳应不会觉察到这种前后加重互补电路的作用。

在信号回放过程中，返送磁头作为换能装置主要反应存储在磁带上的磁通的变化量，其输出电压和磁通变化量呈正比，代表单位面积上的磁场强度越强，输出电压就越大。因为磁通量的变化随频率的提升而提升，并且伏特电压每增加一倍代表信号电平增加 6dB，所以返送磁头的输出将按每倍频程 6dB 进行提升，直到磁带上的信号波长等于返送磁头缝隙宽度的两倍时，输出电压表现为最大。如图 6-2 所示，如果使用 G 代表磁缝隙间距的话，当 λ=2G 时，磁头缝隙间距内的磁通变化达到最大，因此在这一点上，输出电压也表现为最大。当 λ=G 时代表输出为 0，因为波形振幅的两个峰值点分别处于磁缝隙的两端而没有磁通量的变化，所以没有电压输出。因此得出波长每降低 1/2 代表输出为 0（例如 0.5G，0.25G…），同时在两个 0 输出之间电压值将表现为剧烈的提升和衰减，这种现象通常被称为磁缝隙效应，如图 6-3 所示。

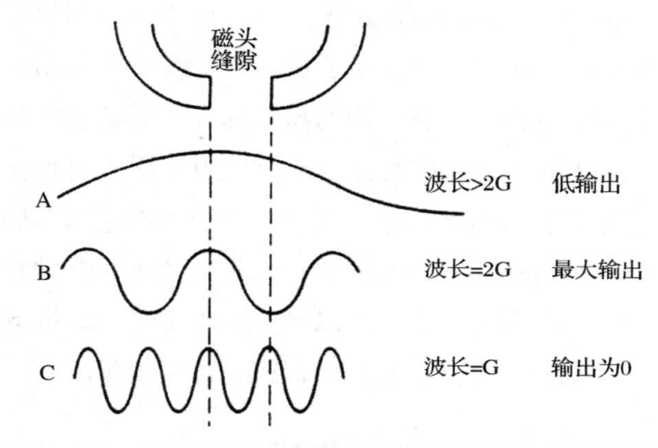

图 6-2　当 λ=2G 时代表磁头缝隙间距内的磁通变化率达到最大

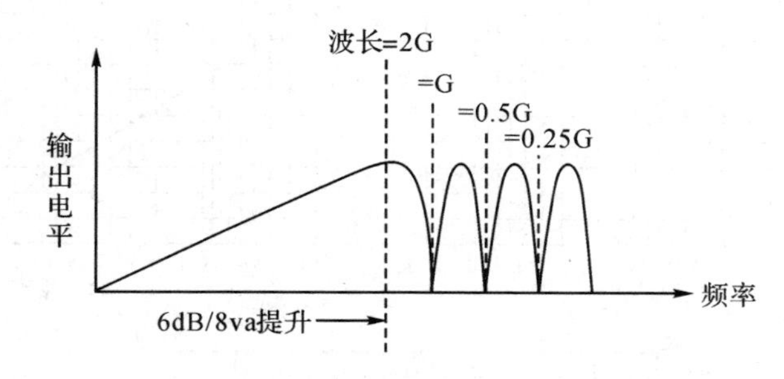

图 6-3　在返送磁头缝隙和不同信号波长之间的关系中，
当 λ=G 时代表输出等于 0，并且波长每降低 1/2 代表输出为 0

上述 0 输出点所代表的频率被定义为截止频率，该频点在理想情况下应高于人耳的听阈范围。专业返送磁头缝隙为 0.005 毫米，代表返送信号将在波长为 0.005 毫米的频率上输出为 0。由于记录在磁带上的信号波长是由带速决定的物理意义上的长度，所以带速每提高一倍，在单位时间内通过磁头的磁带量也增加一倍，代表所记录下的频率波长也增加一倍，于是最大的频率输出点也提高一倍。一般来说在带速为15英寸/秒时，0.005毫米代表75kHz的信号，显然超出了人耳的听阈范围，因此不必考虑0输出点。如果将带速降低一倍即7.5英寸/秒的话，则代表0输出点位于18.75kHz，已在听阈范围内。所以说在模拟录音中磁缝隙间距和带速决定了信号频响，尤其是高频信号的质量。当然除此之外，磁记录媒体的高频自消倾向、偏磁电流对高频的影响以及磁头内涡电流的存在，甚至在走带过程中磁带和磁头之间出现的最小的分离情况都会影响到高频质量。

录音信号在被预加重处理后，后加重曲线可以根据不同的标准完成，图6-4中分别展示了目前存在的各标准返送曲线，其中包括用于7.5英寸/秒带速的CCIR（Consultative Committee for International Radio）曲线，CCIR标准又被称为IEC（International Electrotechnical Commission）曲线，用于15英寸/秒带速的NAB（National Association of Broadcasters）曲线，以及用于30英寸/秒带速的AES（Audio Engineer Society）曲线。不同的标准曲线代表不同的高频提升和低频衰减的转折频率点。从图上可以看出除了CCIR/IEC曲线在两种带速上使用不同的曲线外，其他标准均使用一条曲线代表频率的提升或衰减状态。其中NAB曲线代表每倍频程6dB的衰减坡度，转折频率为50Hz和3180Hz。AES曲线代表每倍频程6dB的衰减坡度，转折频率为9100Hz。IEC曲线代表每倍频程6dB的衰减坡度，转折频率为2275Hz和4450Hz。各标准曲线的转折频率点及相应的带速如表6-2所示。

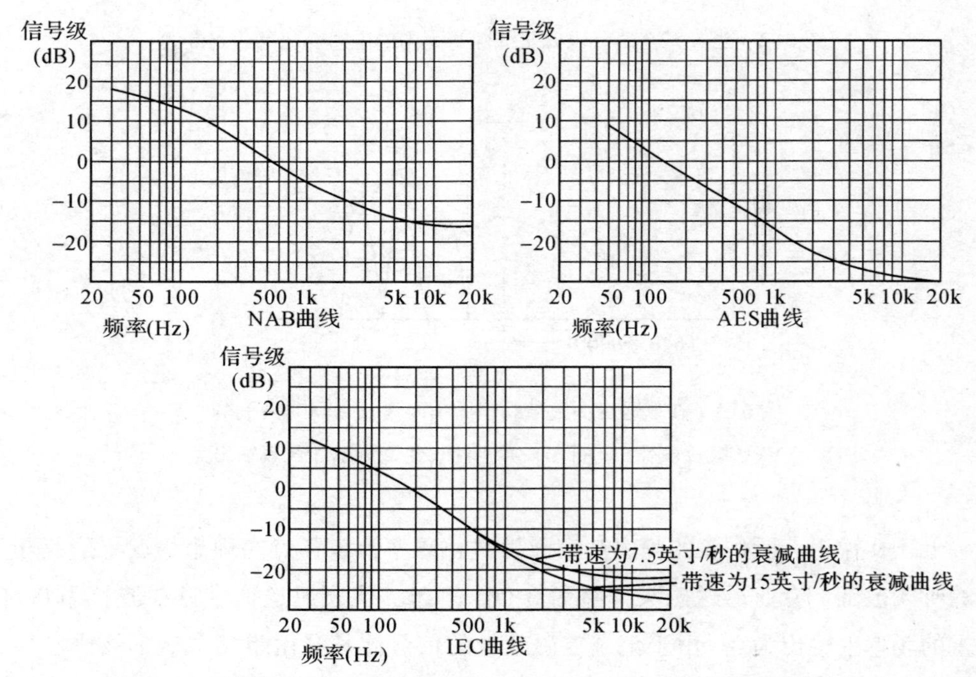

图6-4　在模拟录音中，CCIR/IEC、NAB以及AES所使用的后加重曲线

表 6-2

带速 英寸/秒（厘米/秒）	高频转折频率（Hz）	低频转折频率（Hz）	带速 英寸/秒（厘米/秒）	高频转折频率（Hz）	低频转折频率（Hz）
7.5（19）	3180	50	15（38）	4450	—
15（38）	3180	50	30（76）	9100	—
7.5（19）	2275	—			

在整个录音流程中，磁带在接触录音磁头之前，需要先经过抹音磁头。抹音磁头的主要作用在于去除录音带上原有的信号以便对磁带进行重新使用。磁带在接触到抹音磁头时，磁带录音机的高频率偏磁振荡器输出强交流电流，并通过抹音磁头在磁带上形成一个强交流磁场，使得磁带上磁畴脱离原有的磁场方向并进入离散状态，如图 6-1 所示。抹音磁头的缝隙间距在设计上要宽于录音磁头和放音磁头的间距，以便这种高频电流在磁带经过时可以充分将磁带信号在正负饱和点之间变换，直到磁带被彻底消磁。在实际工作中，抹音消磁的过程是非常迅速的。随着磁带迅速离开抹音磁头并进入录音磁头，原来记录在磁带上的信号已经消失，磁带已准备好记录新的信号。

6.3 磁带录音机传动系统

对于磁带录音机的传动系统来讲，最基本的表现要求在于使磁带和所通过的磁头之间要保持一种接触的稳定性。因为磁带在运动中轻微的上下位移，磁带与磁头之间细微的压力变化，甚至是轻微带速的变化都会导致信号脱落，并非常严重地降低录音机的工作表现。磁带录音机的传动系统包括供带盘、收带盘、主导轴电机、一系列的磁带路径导轮、导柱以及磁头等，磁带录音机各部件位置如图 6-5 所示。其中，抹音磁头、录音磁头以及放音磁头的位置排列如图 6-6 所示。

对于传动系统来说，当录音机处于停止的状态时，压带轮脱离主导轴；当处于录音或播放状态时，压带轮靠拢主导轴，和主导轴一起夹住磁带并拖动磁带，使磁带以稳定的速度通过磁头。对于供带轮和收带轮来说，在放音或录音状态下，均向各自的方向旋转并试图将磁带缠绕在各自的带盘上，但由于主导轴电机是将磁带拖向收带轮的方向，因此磁带将逐渐脱离供带轮一端而传向收带轮一端。此时供带轮的反向旋转有利于防止磁带以过快的速度传送到收带盘上，并且这种稳定的，和走带方向相反的张力，有利于促进磁带与磁头之间良好的接触。

供带盘和收带盘同时一起保持相应的张力有利于保持带速的稳定，其张力主要通过带盘电机所供给的电流实现。而当电流处于稳定状态时，磁带的张力则依靠缠

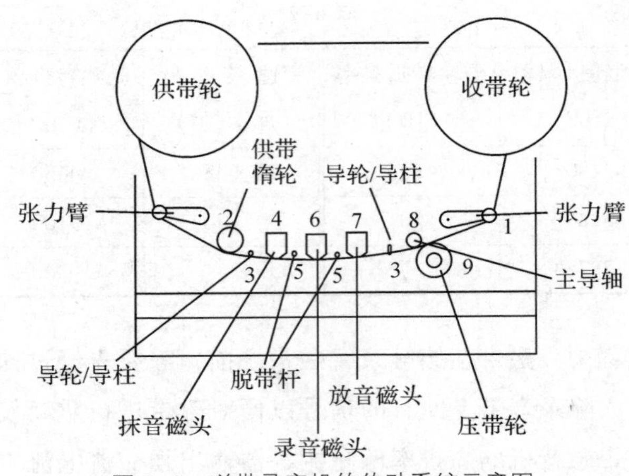

图 6-5　磁带录音机的传动系统示意图

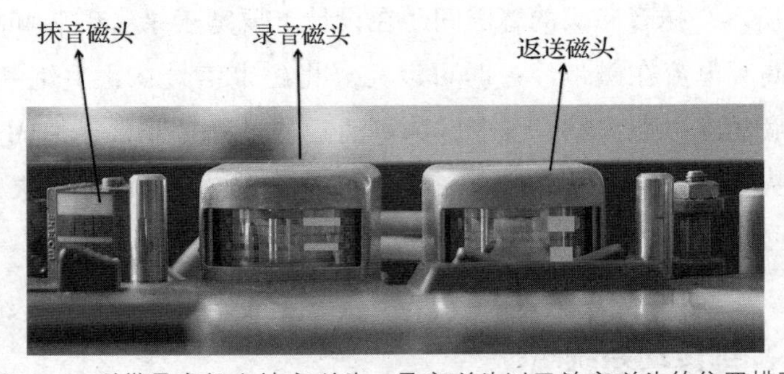

图 6-6　磁带录音机上抹音磁头、录音磁头以及放音磁头的位置排列

绕在带盘上的磁带量来维持，当供带盘上的磁带越来越少的时候，由供带盘所提供的张力也越来越大，此时收带盘的张力也随着磁带量的增加逐渐减少。带盘的张力应保证磁带和磁头之间具有稳定的接触，同时又不能太大，以防止磁带受损或影响磁带经过磁头时的速度。在实际操作中，如果两个带盘之间的张力不统一，或由于主导轴以及压带轮外形的受损，或是其他传动机构在工作时配合不精密等，都会引起带速异常，当这种异常超出允许范围时就会产生磁带的抖晃，同时人耳也就会觉察到这种异常。磁带的抖晃由抖动和晃动两个概念组成，在听音上有不同的感受，其中抖动主要表现为音调的逐渐变化，所以对于一个延音来说就更为明显。晃动通常由磁带在经过传动系统时，在没有支撑的部分发生的快速拨动或是一种振动所引起的。

磁带录音机传动系统中的惰轮分为供带惰轮和收带惰轮两种。供带惰轮主要用来感应磁带的高度，同时可帮助降低磁带的抖晃。该惰轮随磁带的传输而转动，可以保持磁带运动的稳定和平滑，并可以驱动磁带计时系统，读出磁带所在位置的小时、分钟、秒的有关信息。但由于实际上磁带和惰轮之间任何微小的磨擦都可以导致一些微小的时间错误，所以磁带的绝对位置其实是无法进行准确测量的。一个绝对准确的地址信息只有在磁带本身记录有时间码的情况下才能够获得。对于位于主导轴和压带轮前面的收带惰轮来说同样具有磁带高度指示的功能，并且在很多录音机上具有微动开关。该开关在感应磁带的状态后显示为开/关两种状态。即当磁带的张力表现为非正常化的时候，录音机将不能进入任何导致磁带运动的模式，并以此保护磁带不至于受损，如果磁带在传输时受损，传动系统将停止工作。同样，当任何一个带盘的磁带用完的时候，开关将处于关闭状态，并停止两个带盘的转动。磁带一般在快进或倒带的状态下所表现的带速通常在 150 英寸/秒和 180 英寸/秒之间。

在专业录音室内，磁带录音机通常通过在控制室内的遥控器控制，而录音机则可以安装在机房，有利于保养。图 6-7 展示了多轨磁带录音机的遥控器。在遥控器上，录音师可以实现切入、切出，可以将任何一轨转为预录状态以及根据时间码在磁带上寻址等重要功能。

图 6-7　多轨录音机的遥控器

6.4　模拟磁带录音机校正

6.4.1　参考磁平的建立

为了正确评估磁带录音机的输入、输出以及频响表现，或者说为了使磁带录音机处于最佳工作状态，在每次录音之前应对磁带录音机进行校正。因为针对这种校正的评估通常是通过录音机的 VU 表体现，所以录音机的返送电路必须首先得到校正。在校正前，首先应使用磁头清洗液清洗磁头。由于某些清洗液会对橡胶材料的主导轮造成损伤，所以最好用工业酒精进行清洗。除此之外，磁头还应进行消磁处理，因为即便是几个小时的使用，在磁头上仍然会存有少量剩磁使得磁头被轻微磁化，导致磁带在经过磁头时引起高频信号的衰减。

在剩磁清理后，录音师应对调音台的返送系统进行校对，以便调音台的最大输出值接近录音磁带上的最大输入值，使录音信号在磁带上有合理的动态范围，既不至于超过磁带饱和点，也不至于信号太弱降低到磁带的本底噪声以下。一般对于高质量的磁带来说，其最大输出级（MOL）为1000纳韦伯/米（nWb/m）。1纳韦伯等于10^{12}韦伯。纳韦伯/米作为磁通量的单位，代表磁带在单位宽度上的磁场强度。该磁场强度会通过磁带录音机的返送磁头转换为输出信号电压。磁场强度越大，代表返送信号输出的电平就越高。上述最大输出级（MOL）代表在第三谐波失真点上的磁通量达到了基频信号值的3%（1kHz测量信号）。也就是说，在录音前，磁带录音机和调音台在经过校正后，该信号值接近于调音台的最大输出值。目前使用最多的参考磁平标准为IEC磁平标准，代表在1kHz测试信号下320纳韦伯/米的磁通量。该标准常被用于欧洲生产的测试带，代表参考电平0dBu，在调音台上代表PPM4或-4VU。在该标准下，接近MOL值的峰值录音电平代表录音磁平804纳韦伯/米，即+8dBu，PPM6，以及2%的谐波失真。除了320纳韦伯/米参考磁平之外，还有两种参考磁平标准为：

1. 200纳韦伯/米，即NAB磁平标准，常用于美国生产的测试带。

2. 250纳韦伯/米，即DIN磁平标准，常用于德国生产的测试带。

在200纳韦伯/米和320纳韦伯/米之间电平相差4dB，也就是说320纳韦伯/米磁平的测试带在返送回放阶段，在电平表上应高于200纳韦伯/米测试带回放信号4dB。

上述的参考磁平均代表在1kHz信号下所代表的磁通量。除此之外目前在一些测试带上还使用700Hz测试信号。因为在20世纪40年代末，磁带的动态范围已可以达到68dB，当时在低于饱和点若干dB处被设定为0VU，代表在使用700Hz测试信号时185纳韦伯/米的磁通量，并被认为是标准操作磁平。随着磁带上氧化涂层技术的进步，磁带在0VU和饱和点之间可以取得12dB的峰值储备量，所以上述原0VU点提升了3dB，从而降低了本底噪音3dB，并取得了9dB的峰值储备量。3dB的提升代表在0VU处的磁通量为260纳韦伯/米。该磁通量被称为+3EOL标准。EOL为英文Elevated Operating Level即提升的操作电平的缩写。在+3EOL标准之后又出现了+6EOL标准，代表0VU处的磁通量为370纳韦伯/米，但由于复印效应随信号操作磁平的提升而增加，所以+3EOL，260纳韦伯/米成了绝大多数录音室的校对标准。当然一些录音室为了取得较低的本底噪声，仍使用+6EOL，370纳韦伯/米的参考磁平标准。

上述内容总结了在1kHz和700Hz测试信号下所代表的不同的磁通量。因为磁通量随频率的变化而变化，所以这些信号虽然频率不同，但磁平其实是一致的。如果使用700Hz标准测试带185纳韦伯/米=0VU进行测试的话，录音机的VU表指针应对准0VU。如果使用磁平为+3EOL或+6EOL标准的话，VU表应相应指向-3VU或-6VU（在185纳韦伯/米=-6VU，0VU=370纳韦伯/米的情况下）。0VU在磁带录音机采用平衡输出的情况下为+4dBm，在非平衡输出的情况下等于-10dBm。

除了标准参考磁平信号之外，测试带通常还包括若干其他高频信号用于测试磁头方位角和控制返送信号高频均衡等。在对返送电路校正后，录音师的主要工作在于根据上述不同标准的参考磁平信号来对不同带速所产生的频响做均衡处理。其中欧洲IEC（CCIR）以及NAB标准用于7.5英寸/秒和15英寸/秒带速测试，AES标准则用于30英寸/秒带速的高低频校正测试。在专业录音领域中，15英寸/秒和30英寸/秒带速是首要选择，并且很多录音师喜欢15英寸/秒带速格式的低频音色。对于那些返送电平可以独立控制的磁带录音机来说，录音师可以根据不同的带速选择代表不同磁通量的测试信号进行校正，例如+3EOL标准用于15英寸/秒带速，+6EOL标准用于30英寸/秒带速。

6.4.2 录音电路校正

在测试完磁带录音机的返送系统之后，应该测试其录音系统。磁带录音机录音电路校正的主要目的在于保证在空白带上所录制的测试信号即1kHz，+4dBm，0 VU必须和上述返送测试所用的信号在输出值上一致。在校正过程中，设备处于预录状态，同时将代表+4dBm，1kHz信号通过输入电平控制使之在VU表上指向0VU点。在记录后，设备处于回放状态，以便检查所录制的信号和上述返送校正值是否一致。

6.4.3 磁带录音机的机械校正

为了使整个磁带录音机系统处于一个最佳的表现状态，磁带和录音机三个磁头之间的接触特性必须保持良好，轻微的校正错误将导致信号振幅以及频响方面的错误。在图6-8中展示了磁带录音机机械校正的5个不同步骤，其中包括图中A. 磁头与磁带接触性，B. 磁头/磁带倾斜度，C. 磁头高度，D. 磁带包绕角度以及E. 磁头方位角校正。这5个步骤的具体内容分别简述如下：

A. 磁带和磁头的接触应具备统一性和稳定性，因为磁头表面为凸面，所以轻微包绕将使磁带和磁头有较为良好的接触。如果包绕过量会使得磁带在相邻磁头上脱离。

B. 磁头在磁带上的压力应在整个磁带宽度上保持一致。如果二者不能保持垂直状态，磁带在一边的接触压力将大于另外一边，将导致磁带偏离磁头中心线。

C. 在同一台设备上各磁头高度应保持一致，否则将在录音前无法对原录音信号进行彻底消除，并且会增加声道之间的串音和降低信噪比。不统一的磁头高度也会

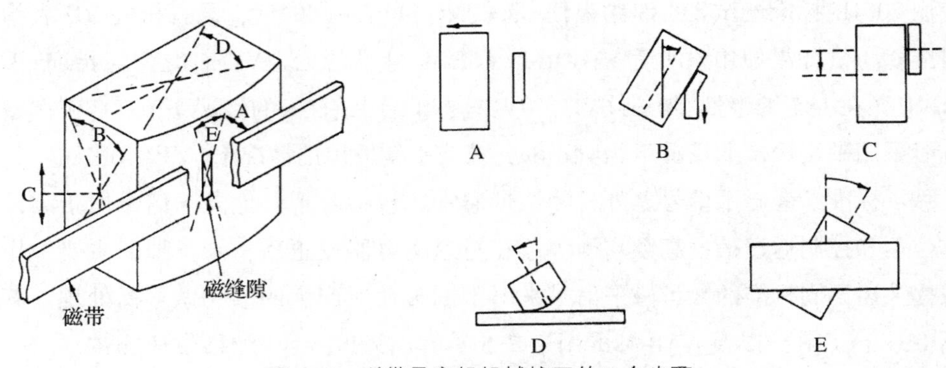

图 6-8 磁带录音机机械校正的 5 个步骤

导致节目回放失去一个统一的标准，主要表现为在节目交流中，在不同回放设备上所表现的音色截然不同。

D. 磁带和磁头缝隙必须保持正确关系以求达到一个优选的表现，包绕角度的矫正错误将导致磁带提前进入或离开磁缝隙区域。

E. 磁头方位角校正在磁带录音机校正过程中非常重要，尤其体现在短波长的高频信号上。如果磁缝隙和磁带走向没有达到垂直状态的话，在同一信号中，相同波长频率内的不同部分将以不同的时间进入或离开磁缝隙区域，也就是说，磁缝隙所反应的并不是同一信号的同一部分，而是同一信号的不同部分，从而导致同一信号振幅的正负值同时出现在磁缝隙内，造成输出量降低。目前一些多轨磁带录音机的磁头校正工作已在出厂前完成，并加以永久性固定，但 4 轨或较少轨数的录音机通常要求用户自己对方位角进行校正。在实际工作中，工作人员通常使用示波器来检查方位角的校正情况。如图 6-9 所示，在示波器上，A 代表磁头正确校正，无方位角错误，B 代表 45 度方位角错误，C 代表 90 度方位角错误，D 代表 135 度方位角错误，E 代表 180 度方位角错误。

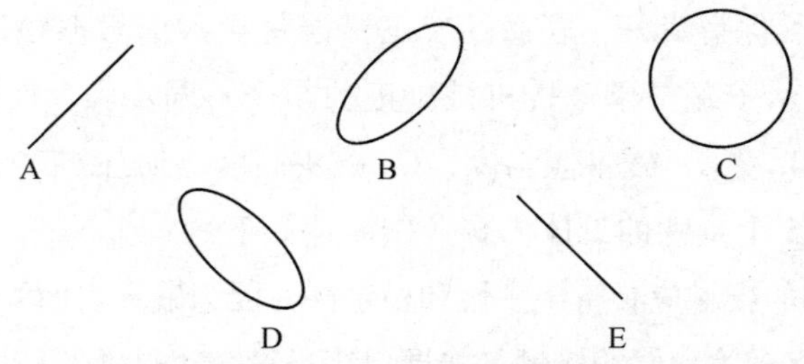

图 6-9 在示波器上所显示的磁头方位角校正情况

根据惯例，在对多轨磁带录音机进行校正时，应先从中间相邻的两轨进行比较校正，然后依次排列，最后矫正位于磁带边缘的两轨，例如对于 24 轨录音机来说，应最后校正第 1 和第 24 轨的相位关系。

6.4.4 磁带录音机的偏磁校正

在初始录音磁平和方位角校正结束后，应进入偏磁校正阶段，即使用短波长信号来寻找在磁带上实现最佳高频响应的偏磁峰值点。一旦偏磁量超过该峰值点将会导致高频信号的衰减。目前普遍使用的偏磁校正信号频率为 20kHz、10kHz 和 5kHz，各自对应的带速标准为 30 英寸/秒、15 英寸/秒和 7.5 英寸/秒。一般来说，在专业带速为 15 英寸/秒、录音磁头缝隙间距为 0.02 毫米、0.01 毫米或 0.005 毫米的情况下，分别代表各自的偏磁总量为 1.5dB、2.5dB 和 3.0dB。

6.5 模拟信号降噪系统

所谓模拟降噪就是指如何降低磁带上存在于高频区域的嘶噪声。而降噪系统就是指那些以降噪为目的，但不会在主观听感上影响信号本身质量的设备。按照设备对于信号动态范围的影响，降噪系统可以分为静态系统和动态系统两种，其中静态降噪系统不会影响到输入信号的动态范围（比如均衡器），而动态降噪系统则可以影响到信号的动态范围（比如压缩器，扩展器）。除此之外，降噪系统还可以被分为互补降噪系统和非互补降噪系统，其中互补降噪系统代表录音信号将在录音前和录音后分别接受两次处理，比如模拟录音机中的前后加重处理。非互补类型的降噪系统则代表设备中的信号在录音前或录音后只受到一次处理。对于静态非互补类型的降噪系统来说，通常可以直接通过滤波器来衰减噪声所在频段的频率成分来完成降噪。但在实际工作中，由于噪声通常分布在较广的频带当中，因此，除了特定的噪声，比如 60Hz 哼噪声外，在降噪的同时都难以避免对相应的录音信号进行衰减。对于静态互补降噪系统来说，节目中的高频成分在进入录音状态之前被预加重处理，并在信号返送阶段对提升的信号进行衰减并恢复到原来的均衡位置以完成降噪处理。这种降噪系统不理想的地方在于，录音前对于高频信号的提升，会使这些信号非常容易达到磁带饱和点并产生失真，因此，如果所录制的音频节目本身就具备丰富的高频信号成分的话，在进行预加重处理之前应降低录音电平。

对于动态降噪系统来说，压缩器或扩展器，在单独使用的情况下均属于动态非互补降噪系统，但由于他们在使用中所出现的种种人耳可以觉察到的负效果，所以很少被单独使用。而压缩器和扩展器如果以互补降噪模式同时被使用的话则可以起到较理想的降噪作用。压缩器和扩展器共同组成的设备为压扩器，压扩器所形成的压扩原理，如图 6-10 所示，是目前模拟降噪系统的基本理论依据，即信号在被记录到磁带上之前将低振幅高频信号提升作预加重处理，然后在解码回放阶段通过后加重处理将之前提升的高频信号恢复至原来的振幅水平，并以此将磁带固有的高频噪声进一步降低。由于模拟降噪技术并没有发展成为一个国际统一标准，所以不同的系统之间无法兼容，例如，通过 Dolby A 降噪格式进行编码录音的磁带，将无法以 Dolby B 降噪格式进行解码回放来实现 Dolby A 的降噪效果。下面就将目前存在的几种模拟信号降噪系统做一下介绍。

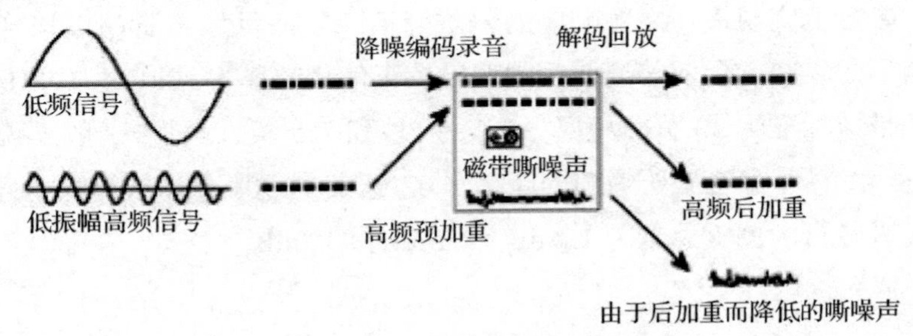

图 6-10　压扩降噪流程示意图

6.5.1　dbx 降噪系统

dbx 降噪系统主要以上述压扩技术为原理，分为 dbxI 和 dbxII 两种降噪格式。dbxI 系统通过对高频信号采用前后加重 12dB 来进行降噪，即高频信号在和磁带噪声混合之前被提升 12dB，如图 6-11 所示。在回放时通过扩展，将提升的信号恢复到原来的频率平衡。嘶噪声由于扩展的作用，将随音频信号被一起降低，并被推出人耳的听阈之外。

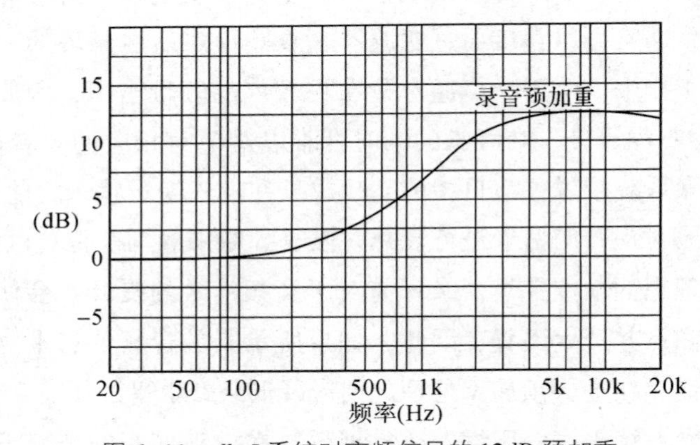

图 6-11　dbxI 系统对高频信号的 12dB 预加重

图 6-12（a）、（b）分别展示了 dbxI 降噪系统中的压缩和扩展功能。图（a）为预加重编码过程，图（b）为后加重解码过程。根据图示，一个具有 100dB 动态范围的输入信号在经过系统的压缩器，并以 2∶1 压缩比进行压缩后，节目的动态范围从−80dB 到+20dB 被压缩在−40dB 到+10dB 的 50dB 的动态范围之间，于是在低电平信号被提升到磁带噪声之上的同时，高电平的峰值信号被控制在磁带饱和点之下。在节目回放时，系统通过扩展处理，将信号按 1∶2 的扩展比恢复到原来的 100dB 动态范围，并将处于−60dB 处的磁带噪声推到低于人耳听阈门限的−120dB。

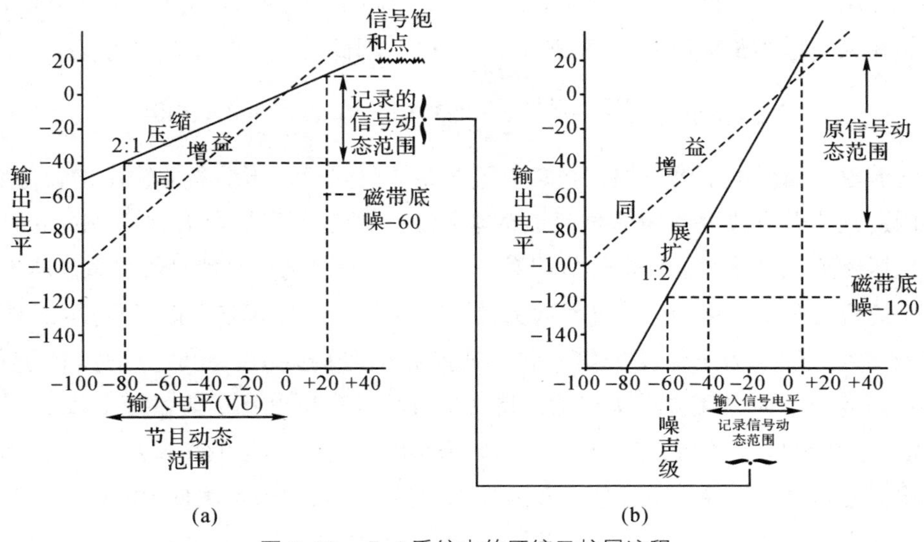

图 6-12　dbxI 系统中的压缩及扩展流程

相对于 dbxI 来说，dbxII 主要用于民用市场，比如卡带录音机。由于二者使用不同的前后加重曲线，如图 6-13 所示，因此彼此不兼容。

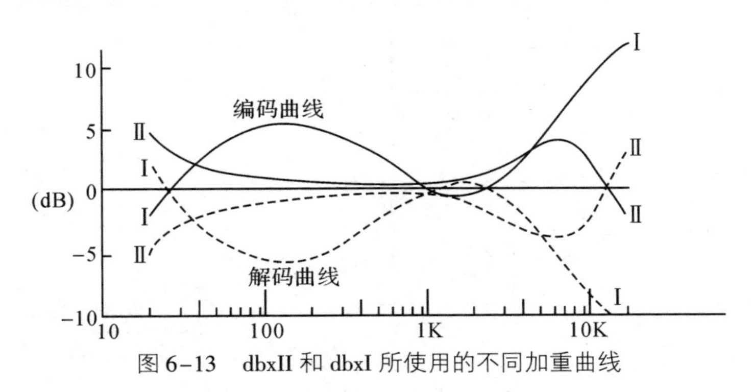

图 6-13　dbxII 和 dbxI 所使用的不同加重曲线

6.5.2　Dolby A 降噪系统

根据上述可以看到 dbx 降噪系统是针对输入信号整体的频率范围和动态范围进行降噪处理，而并不考虑输入信号电平的大小。Dolby 实验室在 1965 年开发的 DolbyA 降噪系统不对节目中的大振幅信号做处理，只对输入电平较小的信号起作用。因为：1. 压扩器对于大振幅信号的处理容易被人耳所觉察。2. 磁带噪声容易被电平值较大的信号所掩蔽。

图 6-14 为 Dolby A 降噪流程，根据图示可以看到一个低电平信号（2.5 毫伏，-50dB）分别通过在旁路的压缩器和直通通路两条路径到达输出端。其中因为压缩器的门限前增益为 2.16，所以经过压缩处理的低电平信号电压在输出端应乘以

2.16，而位于直通路径的信号增益为1，所以当两个信号在同时输出时，其电压值应该是输入电压2.5毫伏的3.16倍（2.16+1），因此，系统的增益应为：

$$N_{dB}=20\lg\frac{3.16\times2.5mV}{2.5mV}=20\lg3.16=20\times0.49968=10dB$$

随着输入信号电平的增加，并高于压缩器的门限值，压缩器的输出增益开始降低，因此到达合成放大器的信号值也越来越小，当输入信号增大到-10dB的时候，由于从压缩路径到放大器的信号值相对于来自直通路径的信号值来说可以忽略不计，所以系统成为一个简单的同一增益放大器。而在信号回放通路，根据图6-15所示，放大器的输出信号为压缩路径信号和直通路径信号的差值。此时直通路径信号为3.16×2.5毫伏，而压缩器因为仍然保持其门限前增益为2.16，所以输出值为2.16×2.5毫伏，因此在返送回放阶段，放大器的输出为（3.16-2.16）×2.5毫伏，即放大器将信号恢复到原输入信号值，并通过降低系统增益将噪声降低10dB。

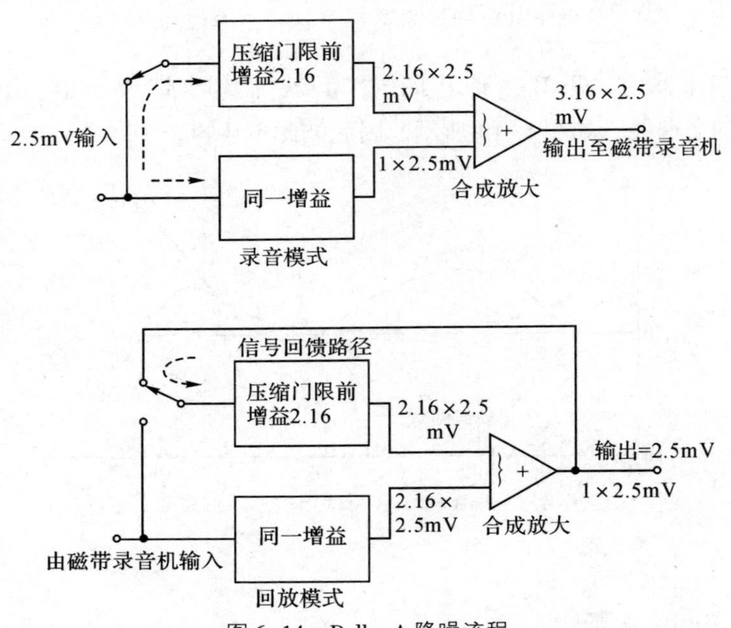

图6-14　Dolby A 降噪流程

为了进一步改善系统的降噪功能，降低压扩处理在工作时所产生的人耳可以觉察的效果，Dolby A 还可以使用不同的滤波器将输入信号分为4个频段，并且每个频段都有相对独立的压扩电路相连接，以保证彼此之间不受干扰。压扩功能在5kHz以上逐渐加强，并且对于15kHz以上的信号，系统可以提供最多15dB的降噪能力。这4个滤波器分别为：

1. 80Hz低通滤波器。

2. 80Hz~3kHz带通滤波器。

3. 3.3kHz高通滤波器。

4. 4.9kHz 高通滤波器。

降噪系统进行这样的频段划分主要是考虑到低、中电平的音乐节目信号主要聚集在 80Hz ~ 3kHz 之间，只有很少的声能存在于更高或更低的频率中。

6.5.3 Dolby B 降噪系统

Dolby B 降噪系统开发于 1968 年，其主要目的在于改善慢带速民用磁带格式的信噪比，比如 $3\frac{3}{4}$英寸/秒的开盘带，$1\frac{7}{8}$英寸/秒的卡带以及 VHS 录像带上音频信号的质量。由于 Dolby B 降噪系统被广泛用于民用设备，所以在很多专业录音室中，如果节目最终载体为磁带格式的话，也均采用 Dolby B 降噪系统进行编码，以便和民用设备兼容。

Dolby B 降噪所使用的原则被称为最少处理原则。因为考虑到信号的响度越大就越容易接近磁带的饱和点并且发生过载失真，并且响度较大的信号容易掩蔽较弱的磁带噪音，所以 DolbyB 的压扩处理仅用于低振幅高频信号。例如当录底鼓的时候，由于信号本身的低频就已经非常接近磁带饱和点，因此如果为了降噪而再对信号提升的话，就很容易引起饱和失真，并且底鼓的低频并不能掩蔽处于高频频段的嘶噪声。所以 Dolby B 系统只对底鼓频段之外的频率进行提升，并且在回放解码过程中完成降噪功能。这就是所谓的 Dolby B 降噪系统的单一滑动压扩频带技术，所谓滑动频带就是一个可以上下变化其删极点的滤波器，用来处理频带以外的噪声信号，而不会影响到频带以内的音频信号，并以此实现 300Hz ~ 20kHz 之间的降噪范围。在实际工作中，当输入信号电平非常低，并且所含的高频信号成分很少的情况下，删极自动滑向最低的频率点并形成在 4kHz 以上最大 10dB 的降噪能力。随着信号电平以及高频成分的增加，删极逐渐向高频处位移，从而导致越来越少的信号处于 Dolby B 的降噪范围之内。图 6-15 显示了 Dolby B 主要针对低振幅，高频率信号进行降噪处理。

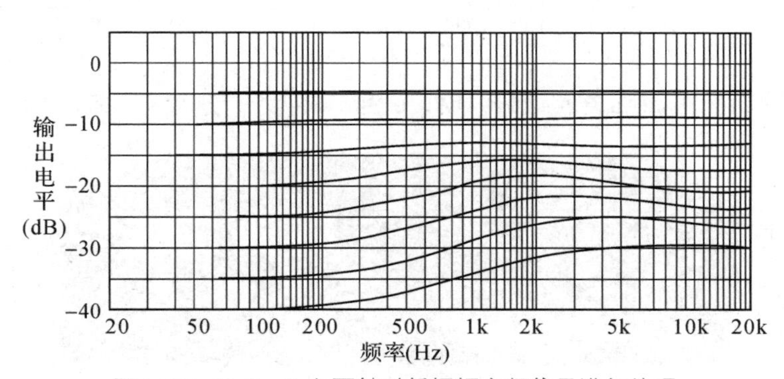

图 6-15 Dolby B 主要针对低振幅高频信号进行处理

6.5.4 Dolby C 降噪系统

Dolby C 降噪系统被开发于 1980 年，可在 1000Hz 以上提供 20dB 的降噪能力。不同于 Dolby B，Dolby C 在降噪方面的主要考虑的是，当在高频有大量的降噪处理之后，人耳对噪声的敏感区域就会从高频区域转移到低频区域。因此对于 Dolby C 来说，如果要更多的降噪量就要更宽的降噪频率范围，来避免噪音在某一区域内形成堆积。所以从图 6-16 Dolby B 和 Dolby C 的降噪曲线中可以看到，相对于 Dolby B 以 300Hz 作为降噪起点，在 4kHz 以上提供最大 10dB 的降噪能力来说，Dolby C 则以 100Hz 为降噪起点，在 400Hz 左右提供 15dB 的降噪能力，在 2kHz 到 10kHz 之间提供 20dB 的降噪能力。另外，由于单一滑动压扩频带技术在覆盖 20dB 降噪能力的过程中很有可能会出现一些弊端，比如有时音乐的瞬态信号会超出编码器的增益值等，因此，Dolby C 降噪系统采用双滑动压扩频带技术来完成 20dB 的降噪。这两个频带将覆盖相同的频率范围但敏感于不同的电平值信号，其中一个压扩频段所敏感的信号电平接近于 Dolby B 系统中的信号电平，而另一个则敏感相对较弱的信号，当其中一个频带删极到达滑动区域末端后，另一个删极逐渐再次对该区域进行覆盖。其中每个滑动压扩频带都具备 10dB 的压扩能力。因为这两个频带使用串联方式进行连接，所以可提供 20dB 的压扩降噪能力。图 6-17 是带有 Dolby B 和 Dolby C 选择开关的专业卡座录音机。

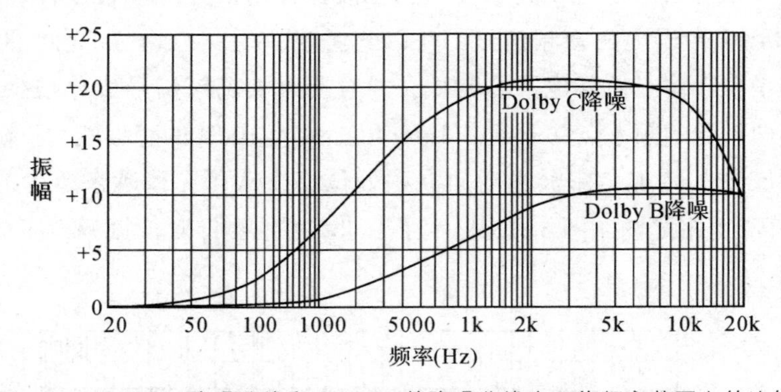

图 6-16 Dolby B 降噪曲线和 Dolby C 的降噪曲线在工作频率范围上的比较

图 6-17 设计有 Dolby B 和 Dolby C 选择开关的专业卡座录音机

6.5.5 Dolby S 降噪系统

类似于 Dolby C 降噪系统，Dolby S 使用两个高频滑动压扩频带对信号进行处理，但有所不同的是每个滑动压扩频带都连接一个独立的高频固定频段处理器，并通过对这些处理器的连接，即工作置换，使得 Dolby S 系统可以具有 24dB 的降噪能力。图 6-18（a）展示了滑动压扩频带在一个指定频率上的工作状况，图 6-18（b）展示了固定压扩频带在相同指定频带上的工作情况，图 6-18（c）展示了二者结合即工作置换状态下的优点所在，同时可以看到在指定频率之下的固定频带和在指定频率之上的滑动频带同时工作时，通过工作置换处理，较低的信号被更加稳定地提升，同时展示了更加有效的降噪效果。

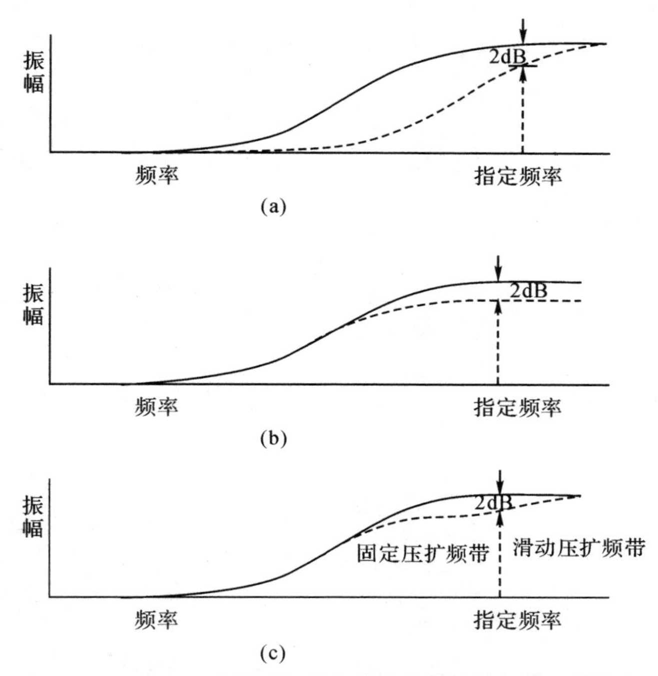

图 6-18 Dolby S 中滑动压扩频带和固定压扩频带工作情况

除了上述的高频降噪功能之外，Dolby S 降噪系统还设计有低频固定频带处理器，所以 Dolby S 除了在高频区域具有 24dB 的降噪能力之外，在低于 200Hz 的频段还有 10dB 的降噪能力，并因此可以形成一个较为平滑的噪声频谱，使人耳更容易忽略噪声的存在。在实际应用中，使用带有 Dolby B 解码配置的录音机监听 Dolby S 的降噪编码，更容易保持音乐的平衡。另外，因为 Dolby 实验室要求包括有 Dolby S 降噪系统认证的磁带记录系统应达到更高的工作标准，例如应有更宽的高频响应特性，更精确的磁头高度，更强的过载失真承受能力，更低的抖晃失真等，所以使用 Dolby S 降噪系统的磁带录音机即便不使用 Dolby S 降噪系统，同样也可以达到理想的录音质量。

第七章

数字信号记录系统

7.1 采样频率

虽然模拟信号是以线性的形式来模仿一个自然界中的声信号，即将自然声信号的一个连续变化的声压值转化为一个连续变化的电压数值，但由于模拟时代所使用的磁记录载体的自身限制，使得其存储设备无法传达一个真实声源特性。对于模拟信号来说，在被记录在载体上时，该信号将被赋予不同的失真表现，比如模拟噪音的增加，谐波失真以及抖晃等，所以在模拟领域中通过载体返送的信号其实是等于原始信号的失真版。另外，由于磁记录载体动态范围的限制，使其无法还原一个具有 120dB 动态范围的交响乐。但数字信号可以满足这一要求，并且由于数字信号以二进制形式来表达一个音频信号，所以更加有效地避免了在信号处理中噪声的存在。

一个模拟信号的数字化开始于数字载体对该信号的采样处理。在采样过程中，采样频率是决定声音质量的首要因素。采样频率是数字系统每秒对于模拟信号的采样次数。由于采样频率在单位时间内的值是固定的，所以模拟声信号的频率波长对于声音的质量来说起到很大的作用，因为波长越短，单位时间内所被赋予的采样次数就越少，所还原的信息就越少，所被还原的模拟信号的线性就越低，因此音质就越低。反之，所输入的模拟信号频率越低，波长内所赋予的采样次数就越多，所还原的信息就越多，声音的线性表现就越好。如图 7-1 所示，数字系统对原始波形的采样频率越高，该采样频率就越能精确地表达这一波形所要表达的内容。根据实验得出，如果采样频率接近原声波频率的两倍，就可以满足恢复该波形信息的最低要求。另外，值得注意的是，数字系统对模拟信号所进行的采样不是一个瞬态的采样点，而是一个采样过程，这也是目前通常使用区间的概念来表示采样的原因。在采样区间内，包括采样和维持两个步骤，在第一区间内原信号被采样，同时经过维持电路来保证该采样点的值在到达第二个区间之前不会有变化。

在数字音频领域中，奈奎斯特频率应为采样频率的二分之一，并且应略高于被采样信号的最高频率。换句话说，原音频信号的最高频率应略低于采样频率的二分之一。比如说 44.1kHz 采样频率的奈奎斯特频率为 22.05kHz，就略高于人耳听觉的上限频率 20kHz。因为在模拟数字转换器中的低通滤波器在截止频率后仍按每倍频程一定 dB 值进行衰减，而不是马上被消除，所以需要略高一点的采样频率负责对处于衰减坡度上的频率信息进行采样处理，以便使原始声信号有更自然的表现。奈奎斯特频率是以 1926 年在贝尔实验室第一个发现这种采样频率与被采样频率之间关系的人 H. Nyquist 来命名的。

在实际工作中，如果被采样的声波频率高于上述的奈奎斯特频率比例时，将会产生混叠频率，混叠频率值等于采样频率和输入信号频率的差，举例来说，如果使用50kHz对32kHz信号进行采样时，其混叠频率应为50kHz-32kHz=18kHz。混叠频率将和原声波频率相互叠加，在主观听感上破坏原始声信号的音质。

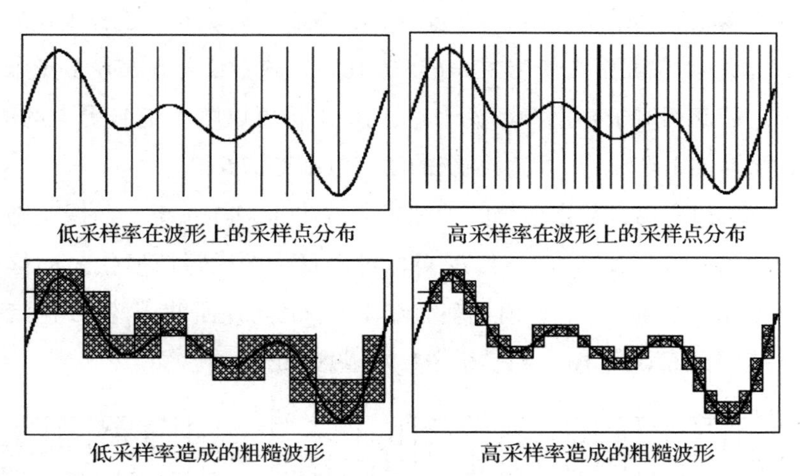

图7-1 采样频率越高就越接近原声波频率

目前一些常用的采样频率及其应用领域如表7-1所示：

表7-1

采样频率	应用领域
32kHz	DAT
44.1kHz	CD、DAT及目前在市场上的专业录音软/硬件
48kHz	目前在市场上的专业录音软件及硬件
96kHz	专业数字录音软件及硬件
192kHz	专业数字录音软件及硬件

7.2 量化

数字系统除了对原模拟信号进行采样来描述其频率波形外，还要对每个采样点所代表的振幅电压进行采样。数字系统对于每个频率采样点所代表的振幅电压的采样过程被称为量化。量化的精确度使用二进制码来表达。二进制码中的每一个位被称为比特。其中，数字中的第0位，即最低位或二进制码中最右边的位被称为最低有效位，通常用LSB即英文Least Significant Bit的缩写来表示，最低有效位通常用来检测数字的奇偶性。而位于二进制码中最左边的位被称为最高有效位，用MSB即英文Most Significant Bit的缩写来表示。例如在二进制码10010101中，最右边的1为

LSB，最左边的 1 为 MSB。如图 7–2 所示，在数字领域中，所使用的比特值越大，代表其对一个模拟振幅的模仿程度就越高，并且所能表达的信号的动态范围就越大。比如 8 比特代表该数字系统使用 $2^8=256$ 比特，或者说是 256 个步骤来还原一个波形振幅，而 16 比特则代表系统使用 $2^{16}=65536$ 比特，或者说是 65536 个步骤来还原一个波形振幅。因此相对于 8 比特系统来说，16 比特可以赋予信号更大的动态范围。一般来说，每增加 1 个比特，代表系统的动态范围增加 6dB。

根据上述可以看出，数字信号的带宽主要取决于采样频率，而振幅则主要取决于量化值。根据公式 6. 02（N）+1. 76 可以得出每一个比特值所代表的信号动态范围（其中 N 代表比特数量）。目前飞利浦红皮书标准 CD 所使用的 16 比特量化值所代表的动态范围是 6. 02（16）+1. 76 = 97. 98≈98dB。

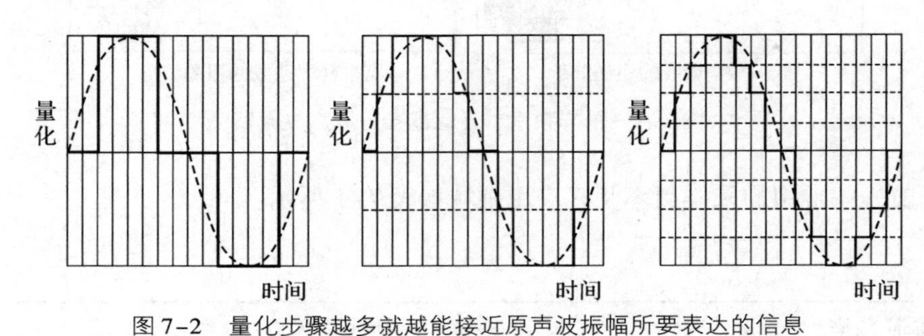

图 7–2　量化步骤越多就越能接近原声波振幅所要表达的信息

在实际工作中，由于整个量化过程是使用一系列离散的量化点来表示线性振幅，所以会造成很多模拟振幅值并没有和量化采样点相吻合。这种在数字化过程中所形成的误差被称为量化错误。因为数字系统在进行量化时，模拟信号通常会使用距离自己最近的量化点来代表自己的电压值，所以最大的量化错误通常发生在两个量化点正中间的位置，因为只有在该位置上模拟信号的振幅才会形成最大位移达到上下的量化点。所以在实际工作中，录音师通常在记录载体上设置最高的量化值以便缩小两个量化点之间的间隔距离，并由此降低量化错误。

量化错误主要以量化噪音的形式表现出来。尽管目前对于一个 16 比特系统来说，其量化噪音大约要低于峰值信号 98dB，但由于数字系统没有模拟磁带中的本底噪音对音频信号所形成的掩蔽效应，所以这种量化噪音尽管很低但仍然较容易被觉察到，尤其在录音节目的结尾进行渐弱处理的时候尤为明显。目前对这种量化噪音的主要处理方式是通过数字系统释放低电平的抖动信号（Dither），并希望通过这种方式对数字噪声进行掩蔽。

下面对模数转换的一些具体步骤进行简要介绍。

7.3 模拟-数字信号转换

7.3.1 增益控制

模数转换器的前置放大器首先将输入信号放大至设备所能接受的操作电平范围，即非平衡高阻抗信号的-10dBV，平衡低阻抗信号的+4dBu。

7.3.2 抖动信号

抖动信号为一种低电平的模拟白噪声，添加的总量等于音频节目最低电平信号，或者说是数字信号最低有效位（LSB）的1/4到1/3，大约为1dB～2dB之间。在添加抖动信号后，系统将对噪声进行量化采样，所以绝大多数的量化错误将发生在噪声部分而不是音频信号，或者说是抖动信号的作用在于将量化错误从音频信号本身转移到噪声信号。另外由于噪声的各种表现相对稳定，所以量化错误也相对稳定。这种处理量化噪音的抖动信号首次在20世纪60年代贝尔实验室得到开发。

7.3.3 防混叠滤波器

防混叠滤波器主要用来防止有大于奈奎斯特频率的信号进入采样电路。或者说其作用在于防止混叠频率发生。因为防混叠滤波器主要是为了去除较高频率的信号，所以这种滤波器又被称为低通滤波器。音频信号在滤波处理后的衰减坡度取决于滤波器的阶数设计，每一阶在转折频率处所产生的衰减量为每倍频程6dB，因此一阶，二阶，三阶滤波器的衰减坡度分别为每倍频程6dB、12dB以及18dB，如图7-3所示。图7-4为简化的滤波器示意图。

在理想状态下，防混叠滤波器对于输入信号的衰减总量应等于信号的动态范围。也就是说，在16比特量化系统中，信号在滤波器处理后的衰减总量应不少于96dB，并且衰减坡度应为每倍频程无限大。这表现在图7-4（a）中，通带为1kHz～20kHz，转折频率为20kHz，阻带为20kHz到20kHz以上的频段。但在实际工作中，这种理想的砖墙滤波模式很难实现，并且电感或电容元件通常会导致高于转折频率的信号产生并在该信号上产生一定的延时量，并因此和首先到达设备输出端的、低于转折频率的信号形成相位差。解决该问题的一个重要方式就是提高采样频率，使奈奎斯特频率远离转折频率点，如图7-4（b）所示。但由于数字信号存储空间的大小和采样频率及量化比特值成正比，所以在提高采样频率的同时，也会造成信号存储空间的增大。

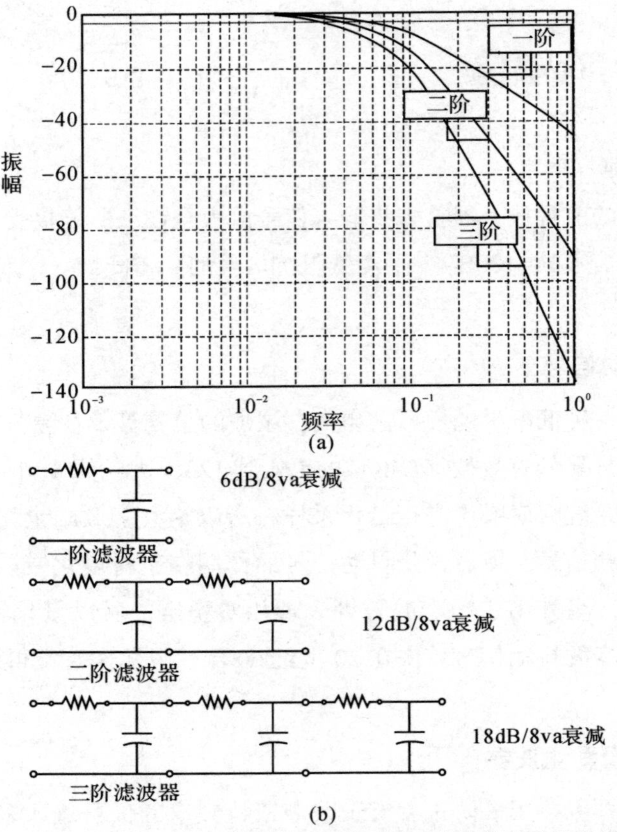

图 7-3　一阶，二阶和三阶滤波器的不同衰减量及各阶数滤波器设计示意图

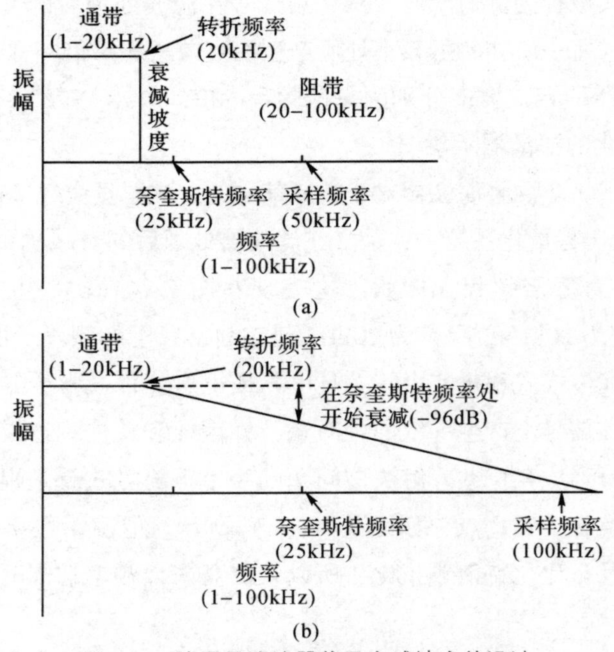

图 7-4　防混叠滤波器信号衰减坡度的设计

7.3.4 采样及维持电路

输入信号在经过低通滤波器处理后进入采样及维持电路。输入信号将被按照一定的频率进行采样，并且由于经过采样的波形失去了在原有模拟状态下的连续性，所以在每个采样点之间需要添加维持电路来保正采样值在到达下一个采样点之前不会有任何变化。图7-5（a）到（d）展示了信号被采样及采样维持的过程。在实际工作中，在两个采样点之间任何变化都将导致对原始波形的错误表现，同时当一个错误的采样值被送至量化阶段进行量化时，将直接导致原信号的振幅信息失真。在实际工作中当然两个采样点之间的维持间隔越短就越不容易产生错误，并且在维持电路末端所测得的电压衰减越少越好。

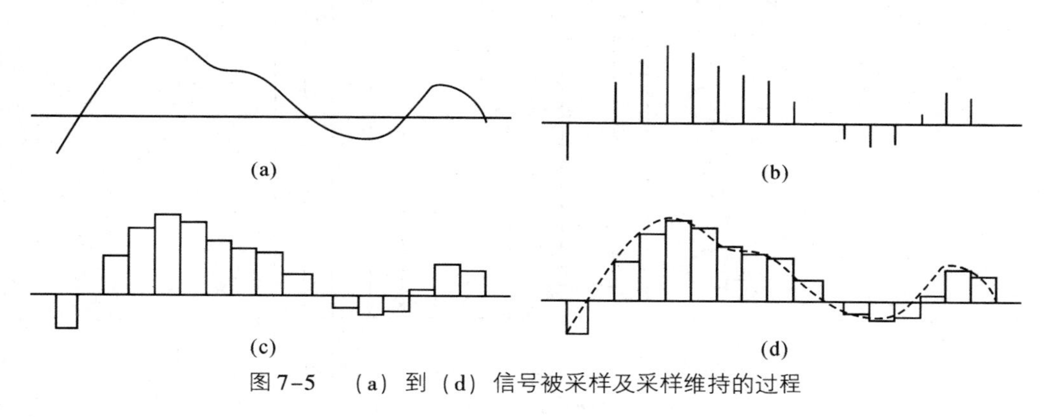

图7-5 （a）到（d）信号被采样及采样维持的过程

7.3.5 模数转换

在对原始信号进行频率采样后，数字设备开始使用二进制码对原波形上每一采样点所代表的电压值通过“1”或“0”表示出来，该过程被称为量化，被量化后的信号为数字信号。因为数字系统无法对一个线性模拟波形上的所有振幅所代表的电压值一一量化，所以系统所能量化的步骤越多，对原波形振幅信息还原得就越精确。目前CD格式载体使用16比特对录音信号进行量化，代表该格式将使用65536个量化步骤诠释一个波形的振幅信息。另外在绝大多数数字音频工作站上还提供24比特的量化精度，代表系统可用16777216个量化步骤诠释一个波形的振幅信息。因此相对于16比特数字信号来说，24比特信号有更大的动态范围和更高的信噪比。

7.3.6 复用器

由于模数转换器的输出为并行输出，例如对于16比特量化的单声道信号来说，需要16个并行信号通道来对数据进行输出，而对于24路16比特的录音来说则需要384个信号通道对录音节目进行传输，所以复用器的作用就在于将并行信号转为串行数据流以方便传输，如图7-6所示。这种并串转换是通过移位寄存器将16个并行比特转为串行比特来实现的。所谓移位寄存器就是指根据时钟控制，将信息逐次传递并进行暂时存储的寄存器。

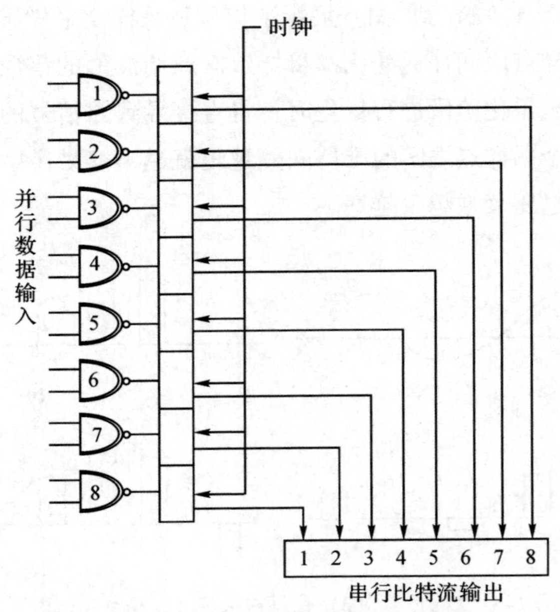

图7-6　复用器将并行信号转为串行信号

7.3.7　信号检错和纠错

在数字领域中，信号的脱落相对于模拟领域更容易被觉察到。尤其是在较大范围内的脱落，会使得解码器由于缺乏足够的数据信息而无法还原一个在编码之前的原始模拟信号波形。目前有若干种方式可以对数字错误进行较为有效的纠正。

首先奇偶校验比特和循环冗余检测码被添加在比特流中，二者均属于原信号比特流中的冗余码，主要用来对数字信号进行检错和纠错。其中循环冗余码是数据块中产生的校正信息的二进制码，可以检测在始端信息的二进制码，并将该二进制码和信息位一起送到终端，并在终端再产生一个循环冗余检测码，然后将这两个校验码进行比较，若不一致则表示在数据传输过程中有错误发生，终端则要求再次对数据进行传输。循环冗余码本身只有检错的功能，并不具备纠错的功能，如果需要进行纠错的话，必须和其他码一起使用，比如纵向冗余检测码。在循环冗余检测码和纵向冗余检测码共同使用时可以校正一位错误，检出两位错误。

在使用奇偶校验码时，首先是确定二进制数字组的奇偶性。这种奇偶性通常可以通过自校验码测得。即通过在二进制数字上附加一个比特，使二进制数字中 1 的总数保持奇数或是偶数。其中在偶校验中，通过把一个二进制位加到数位组中，使 1 的总位数为偶数，而在奇校验系统中可以加一个二进制位使 1 的总数为奇数。因此在数字信号的存储和传输中，这种检验数据字中“1”或“0”的总个数的奇偶性是否符合预定情况，并以此判断数据正确性的校验方法被称为奇偶校验。

另外，对于交织码的应用也可以有效避免较大规模连续性误码的形成。在对交织码的使用过程中，系统可以采用交织格式来分散具有连续性排列的数据。通常来说，数据流首先以奇数排列，然后再以偶数排列，所以如果是一个 12 比特信号的话，第一次交织所形成的顺序为 1，3，5，7，9，11，2，4，6，8，10，12。然后这个顺序将再次被交织排列形成 1，5，9，3，7，11，2，6，10，4，8，12。这种交织排列方式的主要意义在于将信号脱落或其他数字错误有效地分散到更广泛的区域，以防止有连续的大规模猝发误码的产生，或者说是将一个连续误码转变成随机误码。在实际工作中，交织码的方式并不具备检查或纠正错误的能力，而只是起到分散错误的作用，使误码并不是发生在相邻的位置上。目前常用的交织码有里德-索罗门码，以及交叉-交织里德-索罗门码。这里应注意的是，所有的奇偶校验和循环冗余检测都应在交织码流程之前完成，在交织码流程之后串行比特流将被传送至录音调制电路。

7.3.8 录音调制

经过并-串转换和误码纠正处理的数据流是一种密度较高的数据流，因此需要录音调制步骤降低数据密度将其转换成一种适用于存储在媒体上的形式。因此录音调制的过程又被称为信道编码的过程，录音调制码又被称为信道码。常用的信道码包括以前用于固定磁头系统的 HDM-1（Sony's High-density modulation system）码、4/6 调制编码（4-to-6 modulation code）以及用于旋转磁头系统，比如说 DAT 的 8/10 组码（8/10 group code）和对于 CD 来说的 EFM 码（8-to-14 modulation code）。在进行信道编码后，录音信号被送到最终信号载体上。如果最终信号记录载体为光学或磁光学载体的话，编码数据将使用信息坑及非信息坑来表示。总结来说，信道码的主要功能在于：1. 通过降低比特字长来降低对于所传输数据流的带宽要求。2. 提高数据在最终载体上的存储密度。

7.4 数字–模拟信号转换

7.4.1 返送解调

返送解调代表系统使用波形重塑电路将二进制码恢复为一种正负脉冲变化的传输状态，也就是说经过返送解调处理的信号仍然是脉冲的形式而并非一个具有线性特性的模拟波形。对于在编码流程中所使用的信道码例如 HDM–1、EFM 以及 4/6M 码来说，解码就是将把这些码简单地恢复为非回零码（NRZ，Non–Return–to–Zero）。非回零码为简码的一种形式，因为其只是简单地将二进制码中 1 代表大振幅信号，0 代表小振幅信号。

7.4.2 信号检错和纠错

在比特流被成功解调后，必须经过检错和纠错处理，并且检错和纠错电路必须首先对信号数据进行解交织处理。在上述编码流程中，信号数据被进行交织处理以防止大规模连续的猝发误码发生，而在解交织过程中，原分散的数据按时间模式被重新收集，以便将误码分散在整个比特流中，便于纠错处理。

循环冗余码通常用来检查和比较数据块以发现在数据中的错误，一旦错误被发现，奇偶校验码则进入状态，负责纠正错误。在数字信号解码系统中，如果有误码被检测系统查出，但无法被纠正系统进行纠正时，在理想状态下，解码器首先的反应是从前同步码中的地址信息部分找到冗余数据以便对误码进行替换。如果该纠错方式不可行的话，系统将采取线性插入法进行纠错。也就是说，如果一个数据流是按顺序被依次处理，例如从 1 到 10，而其中的数据 8 处于丢失状态的话，对于解码器来说非常容易判断所丢失的数据，并通过将丢失数据的前后值相加除以 2 得出所丢失数据的数值，例如对于上述情况来说，可以通过（7+9）/2 得出数据 8 丢失。尽管这种纠错方式可以在系统缺乏奇偶校验比特的情况下执行纠错功能，但所丢失的数据从逻辑上必须排在两个已知数据之间。当上述两种情况都无法纠错成功的话，系统将对前面的数据值进行重复，或将维持目前的数据值。这种纠错方式被称为横向插入或数据值纠错方式。在上述三种纠错方式均无法起到一定作用的情况下，解码器将对误码进行哑音处理，即将所有误码字节变换为 0。由于人耳通常无法觉察 20 微秒～30 微秒之间的信号间隔，所以这种连续错误或是哑音的时间长度必须达到一定数量才能被人耳所觉察。一般对于 48kHz 采样频率信号来说，必须有 1000 个连续哑音信号，人耳才能听出在音乐之间空隙的存在。

7.4.3 解复用技术

在信号数据被进行解交织以及纠错处理后，串行数据流被输入至拥有并行信号输出的移位寄存器，移位寄存器将根据时钟控制对信息逐次传送并进行暂时存储。因此，移位寄存器将对所有的数据比特进行维持处理直到所有的数据传输完毕后再进行统一的并行输出。从移位寄存器平行输出的字节将被传送到数模转换器，以便进行下一步处理。

7.4.4 数模转换

在解复用技术之后，信号将以并行的方式进入解码器，在这里，数字信号将转换回模拟形式，并以模拟电压值来表示。目前通常有两种解码器类型来对信号进行数模转换，即权阻网络或被称为加权电阻数字-模拟转换器以及 R-2R 梯形数字模拟转换器。权阻数模转换器包括有和每个输入比特相对应的通断模拟开关，以及与每一比特值相应的一系列阻值倍增的电阻器。参考基准电压作用于每个电阻器，当二进制数值为 1 时开关闭合，电流通过，当数值为 0 时开关断开，电流切断。通过的电流经过运算放大器，转换为电压输出。电阻器的阻值越大，所通过的电流就越少。电阻的阻值必须仔细设定，以便在量化中的最高有效位（MSB）可以通过具有最小阻值的电阻，最小有效位（LSB）则通过最大阻值的电阻。例如对于一个 8 比特权阻数模转换器来说，用于最小有效位的阻值应为第一个电阻器阻值的 256 倍。该类数模转换器很少在实际工作中得到运用，因为对于生产部门来说，很难取得如此高精度的电阻阻值。例如上述 8 比特系统中，最大阻值和最小阻值的比为256：1。而对于一个 16 比特系统来说，其比值应为 25556：1，换句话说，如果最小电阻为 1k 欧姆的话，最大电阻应为 65M 欧姆，最小电流为 30nA 的话，最大则为 2mA。

R-2R 梯形数字模拟转换器同样包含有电阻器和若干开关。然而和上述转换器不同的是，相对于每个输入比特来说有两个电阻，同时每个开关负责将被加权的信号传输到系统输出部分。电流在阻梯的节点上被一分为二，于是由参考电压端输出的电流 I，将以 $I/2R$ 的形式流经第一个开关，$I/4R$ 的形式流经第二个开并，$I/8R$ 的形式流经第三个开关……数字输入比特被用于控制梯形开关产生模拟信号输出，R-$2R$ 解码器由于只需要两个电阻值就可以完成数模转换工作，因此方便生产。

7.4.5 采样及维持电路

采样及维持电路主要负责将数模转换器的输出脉冲信号恢复为模拟波形。由于数模转换器的输出是以脉冲的形式表达在采样点上信号的振幅，所以在理想状态下，该系列脉冲，在时间范畴上应和原信号的采样频率保持一致。但实际上，在脉冲之间总会有一些间隔产生，这种现象被称为孔径效应，并且孔径的大小和系统的频响成正比关系。其中，孔径如果在采样及维持电路中以完整的维持状态存在，即孔径在时间范畴内被维持直到下一个采样点开始，将导致高频衰减 4dB，而如果脉冲的维持时间过短将导致系统信噪比的下降。于是孔径的维持长度必须在平直的频响曲线以及信噪比表现之间进行取舍。目前来看，最大维持时间通常被设定为系统采样周期的 1/4，即在保证信噪比不受影响的情况下，在 20kHz 处的高频损失少于 1/3dB。

7.4.6 波形重建滤波器

波形重建滤波器又被称为低通滤波器，是将所存储的数字信号转为原模拟信号的最后一步。由于上述采样及维持电路输出的波形其实是一种具有大量奇数谐波的方形波，因此需要低通滤波器消除这些高频谐波成分，从而得到一个平滑的、线性模拟信号。

7.4.7 输出放大器

模数转换终端的输出放大器可根据转换器所连接的设备类型，将输出信号放大到-10dBV 或+4dBu 标准值。

7.5 数字信号存储系统

7.5.1 时间码

在数字音频系统中，时间码信息的缺乏将造成信号寻址及同步的困难。1969 年，电影电视专家协会（SMPTE，Society of Motion Picture and Television Engineers）开发了具有高度精确性的标准时间码，同时该时间码被欧洲广播联盟（EBU，Europen Broadcasting Union）所采纳，成为国际标准时间码，因此该时间码也被称为 SMPTE/EBU 时间码，并成为在今天所有音视频编辑及同步系统的基础。

SMPTE 时间码具有可再生和永久性等特点，并将数据的地址信息以小时，分钟，秒，帧的形式进行存储，如图 7-7（a）所示。这些信息以二进制脉冲码的形式存在，并随音视频信号一起被存储在音视频带上。SMPTE 时间码的主要优点在于：

1. 为录音节目提供精确的参考时间信息。
2. 在不同编辑系统之间具有最大的兼容性，有利于节目交流。

3. 不同的设备之间可利用时间吗实现同步。

时间码根据不同的存储方式被分为纵向时间码（LTC，Longitudinal Time Code）和帧消隐时间码（VITC，Vertical Interval Time Code），其中纵向时间码是将时间码存储在音视频信号载体上的一个相对独立的音轨上，而帧消隐时间码则将时间码存储在视频信号的帧消隐区域。每一秒钟长度的时间码在每秒 25 帧的 PAL 制视频系统中被分为 2000 个等同部分，即 2000÷25＝80，在每秒 30 帧的 NTSC 制视频系统中被分为 2400 个等同部分，即 2400÷30＝80，以便达到每帧共 80 比特的量化精度。

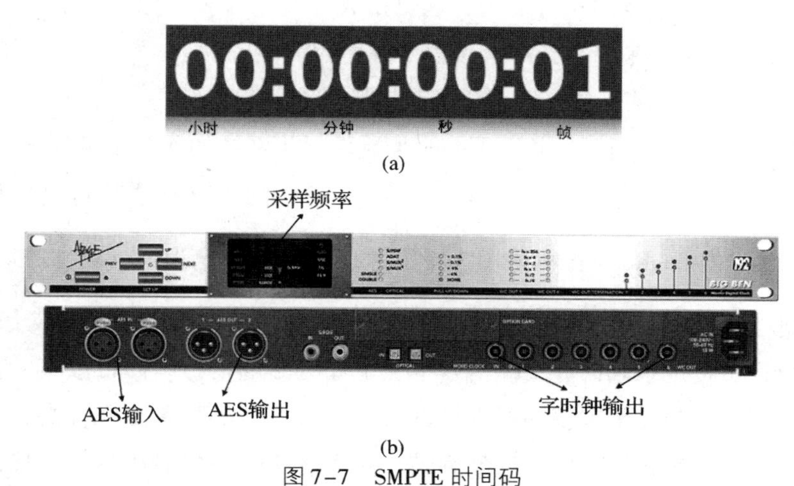

图 7-7　SMPTE 时间码

另外，时间码格式还可分为落帧时间码（Drop-frame time code）和非落帧时间码（non-drop-frame time code）。其中落帧的形成主要源于 NTSC 系统中存在的两种载波频率，即载波频率为 3.6MHz 的 NTSC 黑白视频格式，和载波频率为 3.58MHz 的 NTSC 彩色视频格式，并各自形成每秒 30 帧和每秒 29.97 帧格式，这两种帧率的差异导致二者每小时有 108 帧即 3.6 秒的差别，也就是说，以 29.97 帧格式记录的信号将晚于 30 帧格式信号 3.6 秒到达 1 小时的时间长度。为了对此进行补偿，落帧时间码每小时将舍去其中每分钟内的前两帧 00 和 01，而保持每十分钟处不变，例如第十分钟，二十分钟，三十分钟等，于是表现为从 09：18：59：29，直接到 09：19：00：02，而并非是在非落帧格式中所显示的 09：19：00：00。落帧的帧率和非落帧的帧率的区别只存在于 NTSC 视频格式中，而对于 PAL 视频格式来说，只有一种每秒 25 帧的帧率格式。

在录音室内，通常使用时间码收集器将调音台、工作站音频接口以及其他周边设备连接以取得同步。图 7-7（b）就是这样的设备，时间码或同步信号通常通过 75 欧姆 BNC 线缆进行连接。

7.5.2 数字信号带存储系统

音频信号存储媒体的选择在很大一部分取决于信号带宽，即数字信号每秒中所传输的比特率。对于一个双声道立体声节目来说，如果采样频率为48kHz，量化16比特，另加上纠错的CRC码、前置放大码，及奇偶校验码共20比特的数字音频信号的话，每秒钟所应存储的数据总量为48000（采样）×20（数据的比特值）×2（声道）= 1920000比特/秒，代表数据传输率为1.92MHz。早期数字音频系统要求录音机具有至少2MHz带宽的录音能力，这也是为什么今天多采用具有带宽为2MHz～4MHz的视频信号载体来录制数字音频信号的原因。

7.5.2.1 旋转磁头系统

旋转磁头系统主要用于视频工业。早期旋转磁头系统的代表设备为3/4英寸U-matic格式视频录像机，如图7-8（a）所示，一般用于在CD进行母盘处理之前的信号存储设备。U-matic录像机采用3/4英寸录像带，带速为$3\frac{3}{4}$英寸/秒，转速为每分钟1800转。如图7-8（b）所示，U-matic录像机的两个磁头在磁鼓上以180度角分开，分别负责记录和回放一帧信号中区1和区2的信号。磁带以某一角度环绕在旋转磁鼓表面，当磁带围绕着磁鼓运动时，磁带本身的位置也在提高，就如螺旋一样，所以称为螺旋扫描，由于磁鼓旋转，两个磁头交替接触磁带，扫描出一条条倾斜于磁带边缘一定角度的磁迹。早期使用视频带存储的数字音频信号所使用的采样频率和CD一样为44.1kHz。这里音频的采样频率必须和视频信号的区率相结合，即对于PAL制来说应为50区/25帧/秒格式，而对于NTSC制来说，由于二进制比特流是模仿黑白视频标准，所以采用60区/30帧/秒格式（NTSC彩色视频为29.97帧/秒）。因为帧消隐区域不能用于信号存储，所以对于625标准的PAL制来说应减去37条扫描线，即每帧为588条扫描线，每区为294条扫描线；525标准的NTSC来说应减去35条扫描线，即每帧为490条扫描线，每区为245条扫描线。对于NTSC来说，如果每条扫描线使用两个采样点的话，通过计算得出每一帧的采样频率为2×60×245 = 29.4kHz，奈奎斯特频率为14.7kHz，所以无法满足高质量音频信号的要求。但如果每条扫描线使用3个采样点进行采样的话，通过下面的计算就可以得出44.1kHz的采样频率，从而符合了一个标准CD质量数字信号的音质要求：

$$3\times60\times\frac{525-35}{2}=44.1\text{kHz}\quad（\text{NTSC 视频格式}）$$

$$3\times50\times\frac{625-37}{2}=44.1\text{kHz}\quad（\text{PAL 视频格式}）$$

另外，日本电子工业协会（EIAJ，Electronics Industries Association of Japan）所

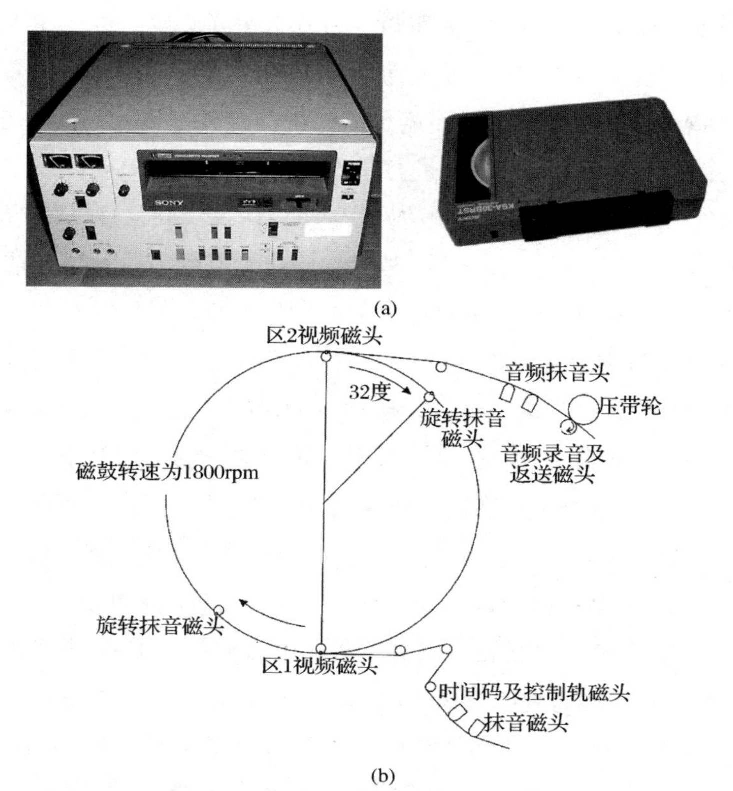

图 7-8　(a) U-matic 录像机及其 3/4 英寸录像带，(b) U-matic 带缠绕在磁鼓上的情况

开发的利用彩色视频信号承载音频信号的民用格式，由于其采用帧率为 29.97 而不是 30，所以经过计算得出其采样频率为 44.056kHz 而不是 44.1kHz，该标准目前已经很少使用。另外，在母带工作室中 U-Matic PCM-1630 也早已经被 CD-R，DLT（Digital Linear Tape）以及 8 毫米 Exabate 带所替代。

7.5.2.2　DAT

DAT 是英文 Digital Audio Tape 即数字录音带的缩写，其技术特性由日本电子工业协会 EIAJ 建立。DAT 使用旋转磁头技术，在 1981 年开始研制时，将市场目标定为民用市场，但由于其具有较高的稳定性和精确度而被广泛地使用在专业录音领域中。早期 DAT 包括固定磁头 DAT（S-DAT）和旋转磁头 DAT（R-DAT）。后来 S-DAT 被逐步淘汰，所以从 1986 年 DAT 协会宣布标准制定的完成到 1987 年 3 月推向市场以后开始，人们通常将 R 去掉只称之为 DAT 来代表旋转磁头 DAT。图 7-9 为 DAT 录音机和 DAT 带。

DAT 使用 1500 奥斯特矫顽力的金属涂层带，体积为 73 毫米×54 毫米×10.5 毫米，所使用的磁带宽度为 3.81 毫米，厚度为 13 微米，其中包括 3 微米厚的氧化涂层。相对于 U-matic 格式的 3/4 带的 60 分钟录音时间来说，DAT 在 60m 带长的情况下可以最多录制124分钟的节目，并可以通过降低采样频率，以及使用较薄的磁带等方法将录音时间提高到4个小时至6个小时。DAT采用全封闭结构来防止灰尘或其他脏物包括指纹落到磁带上，从而避免信号脱落等数字错误。DAT录音机和U-matic格式一样采用螺旋扫描的方式进行录音，但不同的是DAT采用90度的包绕角，如图7-10（a）所示，也就是说，磁带与磁鼓的接触面为磁鼓圆周的1/4，大约为23.56毫米，所以接触面积较少，故而在磁带紧贴磁鼓进行快进或倒带时除了减少磁带磨损之外，还可以识别节目序号和时间码信息。另外，在磁鼓和磁带之间90度的包绕角还意味着录音或返送信号每隔90度被记录一次，或者说相对于磁鼓旋转一周为180度的设计来说，设备只有50%的时间在记录信号，所以在这里需要缓冲存储器对信号进行处理，将连续的数据流转为非连续的信号录音格式。对于转速为2000转/分钟的30毫米直径磁鼓来说，通过将记录时间压缩到原时间的1/3的方式可将原传输数率2.46Mb/秒提升3倍到7.5Mb/秒，形成非连续信号录音，然后在重放时将7.5Mb/秒数率信号送入缓冲存储器，并经过时间扩张还原为原30毫秒内的连续信号。除了30毫米的磁鼓直径之外，还有便携式DAT录音机的包绕角为180度的15毫米直径磁鼓，以及包绕角为45度的专业60毫米直径磁鼓，但由于所产生的磁迹的长度相同，所以彼此兼容。DAT的走带速度为8.15毫米/秒，配合2000转/分钟的磁鼓转速使得DAT录音机写的速度为3.13米/秒或123英寸/秒。

和U-matic格式不同，录在DAT磁带上的磁迹之间并没有防护带，从而像串音这种问题都采用方位角录音（Azimuth Recording）的形式来避免。如图7-10（b）所示，在DAT带上，磁迹相对于磁带来说有因为使用螺旋扫描方式而形成的±20度倾斜角，其中第一个磁迹为正方位角，而接下来的一个为负方位角，并按照这种情况分布在整个带长。这种正负方位角关系的意义在于当一个磁头在读取磁迹A信号时，由于相位差而对于磁迹B上的信号进行大量的衰减，从而降低了磁迹之间的串音或是对讲效应的产生，同时也可以有效提高信号存储密度。因此，方位角度越大，所产生的串音就越少，但在增加方位角度的同时也降低了DAT写的速度，因为在DAT上写的速度等于带速乘以余弦方位角度。在DAT带上，每条倾斜角度为6.5度的磁迹，其宽度为13.591微米，长度为23.501毫米，但只有部分长度承载音频信号数据，这段长度被称为主码区段。除了主码区之外，每个螺旋扫描磁迹还被分为包括DAT子码和ATF（自动寻迹）等共16个区域、196个字块，从而形成DAT磁迹格式。在DAT磁迹格式中，音频信号占据128个字块，被存储在磁迹的中间，而负责记录节目的顺序编号、地址以及起始识别等信息的子码数据为了增加其稳定性而被以离散的形式分别写入两个区域，平均每个区域各占8个字块，共有16个字块。同时也正因为子码区域相对于主码和ATF区域来说可以进行独立写入和编辑，所以在实际工作中录音师可以对录音节目的顺序或起止时间 ID 等进行独立编辑。

图 7-9 DAT 录音机和 DAT 磁带

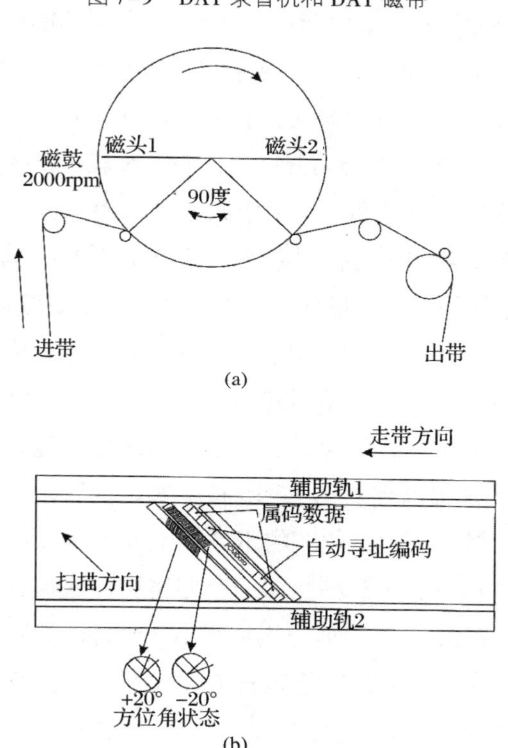

图 7-10 （a）DAT 磁鼓上的磁带缠绕情况，（b）DAT 磁迹排列情况

DAT 采用双重里德·索罗门码进行检错和纠错，并可以使用 48kHz、44.1kHz 和 32kHz 三种采样频率，16 比特量化，对信号进行录制和返送。如果输入信号为 44.056kHz 采样频率的话，DAT 将自动选择 44.1kHz 采样频率进行校正，但输入信号音调将提高 0.1%。有些 DAT 具备长时间（LP）录制模式，即可以在标准可记录 120 分钟音频节目的 DAT 上实现 4 小时的录音时间，但必须将采样频率降到 32kHz，量化降为 12 比特。

7.5.3 多轨旋转磁头系统

多轨旋转磁头录音系统主要存在有两种格式，其中一个是以 VHS 录像带为载体的记录格式，另一个是以 8 毫米录像带为载体的记录格式。但两个系统均使用各自领域中较高的视频载波频率的模式，即通过提高视频信号的亮度频率来提高信号的解晰度。比如对于 VHS 系统来说，有 S-VHS，而在 8 毫米视频格式系统中有 Hi—8 带格式，被用来改善录音信号的频响和信噪比。当这两种系统被用在数字多轨录音机上时，通常被统称为数字带录音系统，表示为 DTRS-Digital Tape Recording Systems，或模块数字多轨录音机，即 MDM，Modular Digital Multitrack Machines。在实际工作中，较高的存储信息能力是使用这种高带宽录音系统的主要原因。比如相对于带宽为 4.2MHz ~ 5.4MHz 之间的标准 8 毫米系统来说，Hi—8 格式的带宽范围在 5.7MHz ~ 7.7MHz 之间，从而提高了数字录音的密度。而相对于载波频段范围在 3.4MHz ~ 4.4MHz 之间的标准 VHS 系统来说，S-VHS 的载波频段范围在 5.4MHz ~ 7.0MHz 之间。

主要由 Tascam 和 SONY 两个公司开发、以 Hi—8 视频格式为基础的旋转磁头数字多轨系统，共有八个数字声道和一个用于同步和时间码数据的子码通道，螺旋扫描采用两个读取信号磁头和两个写信号磁头。整个系统支持 44.1kHz 和 48kHz 两种采样频率并使用 16 比特线性 PCM 量化。由于这种多轨系统所写入的数据和原标准 8 毫米 或 Hi—8 格式并不匹配，所以在录音前应先对磁带进行格式化，并且已经用于视频信号的磁带不能再对数字音频信号进行录音。Hi—8 系统使用直径为 40 毫米，转速为 2000 转/分钟的磁鼓。在早期开发时系统的线性带速为 14.3 毫米/秒，后来 Tascam 和 SONY 已将带速提高到 15.9 毫米/秒，所以尽管录音时间有所减少，但频响质量有所提高。所以综合上述，较宽的带宽加上较大速度的稳定性，有利于获取到波长较短的信号，从而有利于提高数据的存储密度，这也是为什么 Hi—8 这种八轨录音设备在使用 P6-120 NTSC 带时可以取得 108 分钟的录音时间。Tascam 系统的录音信号磁迹长度约为 63 毫米，磁迹倾角为 4°54′13.2″，磁迹宽度是 20.5 微米，可以录制的最短波长为 0.67 微米。图 7-11 为多轨旋转磁头录音机及其遥控器。

图 7-11　DTRS 及其遥控器

Hi—8 磁带为高矫顽力（1450 奥斯特）的金属涂层带，具有较高的信号输出。DTRS 录音机可以实现 20 比特或 24 比特的录音。其中很大的优点就是可以采用若干机器相连，比如在以一台机器 8 个声道来说可以采用 3 个或 4 个多轨机相连从而形成24声道或32声道的录音能力。一般来说，DTRS通常可以使用15针D-sub格式接头来实现最多16台录音机同步使用共128轨的录音能力。

另外一种较受欢迎的旋转磁头多轨录音系统是以S-VHS传动模式为基础开发的ADAT（Alesis Digital Audio Tape）系统，图7-12为ADAT多轨录音机及其遥控器。ADAT格式由Alesis公司开发，使用1/2英寸宽，带速为$3\frac{3}{4}$ips的S-VHS带。单台ADAT录音机可以录制共8个声道的数字音频信号。格式化步骤，或者说录制时间码的步骤可以在进行录音之前进行，也可以在录音时和音频信号一同写入磁带来完成。ADAT可以通过9针同步电缆完成最多16台机器连接，共128轨的多声道录音能力。ADAT格式化后，在120分钟的S-VHS带上可录制40分钟采样频率为48kHz，16比特量化的数字信号。而160分钟的录像带经过格式化后的录音时间为53分钟，并且采样频率可以在40.0kHz到50.8kHz之间变化。ADAT上的模拟输入和输出分别采用平衡格式的+4dBu和非平衡格式的-10dBV两种接口，并且每个录音机上都有ADI（Alesis Digital Interface）接口，通过1根最长5米的光缆对八个声道的信号进行传输。在ADAT上，磁带和磁鼓接触角度为180度，磁鼓直径为62毫米，转速为3000转/分钟从而形成设备写信号的速度为9739毫米/秒。ADAT标准录音磁迹宽度为100微米，信号读取磁头的宽度为30微米，录音磁迹长度为96.437毫米，倾角为5°59′39.2″，可录制信号的最短波长为0.699微米。ADAT使用8/10信道编码系统，并使用64倍超量采样技术完成模拟数字转换。ADAT使用里德-所罗门码进行纠错。

一般来说一个旋转磁头的使用寿命为2000小时，并且当磁头需要清洗时，ADAT的错误指示灯呈闪烁状态。一般来说ADAT应使用专用清洗带对磁头进行清洗，并且如果使用棉签或沿错误的方向对磁头进行清洗时，将会对磁头造成一定程度的损伤。

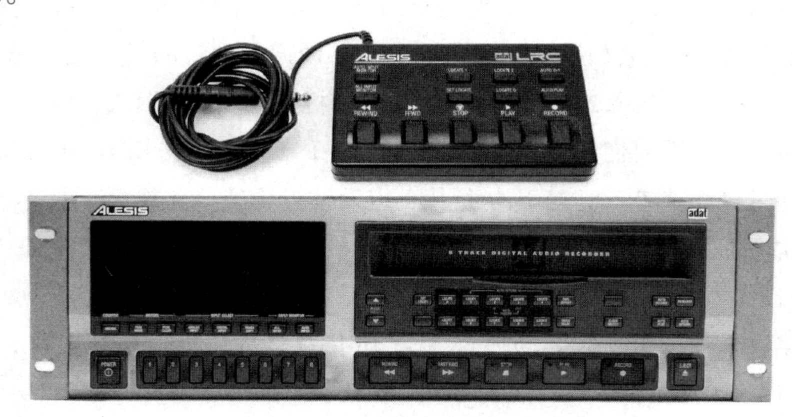

图7-12 ADAT多轨录音机及其遥控器

7.5.4 固定磁头录音系统

固定磁头系统主要分为 DASH 和 PD 两种格式。图 7-13 为 DASH 格式的多轨录音机。DASH 为英文 Digital Audio Stationary Head 即数字音频固定磁头的缩写。DASH 格式标准覆盖了从 2 声道 1/4 英寸磁带，到 48 声道 1/2 英寸磁带录音机多种格式，其中 24 声道录音机所写的 24 个平行数据磁迹以正常的数据密度形成 DASH I 格式，而 48 声道录音机则以两倍的密度对数据进行存储形成 DASH II 格式。在 48 声道录音机上，第二组 24 声道和第一组 24 声道形成交错排列以满足下行兼容的能力要求，换句话说一个 24 声道 DASH 格式的录音带可以用于任何支持 DASH 格式生产厂家所生产的 24 和 48 声道的录音机上，同时一个 48 轨信号的第一组 24 轨信号可以在 24 声道 DASH 录音机上进行回放，而 48 轨信号可以在所有的 48 声道 DASH 录音机上进行回放，从而形成在不同录音室之间进行最大限度的节目交流。对于 48 声道录音机来说，虽然对于录音磁迹的磁缝隙间距从正常 24 声道录音机的 0.44 毫米缩小到 0.22 毫米，但两种格式的磁迹宽度均为 0.17 毫米。在 DASH 格式的开盘带上，除了有 24 个或 48 个音频轨之外，还有另外 4 个辅助轨，包括分配在磁带中央部分的一个 SMPTE 时间码轨和一个控制轨，以及各自分布在磁带两端的两个提示轨，从而形成共 28 轨或 52 轨的磁迹显示。

DASH 格式可以根据带速的不同分为 F（快速）、M（中速）、S（慢速）三种不同返送模式，并且这三个模式各自在不同的采样频率下表现为不同的走带速度，其中对于 48kHz 采样频率来说，F、M、S 的带速分别为 76.20 厘米/秒（30 英寸/秒），38.10 厘米/秒（15 英寸/秒）和 19.05 厘米/秒（7.5 英寸/秒），而对于 44.1kHz 采样频率来说，三种带速分别为 70.01（27.56 英寸/秒），35.00 厘米/秒（13.78 英寸/秒）以及 17.50 厘米/秒（6.89 英寸/秒），并且如果采样频率设置在 48kHz 的话，使用 9000 英寸带长，14 英寸直径金属开盘可以有 60 分钟的录音时间。对于 DASH 格式来说，不同音轨数量的磁带和具有不同声道数量的录音机相配合时，应使用不同的带速。比如说 24 轨带和 24 声道录音机配合使用 F 模式，而 48 轨带和 24 声道录音机配合则需要使用 M 模式。标准 DASH 音频信号采用 16 比特量化信号，并且可以通过提高带速实现 24 比特量化，以及通过比特分离技术，即 24 轨带用于 48 声道录音机的方式实现 96kHz 的采样频率。

PD 格式作为另外一种开盘固定磁头数字录音系统，尽管和 DASH 系统不兼容，但录音数据可以在两个系统之间通过 AES/EBU 数字接口进行相互传输。DASH 和 PD 两种格式的区别在于可录制信号的声道数量不同，相对于 DASH 的 24/48 声道系统来说，PD 采用 16/32 声道格式，并且绝大多数的 PD 录音机都使用最大 32 声道系

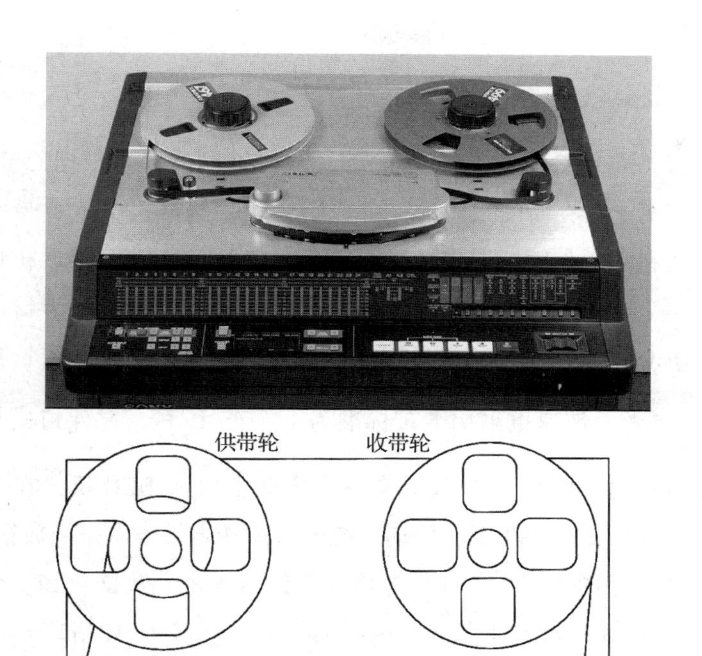

图 7-13　DASH 格式的代表设备 SONY3324 多轨录音机

统进行录音和返送。和 DASH 系统类似，PD 除了 32 轨数字音频信号声道之外，还包括 2 个辅助提示轨，2 个数字辅助轨和 1 个用于自动寻址功能和同步功能的 SMPTE 时间码轨。除此之外还有 8 个数据轨，所以在 1 英寸宽的磁带上共排列有 45 轨。在 PD 系统上每个数字轨宽度为 0. 29 毫米，磁头缝隙间距 0. 27 毫米。与 DASH 格式中的音轨按顺序在磁带上呈垂直排列不同，PD 格式音轨排列为交错形式，所以不存在有两个连续的音轨号码相邻排列，但与 DASH 格式相同的是，辅助轨被排列在磁带的边缘，并作为保护带以免音频信号轨受到任何形式的损伤。

PD 使用 1 英寸宽磁带，带速为 30 英寸/秒，并在使用 14 英寸直径开盘时可以实现 60 分钟的录音时间。对于录音系统来说，PD 格式的音频信号使用 16 比特量化，支持 44. 1kHz 和 48kHz 两种采样频率。但和 DASH 不同的是，PD 格式录音机的带速不受采样频率变化的影响，所以在 PD 格式上如果使用较低的采样频率的话，将造成在一定长度的磁带上存储数据的较少，并导致输入频率波长的变化。

7.5.5 DCC

DCC 是英文 Digital Compact Cassette 缩写，由菲利普公司根据原 S-DAT 的设计所开发，是在市场上存在时间很短的一种数字音频存储格式。DCC 带的主要优点之一在于它的尺寸和标准与模拟卡带的尺寸完全一样，所以 DCC 播放机可以通过在传动系统上增加一个模拟返送磁头来播放模拟卡带，同时也可以将节目信号以数字格式进行记录。DCC 磁带本身为一种具有高矫顽力的金属涂层带，磁带宽度和普通卡带一样为 3.78 厘米，带速也采用卡带标准为 $1\frac{7}{8}$英寸/秒，并保持模拟卡带的双面播放的功能，但不同的是 DCC 带只能在一个方向上放入 DCC 机，在一面播放结束后，信号返送磁头将旋转 180 度，传动系统同时掉转走带方向来播放第二面的信号。DCC 带被分为两个相同的部分，其中每个部分包括有 8 个数据轨和一个子码轨，形成 DCC 带在每个走带方向上共有 9 个声道的模式。尽管 DCC 格式开发了非常小的录音磁头和返送磁头间距，但由于 DCC 带矫顽力以及带速等物力特性的限制，仍无法存储 44.1kHz，16 比特的数字信号。为了弥补这一缺点，DCC 采用 PASC（Precision Adaptive Sub-band Coding）即精确自适应子段编码模式，通过 4∶1 的压缩比来降低需要录入的数据量。PASC 编码使用所谓的人耳“知觉模式”来决定在数据被存储之前应该去除的冗余信息，比如说那些人耳听不见的声音或是被响度较大信号所掩蔽的声音。一般来说，经过 PASC 编码处理的 DCC 信号比较理想，除非和原始信号做直接的 AB 听音比较，否则其中的差别应该不容易被觉察。在实际工作中，通常在数据进行压缩处理后存在的最大问题是发生在信号传输或被拷贝到另一种系统中时音质的降低，比如从 DCC 到 MD 中，DCC 信号经过解码，传输一个模拟信号给 MD 录音机后，还要再经过一次 MD 的数据压缩格式后才能进行存储，从而造成录音节目音质下降。

图 7-14　DCC 带

7.5.6 光盘存储系统

7.5.6.1 CD 和 CDR

1982 年由 Sony 和 Philips 两个公司共同开发的 12 厘米直径 CD 进入民用市场。1988 年，CD 产品的销量在世界范围内第一次超过了当时盛行的 LP。尽管目前还有很多人认为 LP 的音质优于 CD，但从若干专业技术指标，例如信噪比和录音节目的动态范围来说，CD 替代 LP 是不可避免的。LP 是在 1948 年由美国 Columbia Records 公司开发的，第一张立体声 LP 出现在 1954 年。LP 音频信号的频率范围为 30Hz ~ 18kHz，信噪比为 60dB，立体声 LP 的声道隔绝度为 28dB，谐波失真率为 2%。而对于可存储 44.1kHz 采样，16 比特量化的数字音频信号的 CD 来说，其音频信号的频率范围为 10Hz ~ 20kHz，信噪比大于 97dB，声道隔绝度大于 90dB，谐波失真率小于 0.01%。

CD 代表英文 Compact Disc 的缩写，被定义为只读，两声道数字音频光学存储媒体。从它的物理结构上说，如图 7-15 所示，CD 直径为 120 毫米，中间圆孔直径为 15 毫米，厚度为 1.2 毫米，数据存储区域的宽度 35.5 毫米。导入区（Lead-in）在 CD 盘内侧，导出区（Lead-out）在外侧，所以在 CD 上的音频信号是从里向外读取的，因此 CD 的尺寸是可以根据节目时间的长度而改变的。在 CD 上，代表音频信号的二进制编码以信息坑的形式存在的，每个信息坑宽度为 0.5 微米，长度为 0.833 微米 ~ 3.054 微米，螺旋纹迹间距为 1.6 微米，如图 7-16 所示。一片 CD 是由多个结构层组成，如图 7-17 所示，包括聚碳酸酯层、酸铝层、丙烯层以及标签层。其中底层为聚碳酸酯层，是衬盘；酸铝层包含有信号数据以及反射层；丙烯层为保护层；在丙烯层上面为标签层或者说是印刷层。

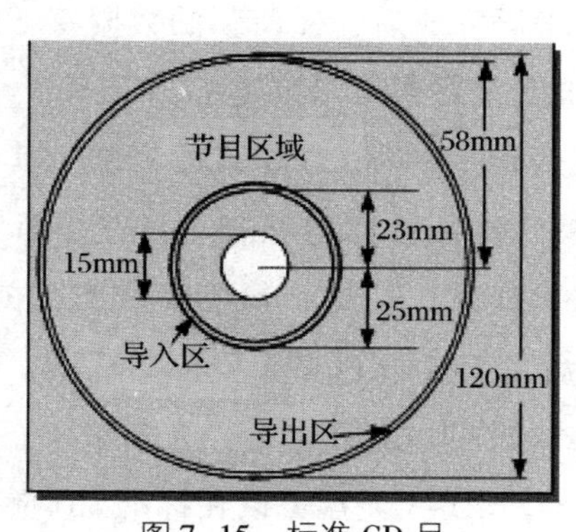

图 7-15 标准 CD 尺

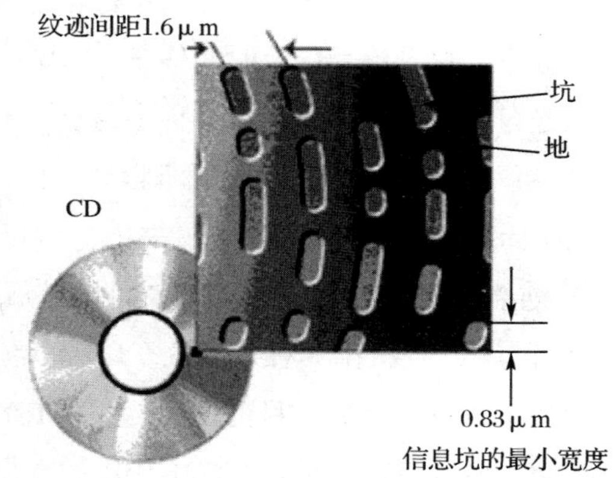

图 7-16 CD 信息坑尺寸

CD 机在读取 CD 上的数据时，激光器发出波长为 0.78 纳米、功率为 2 毫瓦 ~ 3 毫瓦的红外偏振激光，经过透镜而形成激光束，从 CD 光盘的透明基底下方射到盘

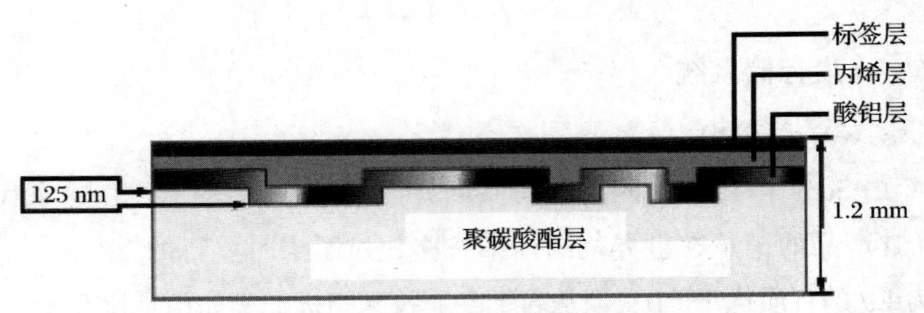

图 7-17　CD 各层结构名称

面后，呈现的两种状态如图 7-18 所示：1. 反射回激光器，2. 成发散状态。其中任何处于信息坑边缘，其反射呈发散状态的激光束在二进制编码中用 1 表示，代表由于破坏性干涉导致输出为 0。其他状态用 0 表示，代表由于没有信号干涉，从而形成较强的信号输出。

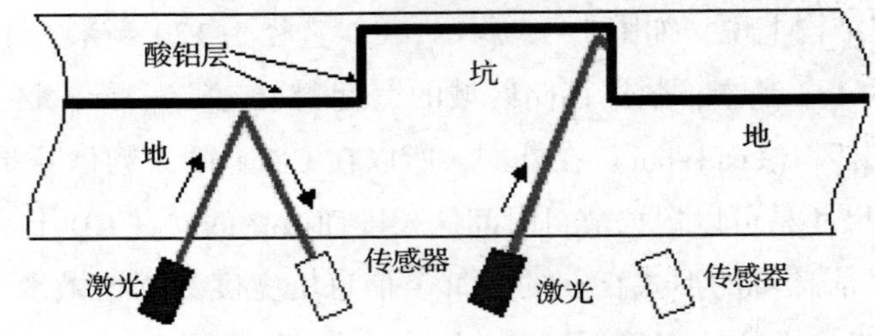

图 7-18　CD 激光的两种反射状态

在 CD 上除了有代表音频信号的数据区域外，还包括有导入区和导出区。其中在导入区的目录文件，即 TOC（Table Of Contents）在音频信息写完后被写入导入区，以便 CD 机可识别每个节目的开始和结束的地址。TOC 的内容包括有子码、拷贝保护数据、目录编号以及时间信息。TOC 一旦编码完成后，任何新的数据将不能被写入光盘中。这个过程通常被称为封盘在 CD 光盘上最多可以设置 99 个音轨。

Philips 公司以颜色为代码，即彩虹书的形式规定了各种 CD 格式的标准。其中音频 CD 标准被写在 Philips 红皮书内，所以音频 CD 又被称为 Philips 红皮书标准 CD。目前播放时间为 74 分钟的 CD 可以扩展到 82 分钟，但大于 74 分钟格式的 CD 不会和所有的 CD 机都具有兼容性。CD-R 在封盘之前属于 Philips 橙皮书标准，在封盘后属于红皮书标准。目前另外的一种 CD 模式被称为 CD-3，直径为 8 厘米，可以播放 20 分钟的音乐节目，或 210MB 的数据内容。CD-3 光盘可以在标准 CD 播放机上进行播放。

CD-R，即 Compact Disc Recordable 属于 WORM（Write Once Read Many-单写多读）系统，代表数据一旦开始写入便不能进行涂抹及写入新的数据。CD-R 空白光盘采用纹距为1.6微米的预先开槽模式用来引导波长为780纳米、功率为4毫瓦～8毫瓦的红外线激光束将数据写入盘内。其记录层通常由有机染料构成，激光射到记录层后，由于记录层有机染料色素被加热到250度而发生化学分解，所以光束反射特性发生改变，即反射系数降低25%～75%。信号回放时，标准CD播放机可以以信息坑和非信息坑的形式来读取这种反射的变化，并送入解码流程读出音频信号。CD-R光盘只有在做封盘处理，即写入永久性的TOC信息和子码处理之后才能在其他CD机上进行播放。

CD-R可以在TAO（Track-at-Once）即一次成轨和DAO（Disc-at-Once）即一次成盘两种模式下对信号进行刻录。根据红皮书标准，在TAO模式下，每轨录音节目进行单独刻录，激光束在每轨节目之间呈关闭状态，并且TOC信息是在所有其他数据写完后再写入，这种模式被规定为橙皮书标准。在实际工作中，音频信号通常使用DAO模式写入。在DAO，即一次成盘模式下，激光束在CD每个音轨之间保持开启状态，只有在整盘CD节目刻录完成之后才关闭，以便激光功率保持较高的稳定性，并且数字信号的错误率也较低。CD-R写入音频数据的速度为每秒75个扇区，每个扇区有2352个字节，所以一个CD-R74分钟的录音时间来说，其所能记录的字节数量为74（分钟）×60（秒）×2352（每个扇区字节）×75（每秒共写75个扇区）=783216000个字节，因为1MB=1048576个字节，所以74分钟的音频信号代表字节数量为746.93MB。

目前市面上的CD-R空白光盘主要有绿盘、金盘和蓝盘三种类型。它们主要是因为使用了三种不同颜色的有机染料，从而呈现出不同的颜色。但在实际工作中其功能其实是一样的，其中绿盘是最早开发生产出的CD-R光盘，采用了日本太阳邮电公司发明的花青染料。CD-R标准是基于该花青染料以及与之相应的信号灵敏度、信号阈值和反射率等特性制定出的，但由于花青染料在强光下很容易发生物理及化学变化而使光盘报废，所以日本三井公司又开发出了酞花青染料。酞花青染料本身呈淡黄色，并且使光盘的记录面呈黄金色，因此这种光盘又被称为金盘。酞花青染料具有较高的稳定性，对室内外强光有较低的敏感度，但同时对刻录机的写入激光功率要求较高。对于酞花青染料来说，通常推荐的写入激光功率为6.5（±0.5）毫瓦，而绿盘的花青染料只有5.5（±1）毫瓦。为了降低CD-R绿盘和金盘的成本，三菱化学公司开发出了一种金属化的偶氮有机染料，并使用成本较低的银做反射层材料。偶氮染料本身为深蓝色，因此与反射层的银白色混合后，使CD-R光盘的记录面呈蓝色，所以又被称为蓝盘。

7.5.6.2 SACD

SACD是Super Audio CD的英文缩写，由索尼和菲利普公司联合开发，于1999

年问世。其开发目的在于为 CD 格式提供一种升级版本。表 7-2 列出了 SACD 和菲利普红皮书标准 CD 的若干参数比较。

表 7-2

	CD	SACD
音频信号格式	16 比特 PCM	1 比特 DSD
采样频率	44.1kHz	2.8224MHz
动态范围	90dB（实际动态范围） 96dB（理论动态范围）	105dB（实际动态范围） 120dB（理论动态范围）
频率范围	20Hz ~ 20kHz	20Hz ~ 50kHz（实际频率范围） 2Hz ~ 100kHz（理论频率范围）
存储能力	700MB	4.7GB
双声道立体声播放	可以	可以
环绕声播放	不可以	可以

目前共有三种 SACD 光盘，即混合盘、单层盘以及双层盘。所谓混合盘，如图 7-19 所示，代表光盘包含两层信号，即存储量为 4.7GB 的 DSD 层和 CD 层。DSD 层又被称为高密度层；CD 层又被称为 PCM 层，只用来存储 16 比特，44.1kHz 数字音频信号。DSD 层信号一定要通过 SACD 解码器才可以进行播放，而 PCM 层则和普通的 CD 播放机相兼容。也就是说，混合盘如果在普通 CD 机上播放的话，只能播放 PCM 层信号，而非 DSD 层信号。目前在市场上的 SACD 绝大多数为混合盘。对于单层盘来说，只有一个容量为 4.7GB 的 DSD 层，所以信号无法在普通的 CD 机器上进行播放。而双层盘代表 SACD 光盘共有两层 DSD 层，共 8.5GB 的存储能力，因为在双层盘上没有 PCM 层，所以双层 SACD 盘的信号也无法在普通 CD 机上进行播放。

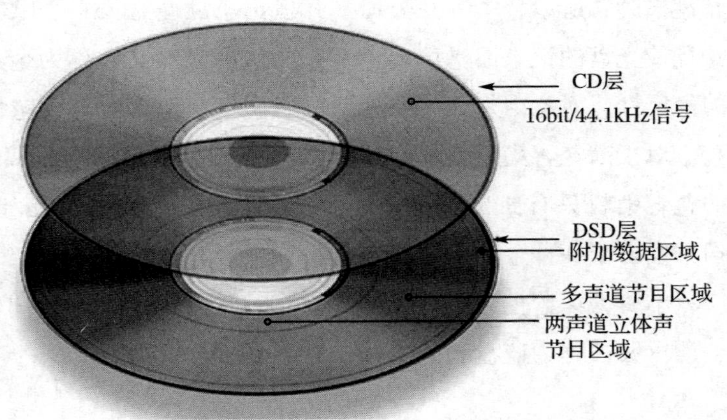

图 7-19　SACD 结构示意图

7.5.6.3 DVD

DVD 是英文 Digital Versatile Disk，即数字万能盘的缩写。DVD 格式的载体包括 DVD-V、DVD-A、DVD-ROM、DVD-R、DVD-RAM。尽管 DVD 从外形尺寸上看和 CD 一样，但 DVD 最多可以达到双面双层共 17GB 的存储能力。根据不同的存储能力，DVD 被划分为 DVD-5、DVD-9、DVD-10 和 DVD-18，其主要区别如表 7-3 所示：

表 7-3

格式	面	层	存储能力	格式	面	层	存储能力
DVD-5	1	1	4.7GB	DVD-10	2	1	9.4GB
DVD-9	1	2	8.5GB	DVD-18	2	2	17GB

DVD 之所以能够存储更多的数据，是因为具有更小的信息坑及更紧密的纹迹间距。相对于 CD 上信息坑的最小长度为 0.83 微米，纹迹间距为 1.6 微米来说，DVD 的最小信息坑长度为 0.4 微米，纹迹间距为 0.74 微米，如图 7-20 所示。这也是为什么在 DVD 上轻微的划痕所造成的信号脱落要比 CD 大的原因。DVD 所采用的 EFM 信道编码格式被称为 EFM+，并采用里德-索罗门产品码（Reed-Solomon Product Code）对数据进行纠错。DVD 在双层设计的模式下，在由里向外读完上面的一层后，激光束需要从新聚焦再由外向里读下面的一层信号，其间 DVD 机将使用缓冲记忆功能来防止在层与层交换过程中产生数据间断。DVD 使用波长为 650 纳米的红色激光对存储在光盘上的信息进行读取。

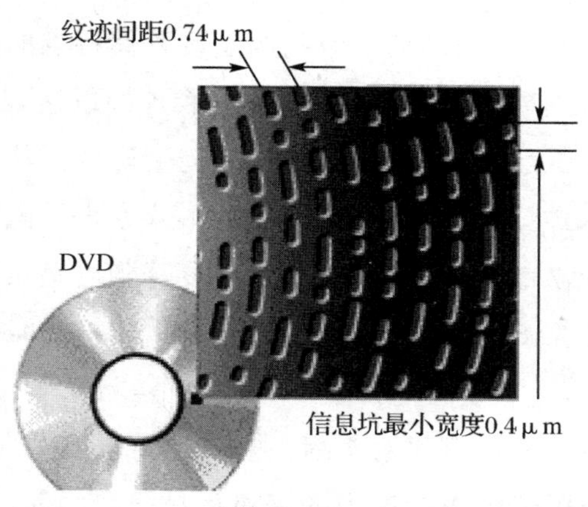

图 7-20 DVD 光盘信息坑及纹迹间距示意图

目前在市场上最常见的 DVD 格式为 DVD-V。在 DVD-V 上的视频信号使用 MPEG-2 格式进行编码。而对于音频信号来说，DVD 共使用 8 个比特流，即 8 个线性 PCM 信号，可通过 8 个声道进行传输。其中如果使用 1 ~6 个声道为 Dolby-AC3 格式，同时使用 8 个声道为 MPEG-2 标准音频格式。在 DVD 上的线性 PCM 信号和标准 CD 上的音频信号一样采用 44.1kHz/16 比特格式，但 DVD 上的采样频率可选择为 48kHz 或 96kHz，量化精度也可以在 16 比特、20 比特和 24 比特之间进行选择。由于信号带宽限制，DVD 无法在所有声道上同时实现 24 比特/96kHz 信号格式的传输。在 DVD 上 24 比特量化，96kHz 采样的信号只能通过两声道进行传输，而在多声道上只能传输 48kHz 采样，20 比特量化的信号。

7.5.6.4　蓝光盘

蓝光光盘又被称为 BD 盘，是英语 Blue-Ray Disc 的缩写。蓝光光盘具有庞大的存储能力，单层的蓝光光盘的容量为 25GB，可录制 4 小时的高清视频信号。双层蓝光光盘容量为 50GB，可录 8 小时的高清影片。目前获得授权的蓝光光盘播放器除播放蓝光光盘之外均可下行兼容，即可以播放 DVD、VCD 以及 CD。蓝光光盘采用波长为 405 纳米的蓝色激光束进行读写，纹迹间距仅为 0.32 微米，信息坑尺寸仅为 0.15 微米。因此有利于增加容量。蓝光光盘主要以 3 种方式进行数字版权管理，包括 AACS，BD+和 ROM Mark。其中 AACS 是英语 Advanced Access Content System 缩写，负责保护光盘的内容，是数字版权保护中重要的一环。BD+是一个微型虚拟机存储于蓝光光盘，可授权相关设备对蓝光光盘进行播放。ROM Mark 是一个密码封锁数据，附加于蓝光光盘的内容之中，负责监控及阻止蓝光光盘的内容受到未得到授权的播放程序进行解码。

7.5.6.5　磁光存储媒体

磁光记录媒体又被称为 MO，是英文 Magenatic-Optical 的缩写，其主要结合了磁性录音中可录可抹特点和光学材料所具有的高密度存储特点的优势，通过将激光功率增加到大约 4.5mW，对磁性材料表面的氧化颗粒加温以达到居里温度点即 180 度后，使得磁性材料的矫顽力大大降低，并形成较弱的磁场，从而使得在磁性材料上被激光束加热的非常小的点可以以数字 1 或 0 的形式来表示磁性材料上的磁极。当激光关闭或被加热的区域离开激光照射点时，温度降到居里点以下，数据将永久保留在该点，直到以后该点被再次加热。在市场上 MD（MiniDisc）是 MO 记录系统的代表产品。

MD 由 SONY 公司在 1986 年开始研制，格式确定于 1991 年，产品问世于 1992 年，并被定义为第一个用于民用领域中的可录可抹光盘数字格式。MD 采用和 MO 系统相同的工作原理，可以被看成是 MO 光盘的缩小版。然而，为了取得和 CD 相同的节目存储和播放时间，MD 使用了 ATRAC（Adaptive Transform Acoustic Coding）即自适应传输声学编码的数据压缩编码方式对音频节目进行压缩。如果不使用 AT-

RAC 压缩的话，MD 只能存储 15 分钟音频节目信号。MD 光盘的直径为 64 毫米并设计有保护外壳。MD 的主要技术规格如表 7-4 所示：

表 7-4

录音/返送时间	74 分钟	录音/返送时间	74 分钟
体积	72 毫米×68 毫米×5 毫米	动态范围	105dB
光盘直径	64 毫米	采样频率	44. 1kHz
光盘厚度	1. 2 毫米	数据压缩模式	ATRAC
纹迹间距	1. 6 微米	信道调制模式	EFM
线性速度	1. 2 米/秒 ~ 1. 4 米/秒	纠错方式	CIRC
声道数量	2（立体声/单声道）	激光波长	780 纳米
频率范围	5kHz ~ 20kHz		

MD 所使用的 ATRAC 压缩编码方式主要根据心理声学原理，将 16 比特量化，44. 1kHz 采样的数字信号按 5 : 1 的比例进行压缩，即由原来的 1. 41Mbps 数率压缩至 252kbps。ATRAC 利用快速傅里叶传输技术（FFT）在频率范畴内将信号低、中、高分成 3 个子频段，分别为低频段 0Hz ~ 5. 5125kHz，中频段 5. 5125kHz ~ 11. 025kHz，高频段 11. 025kHz ~ 22. 05kHz，然后再经过 MDCT（Modified Discrete Cosine Transform）即修正离散余

图 7-21　MD 磁光盘

弦传输的计算方法，按心理声学的方式，进一步将这三个子频段划分为 512 个频率组，其中低频段（MDCT-L）包括 128 个频谱，中频段（MDCT-M）包括 128 个频谱，高频段（MDCT-H）包括 256 个频谱，并且根据 ATRAC 的特点，通过在频段上对低频进行较窄的划分而赋予低频信号更高的解晰度，频率越高所划分的频段就越宽。比如以 150Hz 为中心频率的频段宽度为 100Hz，而以 10. 5kHz 为中心频率的频段宽度为 2500Hz，这种带宽安排方式主要是考虑到人耳在高频段的敏感性不是很高的原因。ATRAC 这种传输长度不同的数据块的方式根据音频节目内容的不同可以分为两种模式，即长模式（11. 6 毫秒用于高、中、低频段）和短模式（1. 45 毫秒用于高频段 2. 9 毫秒中频段和低频段），其中较长的数据块模式产生较窄的频段划分，从而具有较高的解晰度，分配给低频段，而较短的数据块模式产生较宽的频段划分，分配给中频段和高频段。然后系统对在这些频段中的数据，根据人耳听觉特性的动态敏感度，或者说是听阈门限特性以及掩蔽特性进行量化，即对于无法被掩

蔽的信号采用较大的比特值进行量化，而对那些容易被掩蔽的信号使用较小的比特值进行量化，从而量化噪音可以被较大的信号所掩蔽。

另外，对于数据压缩系统来说，最大的问题主要发生在多次拷贝过程中，因为在节目返送转换成 16 比特数据流时，在编码过程中损失的数据则以插补的方式进入，所以一旦这种以插补形式存在的比特流被进行再次拷贝后，将再次按其压缩比，即 5：1 的比例对数据量进行降低，由于无法完成前一步的数据插补过程，于是从原始信号开始，所损失的数据量将随拷贝的次数依次按 5：1 减少，每次得到的数据量将少于前一次的数据量，保真度也就越来越差。但同时，从 MD 问世的那一天开始，ATRAC 压缩方式也在不断地改进。ATRAC1 随 MD 在 1993 年开发，从音质到信噪比的表现都不理想。ATRAC3 在 1995 年被推出，由于增加了动态滤波器而使得信噪比有了很大的改善，同时音质也非常接近 CD 的质量。MD 目前使用的压缩方式为 ATRAC4. 5，其保真度等同于 CD。

7. 5. 7　硬盘存储系统

硬盘又被称为 HDD，即 Hard Disc Drive 的英文缩写，是目前录音室内主要的数据存储设备，通过硬盘进行存储就是将录音数据写在硬盘内表面涂有磁涂层的碟片上。硬盘的技术特性主要体现在其存储能力和性能表现上，其中存储能力代表硬盘上的存储空间，目前 1TB 的硬盘已经非常普遍。硬盘的性能表现主要被定义为硬盘磁头读取到文件所需要的时间。该时间包括了硬盘移动磁头寻找的时间，将所寻找文件移至磁头下方所需要的时间，以及在数据传输上所需的时间，即数率的表现。目前两种最普遍的硬盘是用于台式计算机上的 3. 5 寸盘以及用在笔记本电脑上的 2. 5 寸盘。硬盘接口通常是标准的 SATA，USB 或 SAS。

7. 5. 7. 1　磁头

磁头是硬盘中最重要的部件，如图 7-22 所示。传统的磁头是读写合一的电磁感应式磁头，也就是说，一个磁头必须要同时兼顾读和写两种功能，从而造成了硬盘设计上的局限。目前的磁头均采用分离式的磁头结构，即两个磁头分别工作互不干扰。其中写入磁头仍采用传统的磁感应设计，读取磁头则采用新型的磁阻磁头，以便得到最好的读写性能。磁阻磁头是通过阻值变化而不是电流变化去感应信号幅度，因而对信号变化相当敏感，读取数据的准确性也相应提高。由于磁头所读取的信号幅度与磁道宽度无关，所以磁道可以被设计得很窄，因此磁片密度得到了提高，达到 200MB/平方英寸，而使用传统的磁头只能达到 20MB/平方英寸。

磁头是用线圈缠绕在磁芯上制成。硬盘在工作时，磁头通过感应在旋转盘片上磁场的变化来读取数据；通过改变盘片上的磁场来写入数据。为避免磁头和盘片磨擦造成磨损，在工作状态时，磁头悬浮在高速转动的盘片上方，并不与盘片直接接触，只有在电源关闭之后，磁头才会自动回到在盘片上的固定位置，该位置被称为着陆区，着陆区不负责存储数据。磁盘结构如图 7-22 所示。

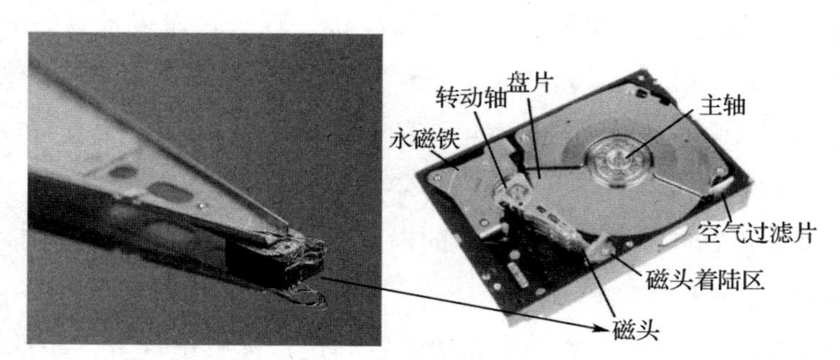

图 7-22 磁盘和磁头的结构

7.5.7.2 磁道、扇区和柱面

在磁片上的圆形轨迹被称为磁道，磁道又被称为磁化区，主要用来存储包括音频信号在内的各种信息。相邻磁道之间的间距，主要用来避免磁迹相互干扰。另外，在磁盘上，每个磁道被等分为若干个弧段，即磁盘的扇区。比如一个容量为 1.44MB 的 3.5 英寸的软盘，每个磁道可分为 18 个扇区。每个扇区的容量为 512 个字节。磁盘以扇区为单位读取和写入数据。另外在实际应用中也可以将两个或两个以上的扇区合并，被称为簇。

硬盘通常由重叠的一组磁片构成，每个磁片表面都被划分为数目相等的磁道，而具有相同编号的磁道形成一个圆柱，被称为磁片的柱面。磁片的柱面数和一个磁片单面上的磁道数相等，并且由于每个盘面都有自己独立的磁头，所以，只要知道了硬盘的柱面、磁头以及扇区的数目，就可以得出硬盘的容量，硬盘的容量 = 柱面数×磁头数×扇区数×512B。图 7-23 显示了扇区、簇、磁道和柱面的位置。

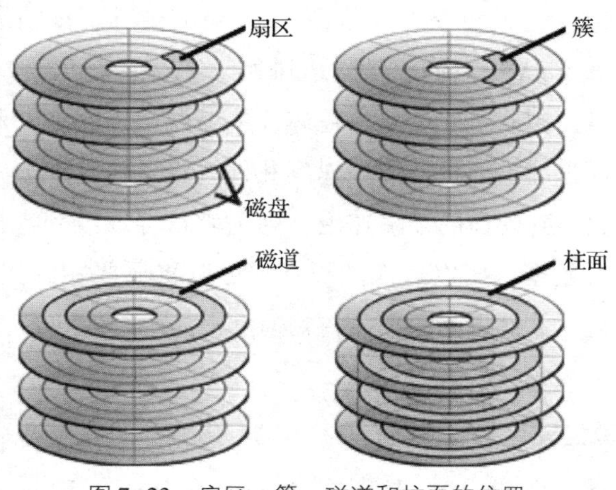

图 7-23 扇区、簇、磁道和柱面的位置

除了容量外，硬盘的其他一些指标，例如硬盘磁片的转速，平均访问时间，传输数率以及缓存等简述如下：

硬盘转速是硬盘磁片在一分钟内所能完成的最大转数。硬盘的转速越快，其寻找文件的速度也就越快，文件传输速度也就越快。硬盘转速表示为每分钟多少转，单位为 RPM，即英文 Revolutions Per Minute 的缩写。一般来说普通硬盘的转速为 5400RPM 或 7200RPM，而对于笔记本电脑的硬盘则是以 4200RPM、5400RPM 为主。服务器用户对硬盘性能要求最高，服务器中使用的 SCSI 硬盘转速基本都采用 10000RPM 或 15000RPM。当然硬盘转速的提高也带来了温度升高、电机主轴磨损加大、工作噪声提高等负面影响。

硬盘的平均访问时间是指磁头从起始位置到达目标磁道位置，并且从目标磁道上找到所需要读写的数据扇区所需的时间。平均访问时间体现了硬盘的读写速度，它包括了硬盘的寻道时间和等待时间，所以平均访问时间等于平均寻道时间与平均等待时间的总合。硬盘的平均寻道时间是指硬盘的磁头移动到达盘面指定磁道所需的时间。目前普通硬盘的平均寻道时间通常在 8 毫秒到 12 毫秒之间，SCSI 硬盘则应小于或等于 8 毫秒。硬盘的等待时间，是指磁头已处于要访问的磁道，等待所要访问的扇区旋转至磁头下方所需要的时间。硬盘的平均等待时间为磁片旋转一周所需的时间的一半，一般应在 4 毫秒以下。硬盘的等待时间和硬盘的转速也有很大关系，通常转速越快，等待时间就越短。一般来说，硬盘转速在 4800RPM 时的平均等待时间为 6. 25 毫秒，转速在 15，000RPM 时的平均等待时间为 2 毫秒。

传输速率，即硬盘的数据传输率就是硬盘读写数据的速度，表示为 MB/秒。硬盘数据传输率包括内部数据传输率和外部数据传输率两种。所谓内部传输率也称为持续传输率，内部传输率主要依赖于硬盘的旋转速度。外部传输率又被称为接口传输率，表示为系统总线与硬盘缓冲区之间的数据传输率，所以外部数据传输率与硬盘接口类型和硬盘缓存的大小有关。目前 Fast ATA 接口硬盘的最大外部传输率为 16. 6MB/秒，而 Ultra ATA 接口的硬盘则达到 33. 3MB/秒。

硬盘缓存是硬盘控制器上的一块内存芯片，是硬盘内部存储和外接设备接口之间的缓冲器。由于硬盘的内部数据传输速度和外接设备传输速度不同，所以这块芯片的存取速度直接关系到硬盘的传输速度。因为硬盘存取零碎数据时需要不断地在硬盘与内存之间交换数据，所以较大的缓存，可以将那些零碎数据暂存在缓存中，减小外接系统的负荷，从而提高数据的传输速度。

7. 5. 8 独立磁盘冗余数组存储

独立磁盘冗余数组即 RAID，是英文 Redundant Array of Independent Disks 的缩

写。独立磁盘冗余数组又被称为硬盘阵列，就是把多个硬盘组合起来，构成一个硬盘阵列组。RAID 相对于单个硬盘来说增强了数据集成度，增强了纠错功能，增加了处理量或容量。硬盘阵列作为一个单独的存储单元，可分为以 5 个级别，即 RAID-0、RAID-1、RAID-2、RAID-5、RAID-6。这 5 个级别和 JBOD 存储模式的特点简述如下。图 7-24 以图形的方式展示了 RAID 各级别的区别。

1. JBOD 存储模式（JBOD 代表英文 Just a bunch of disks 缩写）

JBOD 只是若干硬盘简单的堆积，没有冗余保护，所以录音数据只是按顺序写在硬盘上。该类型存储模式的总存储量等于所有硬盘存储量的总和。参见图 7-24 中 JBOD 的图解。

2. RAID 0 条带化硬盘存储模式

RAID 0 条带硬盘可以包括两个或两个以上的硬盘组成一个更大的硬盘空间。数据在写入时没有任何奇偶码信息或冗余信息。RAID 0 的总存储量等于所有硬盘存储量的总和。参见图 7-24 中 RAID 0 的图解。

3. RAID 1 镜像盘存储模式

RAID 1 可在两个硬盘之间进行拷贝，所以其中一个硬盘内的信息表现为另一个硬盘信息的镜像信息。因此要建立一个 RAID 1 系统，至少需要两个硬盘。RAID 1 的总存储量等于系统中容量最少的硬盘容量。参见图 7-24 中 RAID 1 的图解。

4. RAID 5 存储模式

在 RAID 5 中。数据以条带形式扩散到每个硬盘中，同时奇偶校验信息也扩散并存储在每个硬盘上。如果其中的一个硬盘受损，数据将自动从其他带有奇偶信息的硬盘中收集并在新的硬盘上重新建立。RAID5 需要至少三个硬盘才可以形成，其存储能力＝（N－1）×最小硬盘存储量。其中 N 为系统中使用硬盘的数量。参见图 7-24 中 RAID 5 的图解。

5. RAID 6 存储模式

在 RAID 6 中，数据以条带形式扩散到每个硬盘。和 RAID 5 不同的是 RAID 6 使用两组奇偶校验信息，所以能承受在系统中 2 个硬盘同时坏掉。RAID 6 需要至少 4 个硬盘才可以形成。其存储能力＝（N－2）×最小硬盘存储量。其中 N 为系统中所使用硬盘的数量。参见图 7-24 中 RAID 6 的图解。

6. RAID 10 存储模式

RAID 10 包含了 4 个或 4 个以上的硬盘来防止数据在非相邻两个硬盘之间受损。RAID 10 将所有的数据拷贝在第二组硬盘上形成镜像数据，同时使用条带方式来加快数据的传输速度。RAID 10 需要偶数数量的硬盘（至少 4 个硬盘）才可以构成。其存储能力＝最小硬盘存储量×N/2。其中 N 为系统中所使用硬盘的数量。参见图 7-

24 中 RAID 10 的图解。

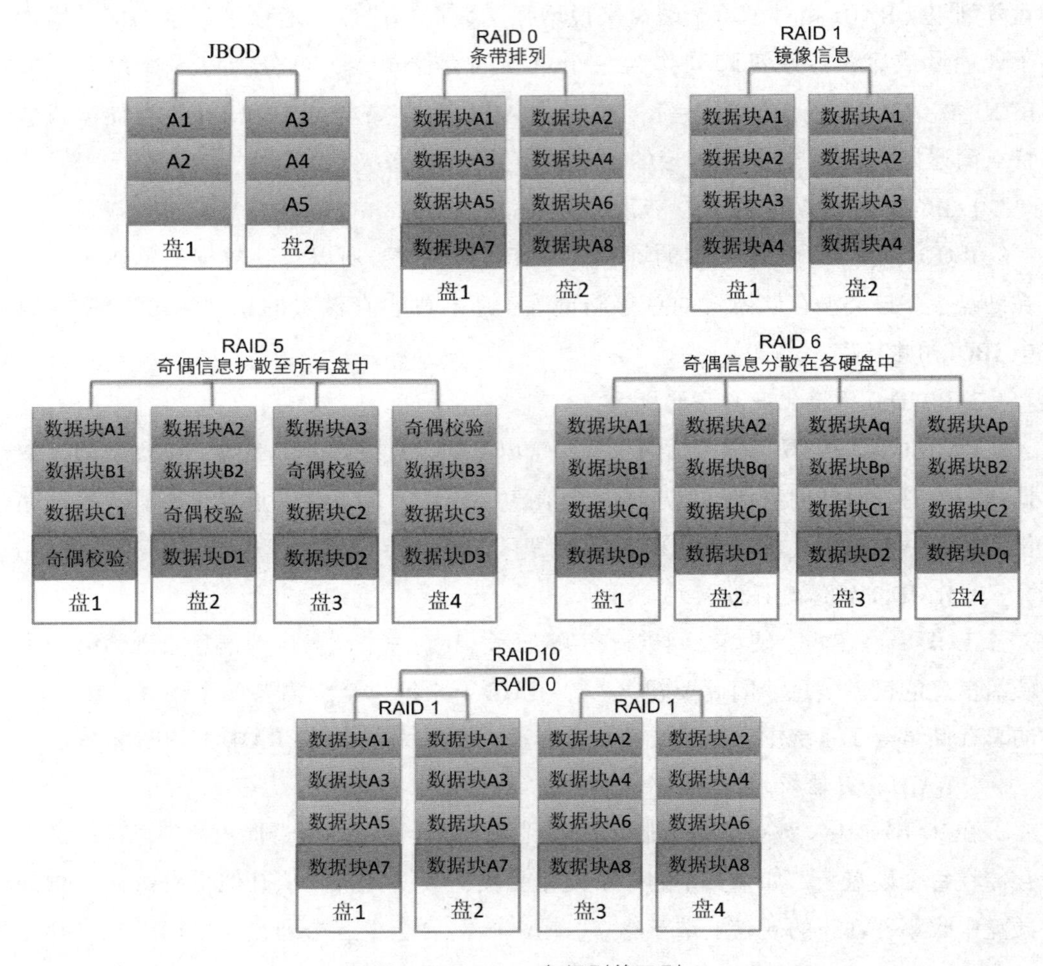

图 7-24　RAID 各级别的区别

7.6　数字信号传输与连接

目前在录音室内常见的用来传输数字信号的接口简述如下：

7.6.1　SDIF-2 接口

SDIF 是英文 Sony Digital Interface Format，即索尼数字接口格式的英文缩写，通常被认为是由索尼公司开发的第一个专业数字接口。SDIF-2 早期被称为 SDIF，但由于较高格式 SDIF-2 的开发而被舍弃。SDIF-2 电缆使用 75ohm 同轴信号线，BNC 接头，并且是使用两条数据电缆和一条同步信号传输电缆共同来传输一个立体声信号。图 7-25 展示了设备后面板上的 SDIF-2 接口。从图上可以看到，左右两个声道信号各使用一个 BNC 进行传输，同时有另外两个 BNC 负责传输字时钟的输入输出。SDIF-2 可传输 16 比特或 20 比特音频信号。

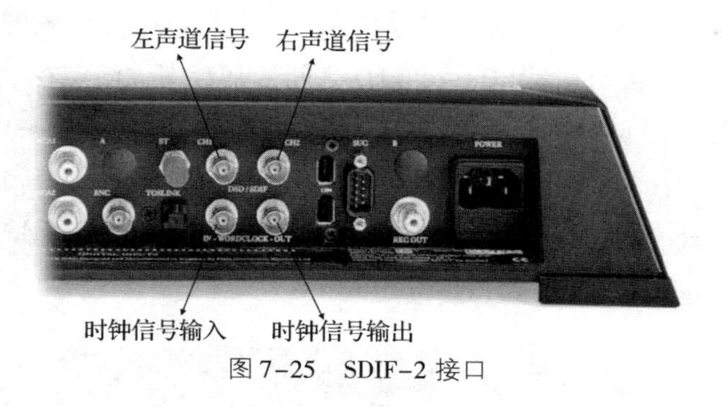

图 7-25　SDIF-2 接口

7.6.2　AES/EBU 接口

国际音频工程师协会（AES）规定了自己的标准数字信号传输接口为 AES3，因为 AES3 接口格式又被欧洲广播联盟（EBU）所采纳，所以又被称为 AES/EBU 数字接口。AES/EBU 数字接口使用一条 110 欧姆，XLR 接头，绞和线对来传输双声道的立体声信号，并且线缆在没有均衡补偿的情况下，可以达到 100 米的使用长度而没有在主观听感上的音质变化。另外，音频信号数据和子码数据在 AES/EBU 标准下以串行的模式进行传输，并且因为信号使用 FM 声道编码以及自时钟控制，所以不需要单独的时钟信号配合使用。图 7-26 展示了设备后面板上的 AES/EBU 接口。

图 7-26　AES/EBU 接口

7.6.3　MADI 接口

MADI 是英语 Multichannel Audio Digital Interface，即多声道音频数字接口的英文缩写。MADI 又被称为 AES10 接口，在 1991 年被 AES 开发后，又分别在 2003 年，和 2008 年升级两次，其格式分别为 AES10-2003 和 AES10-2008。和两声道传输系统不同，MADI 格式实现了在数字多轨录音机、数字多轨调音台以及和其他多轨数字录音系统之间的多轨形式的连接。MADI 格式的音频信号可以使用 BNC 接头的 75ohm 同轴电缆进行传输，也可以使用 ST 接头的光缆进行传输，而时间码信息则通过另一根 BNC 同轴电缆进行传输。最早的 MADI 电缆以串行模式同时传输 56 轨音频信号，采样频率可设定在 32kHz～48kHz 之间，其数率被固定在 100MB/秒，并且 56 个声道必须使用相同的采样频率。除了 56 声道格式之外，后来还开发了采样频率为 32kHz 到 48kHz 的 64 声道 MADI 信号格式，和采样频率为 64kHz 到 96kHz 的 28 声道 MADI 格式。MADI 音频信号在各声道上的量化值为 24 比特。图 7-27 展示了设备后面板上的光缆 MADI 接口。

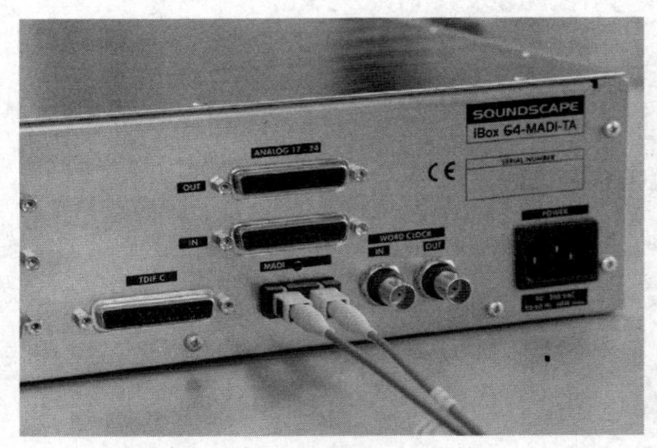

图 7-27　光缆 MADI 接口

7.6.4　S/PDIF

S/PDIF 是 Sony/Philips Digital Interface 即索尼/飞利浦数字接口的英文缩写。S/PDIF 采用阻抗为 75 欧姆，最大使用长度为 10 米的同轴电缆。一些民用设备在连接距离低于 15 米的情况下使用 Toslink 接头。另外，当录音机上的 S/PDIF 输入口接收到专业 AES3 信号中的拷贝保护指令的话，系统将拒绝录入数据流。所以其还具备版权保护的功能。图 7-28 展示了 S/PDIF 格式的同轴及光纤电缆接头。图 7-29 展示了在设备后面板上的 S/PDIF 格式的同轴及光纤电缆接口。

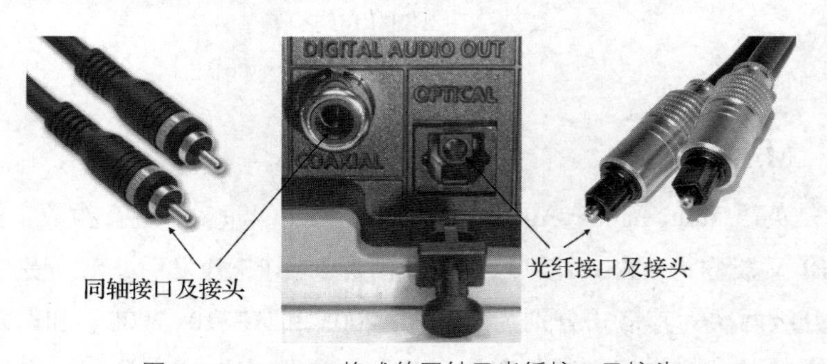

图 7-28　S/PDIF 格式的同轴及光纤接口及接头

7.6.5 光纤接口

在光缆中，模拟或数字电信号被转换为光信号，并以恒定的开或关的形式分别代表数字信号中的“1”和“0”。光缆的光信号源通常为发光二极管（LED）或激光二极管（LD），并通过透镜聚焦将信号送入电缆。其中 LED 的信号发射面积较大，但信号质量不如 LD，只能在较短的距离内使用。尽管 LD 具有较小的信号发射面积，并且可以和光纤电缆连接输出较大的信号功率，但它无法在较大范围的操作温度下使用，且造价昂贵。

光信号通过光纤电缆后在信号接收端通过光敏二极管或具有自身增益功能的雪崩光敏二极管将光信号转换回电信号。通过光缆来传输音频信号的主要优点在于完全没有电磁干扰，信号衰减较低，带宽高，数码错误率较低，并且重量轻体积小。目前来说，具有 1Gbps 数率的光纤电缆非常普遍，一些实验光纤系统甚至可以在较长的距离内达到数率为 30Gbps 的传输能力。光缆从里到外共有如下 4 层，如图 7–27所示。

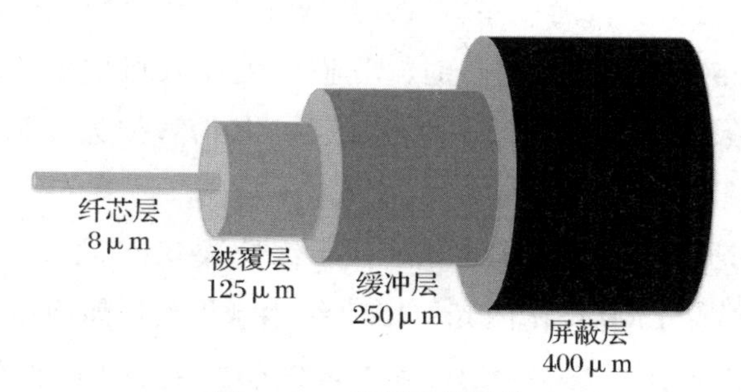

图 7–27 光纤电缆结构

1. 纤芯层，由玻璃或塑料材料制成，负责传输光信号。该层直径为 8 微米。
2. 被覆层，负责将光纤信号反射回光纤纤芯。该层直径为 125 微米。
3. 缓冲层，该层直径为 250 微米。
4. 屏蔽层，负责防止信号受到外界环境干扰。该层直径为 400 微米。

由玻璃或塑料材料制成的被覆层是非常有效的反射层，当在纤芯中传输的光束遇到被覆层后，如果光束和被覆层内壁所形成的角度小于临界角度，将被部分反射回纤芯，部分光束以折射的形式进入被覆层，而如果光束和被覆层之间所形成的角度大于临界角度的话，光束将被全部反射回纤芯层，被称为完全内部反射。因此，如果由纤芯传导的光束的入射角度均大于临界角度的话，那么信号质量仅受到光吸收和接口损失的影响。临界角度取决于纤芯和被覆层的光折射指数。

由于光信号进入纤芯角度的不同，造成不同光束到达接收端的时间也不同，该现象被称为“拖尾效应”，并因此限制了系统所能传输的最大频率。简单地说，光束在光缆中的数量越少，所能传输的带宽就越大，并且光束的数量多少可以通过纤芯层的直径来控制。光纤种类可以根据光束被传输的路径是一个或多个被分为单一模式光纤和多重模式光纤。其中单一模式光纤具有较小的纤芯（直径大约9微米）来传输波长为1300纳米~1550纳米的红外线激光，而多重模式光纤具有较大的纤芯（直径大约62.5微米），由发光二极管来传输波长在850纳米~1300纳米之间的红外线光。一些由塑料制成的光纤电缆具有更大的纤芯直径（1毫米）用来传输波长为650纳米的可视红光。

尽管在光纤电缆中的被覆层可以对光实行完全的反射，从而使得信号能够在较长距离内进行传输，但在实际工作中，有时信号的损失会来自纤芯层自身，并且这种损失主要取决于纤芯层所使用材料的纯度和所传输光的波长。光信号的损失通常以固定波长的激光在每公里电缆长度上，用dB形式表示的光功率的损失。例如在多模式光纤中，所传输的光信号的波长为850纳米，所代表的信号损失为60%/公里~75%/公里=4dB/公里，而1300纳米波长所代表的信号损失为50%/公里~60%/公里=2.5dB/公里。目前一些质量较高的纤芯表现出较低的信号质量损失，例如在传输波长为1550纳米的光信号时，其损失度一般可以低于10%/公里，代表0.5dB/公里。如果使用塑料作为纤芯材料的话，其信号损失度为1000dB/公里，所以玻璃通常为上等纤芯材料。

光纤电缆通常适合使用在可见光和近似于红外线波长范围。上述三种波长的激光，即850纳米激光、1300纳米激光、1550纳米激光是目前使用最多的激光，分别代表的带宽为353000GHz、230000GHz和194000GHz。其中1300纳米激光主要负责数据的长距离传输，850纳米激光则用于短距离数据传输，而1550纳米激光可以承载850纳米或1300纳米的激光。上述单一模式系统通常应用在1300纳米~1500纳米波长范围内，而800纳米~900纳米波长范围是多模式系统的优选操作范围，并且一般来说塑料光纤所使用的理想激光波长为650纳米。根据上述可以看到光纤电缆所传输的波长越长，信号衰减度就越小。一般来说，激光在800纳米~900纳米波长范围内的衰减度为3dB/公里~5dB/公里，在1150纳米~1350纳米波长范围内的衰减度为0.5dB/公里~1.5dB/公里，而激光在1550纳米波长的衰减度则低于0.5dB/公里。

7.6.6 IEEE1394火线

IEEE1394火线接口被正式定为IEEE1394标准之前，SONY公司称之为i. Link。该协议以苹果电脑的火线协议为基础，在数据传输上实现了价格低廉、用途广泛以及高速等特点。IEEE1394 接口是一种通用而且平台相对独立的数字接口，在各设备之间连接并能实现高速数据传输的特点，例如 PC、打印机、扫描仪、数码摄像机，以及其它用于多媒体的音视频设备。

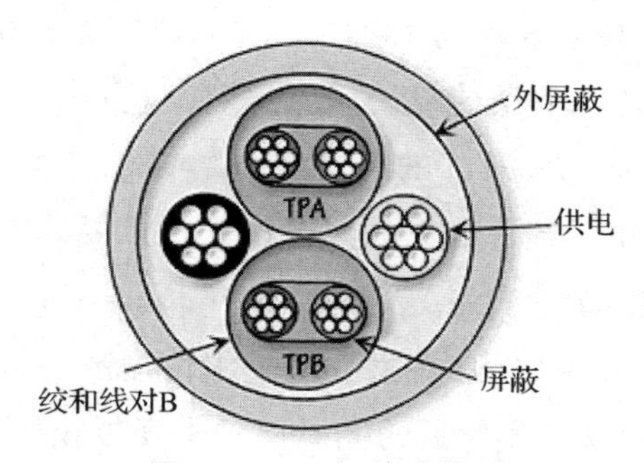

图 7-28　1394 接头结构

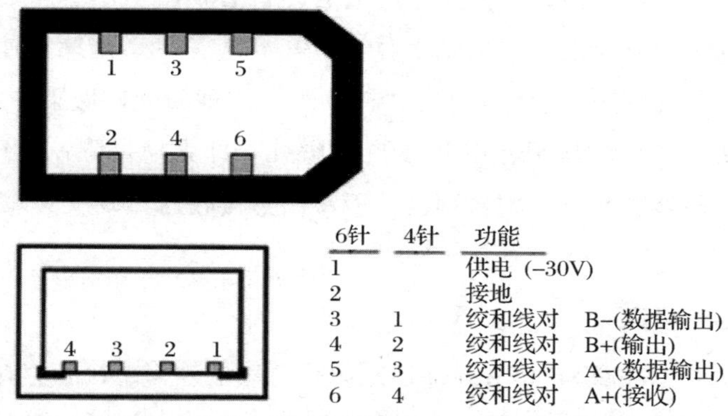

图 7-29　1394 火线 6 针及 4 针接头结构及各针功能接头结构

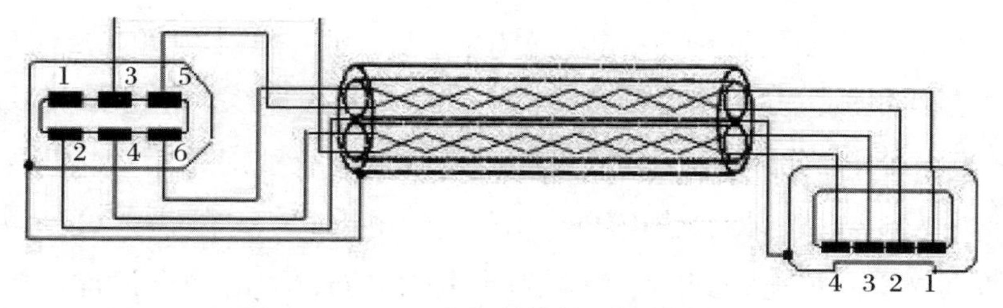

图 7-30　1394 火线 6 针转 4 针连接情况

如图 7-28 所示，IEEE1394 的 4 针格式电缆使用两个相互独立的屏蔽绞和线对来实现对信号的双向传输。只有两个绞和线对的火线为 4 针模式，用来连接可独立供电的设备。另外还有 6 针模式，即除了信号线之外另加两条供电导线，用来连接没有独立供电功能的设备。1394 火线各针分布情况及功能如图 7-29 所示。图 7-30 展示了在实际工作中 6 针转为 4 针时的内部连接情况。在实际工作中，在不使用中继器的情况下，两个设备之间的 1394 电缆长度可达 4.5 米，被称为一个过路，过路数最多可达 16 个，因此在使用标准电缆的情况下可以将设备之间的距离拓展到 72 米。IEEE1394 电缆标准定义了三种数率，分别为 98.304Mbps、196.608Mbps、393.216Mbps，并通常按其近似数值 100Mbps、200Mbps、400Mbps 被分别称为 S100、S200 以及 S400。目前提议的 1394b 格式的数率为 800Mbps。在 IEEE1394 的特性中包含了"音频及音乐数据传输协议"，该协议也被称为 A/M 协议，即 Audio and Music Data Transmission Protocol 的英文缩写。A/M 协议又被称为 IEC 61883-1/FDIS 标准。在很多领域中，传输数据的保密性非常重要，因此 IEEE1394 作为双向传输电缆同样用于 DTCP。DTCP 为英文 Digital Transmission Content Protection 即数字传输内容保护系统的缩写，来保障在家庭环境中传输数字数据的安全性。DTCP 可以在允许为一定目的的合法信息拷贝的同时保护未经授权拷贝的数字信息内容，并且不会影响到其他例如用于 DVD 以及卫星广播上的拷贝保护模式。DTCP 在每个数字连接上使用加密处理，使每个在连接链上的设备必须服从已着床的拷贝控制信息（CCI，Copy Control Protection），在 CCI 中 DTCP 规定了一系列拷贝使用模式，其中包括"拒绝拷贝"即不允许任何拷贝，"拷贝一次"即只允许做第一代拷贝，"拷贝限制"即防止进行拷贝的拷贝，以及"自由拷贝"即无拷贝限制。DTCP 目前被广泛用于 HDTV 接收器，数字电视机顶盒，卫星信号接收器，以及其他民用设备。

7.6.7 USB 接口

USB 为英文 Universal Serial Bus 即通用串行总线的缩写。USB 连接头按信号传输方向分为 A 和 B 两种，其中上行口 A 连接主机，而下行口 B 连接外接设备。除了上述特点外，单一 USB 电缆的使用长度可达 5 米，并在使用 USB 集线盒的情况下，外接设备和主机距离最多可达到 30 米。如图 7-31 所示，阻抗为 90 欧姆的 USB 电缆内部共由 4 条线组成，其中两条电源线，为+5V 线和接地线。在 USB 接头上，第一针承载 5V 电压供电，第四针代表接地，以及一对绞合线对来承载信号数据。USB 设备共有两种供电方式，即自供电方式和总线供电方式。总线供电可分为两种，其中低功率设备在总线处所得到的电流不高于 100 毫安，而高功率设备在总线处所得到的电流将达到 500 毫安。另外一对线，在第二针、第三针上表示为 D+和 D-为传输数据的绞合线对。USB 设计有两种不同的数据传输速度，其中在 12M 比特/秒的速度下必须使用屏蔽电缆以取得足够的抗噪能力，并防止电磁干扰，而对于低速传输或在低带宽模式下，USB 则可以使用较细的非屏蔽电缆，同时电缆长度将由 5 米降低到 3 米。在 2000 年推出的 USB2.0 版本，又被称为高速 USB，为原 USB1.1 的升级版本，除了为多媒体及存储系统提供更大的带宽之外，其数据传输速度可以达到 USB1.1 的 40 倍，其支持的三个数率模式分别为每秒 1.5MB、12MB 以及 480MB。

USB 标准在 2008 年推出了 USB3. 0，其数率为 5G/秒。在 2013 年推出了 USB3. 1，其数率为 10G/秒。图 7–32 展示了目前各类 USB 接头及接口的针分布情况。

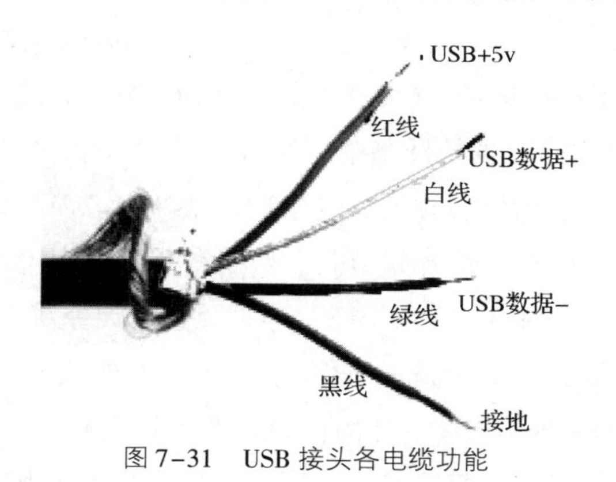

图 7–31　USB 接头各电缆功能

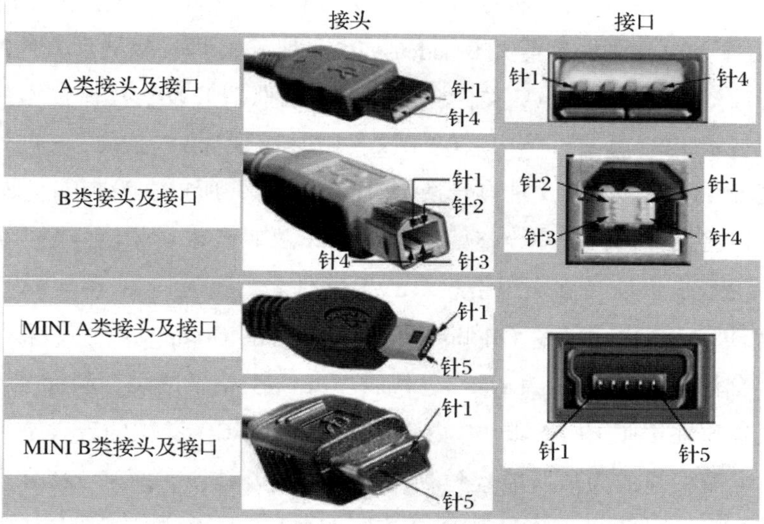

图 7–32　USB 各类接头及接口的针分布情况

表 7–5 为目前各种 USB 标准的比较情况：

表 7–5

USB 版本	带宽	数率	USB 版本	带宽	数率
USB 3. 0	5Gbps	500MB/s（5000M 比特/秒）	USB 1. 1	12Mbps	1. 5MB/s（1，500KB/秒）
USB 3. 0	480Mbps	60MB/s（60，000KB/秒）	USB 1. 0	1. 5Mbps	187. 5KB/s（192000B/秒）

7. 7　计算机音频文件格式

因为计算机音频文件主要用于录音节目交流，所以应最大限度在不同的计算机平台之间体现兼容性。计算机音频文件格式可以被称为一种信号存储格式或信号传输格式。目前使用较多的一些音频文件格式简述如下。

Wave 文件：Wave 文件是英文 Waveform Audio file format 的缩写，即波形音频文件格式，其文件名后缀为 . wav，该文件由微软及 IBM 共同开发，具体内容写在微软和 IBM 多媒体程序接口及数据特性当中。WAV 是资源交换文件格式（RIFF）范畴下的最常见的一种格式，所以有时也被称为 RIFF WAV。WAV 文件被广泛用于非压缩 8 比特，12 比特，及 16 比特音频节目，声道数量可以从单声道到多声道不等，采样频率不限，并且可以用于 WINDOWS，苹果及 LINUX 系统。这里提到的 RIFF 是英文 Resources Interchange File Format 即资源交换文件格式的缩写，是 Microsoft 和 IBM 在 1991 年提出的一种多媒体文件的存储方式，主要规定了不同编码的音视频文件的数据、内容、采集信息、显示尺寸、编码方式等的存储规则，以便播放器或者其它提取工具在读取文件时，根据 RIFF 的规则来分析文件，正确进行播放。

BWF 文件：BWF 文件是英文 Broadcast Wave Format 即广播波形文件的缩写，是属于一种开放资源类型的 WAV 文件，由欧洲广播联盟开发，具体技术特性写在欧洲广播联盟技术 3285 号文件当中。BWF 文件就是在原 WAV 上做了一些增减，但和 WAV 的主要不同在于 BWF 文件自身携带时间码信息，所以在没有编辑软件 EDL 的情况下也可以将文件进行排序，整理。另外 BWF 文件要求音频信号至少为 48kHz 采样，16 比特量化，并支持多声道格式。BWF 文件名后缀为 . wav 和 WAV 文件一致。

MP3 文件：MP3 由 MPEG（Motion Pictures Experts Group）电影专家小组在 1992 年开发，其全称为 MPEG-1，Layer 3，代表 MPEG-1 格式的第三层标准。MP3 的主要开发目的在于在按照 10 : 1 或 14 : 1 的压缩比来对 CD 音质的音频节目进行压缩后，音质不会有明显的人耳所能察觉到的下降。也就是说，原来 32MB 的音乐在压缩后只有 3MB。目前很多人认为 MP3 在按照 128kbps 数率进行编码压缩时可以达到 CD 质量的音质，但还有一些人认为在编码时数率至少应达到 160kbps。目前普遍认为 MP3 压缩软件在按 96kbps 进行编码压缩时，音质会出现较为明显的下降。

AIFF 文件：AIFF 文件是英文 Audio Interchange File Format（AIFF）即音频交换文件格式的缩写，由苹果电脑公司在 EA IFF85 标准的基础上开发完成，和目前众多音频编辑软件相兼容。标准 AIFF 文件为非压缩的 PCM 音频文件，而经过压缩的 AIFF 文件被称为 AIFF-C 文件或是 AIFC 文件。AIFF 的压缩文件其最大压缩比可达 6 : 1。该类文件主要用于苹果电脑操作系统，并且由于是非压缩文件所以同样占据较大的硬盘空间，一般来说一个 44. 1k 采样 16 比特量化的立体声信号需要 10MB 的存储空间。AIFF 的文件后缀为 . aiff 或 . aif。而经过压缩的 AIFF 文件后缀为 . aifc。

QuickTime 文件：QuickTime 是由苹果电脑公司开发的一种多媒体框架，在该框架内可包括不同格式的数字视频、数字音频和图片。QuickTime 可以用在 Windows XP，Mac OS X Leopard 以及较新的操作系统。苹果山狮系统已装有 QuickTime X。QuickTime 本身并不定义其承载视频的压缩格式，所以通常要使用第三方软件对视频进行压缩来制作 QuickTime 视频节目，另外其音频的编解码可使用 MPEG1，MPEG2，AAC，以及苹果开发的无损编码器。Quicktime 的音频文件可实现多轨模式，这样在视频节目中可变换语言类型。Quicktime 可用于 MIDI 数据的回放，也可用于流媒体技术，并支持 I-tune。Quicktime 文件的名称后缀为 . mov。

AVI 文件：AVI 文件是英文 Audio Video Interleaved 文件缩写，和 Quicktime 类似，但仅用于 windows 系统。AVI 文件由微软在 1992 年开发，用于在 windows 系统上的视频文件格式，AVI 同时包括和视频节目同步的音频信号，文件名后缀为 . avi。

Real audio 文件：Real audio 文件后缀为 . ra 或 . ram。该文件主要用于在网络上实时播放音频节目。该文件在 1995 年由 RealNetworks 公司开发，目前公司更名为 Progressive Networks。该音频格式支持 8 比特和 16 比特两种量化数字信号，采样频率不限。由于是网络实时传输，所以该类文件的压缩算法可根据不同的调制解调器的速度进行优选调整。

MP4 文件：MP4 文件是由 MPEG 开发的一种媒体承载类型的文件格式，其在多媒体运用中主要承载音视频文件及文字，例如字幕，以及图片。MP4 文件可在网络中以流媒体的形式存在，其文件后缀为 . mp4。MP4 第一版本在 2001 年得到开发，其主要描述写在 MPEG-4 文件的第 1 部分中，该部分主要阐述了 MP4 的系统特性。MPEG-4 的第二版本，其主要描述写在 MPEG-4 文件的第 14 部分中，该部分主要阐述了 MP4 的文件格式特性。所以 MPEG-4 很多时候又被称为 MPEG-4 part 14。另外，如果文件后缀为 M4A，代表该文件仅为音频节目的 MP4 文件。

第八章

二声道及多声道立体声原理及拾音技术

如果用监听声道数量来描述立体声格式种类的话，那么立体声通常又被称为 n-m 立体声，其中第一个字母 n 代表听众前面的扬声器数量，第二个字母 m 代表听众身后扬声器的数量，因此双声道立体声又称为 2-0 立体声，即只依靠两个扬声器来还原一个三维立体声声场。在通过二声道还原一个立体声声场时，原始声源信号在原始声场的位置应在两个扬声器上及扬声器之间的空间得到准确地还原。由于在两个扬声器之间并没有其他扬声器对声信号进行返送，所以位于两个扬声器之间的声信号被称为幻像声源。

8.1　二声道幻像声源的形成

在立体声录音中，幻像声源应如实反应各声源在真实声场中的定位信息。二声道幻像声源的形成主要有两个原因：

1. 声强差和时间差信号。其中时间差主要是因为声波信号以不同的时间到达人的双耳所造成的，并且由于到达时间快慢的不同，人耳会将声源定位在时间上首先到达的一边。时间差立体声同样也取决于入射声波的频率，如果入射声波波长大于人的头部尺寸的话，由于绕射作用，低频声波将以相同的时间到达双耳，这也是为什么人耳很难对低频信号进行辨位，低频信号总是趋于一种单声道的听感的原因。声强差立体声主要是由于声源到达人耳的声强不同所造成的，并且在只有一个声源的情况下，该声强差是由于头部的阻挡作用，即其中的一个耳朵完全处于头部的阴影之下造成的。在工作中，人耳会将声源定位在声强级数较高的一边。当一个声源以相同时间，相同声强级到达人的双耳时，人耳会将其定位在声场的中央，即十二点钟的位置。

2. 正确的幻像声源定位还取决于录音师和扬声器间的位置关系。对于一个 2-0 立体声来说，由于信号的返送能力仅限于一个 360 度原始声场的四分之一，所以返送能力非常有限，因此对扬声器和听众之间的位置关系要求也较为严格。根据实验，当通过两个扬声器来返送原始声场信号时，只有在扬声器和听音者之间为等边三角形的关系下才可以使听众在最大限度内接近在原始声场内的听音感受。在实际工作中，该角度或两只扬声器之间的距离一旦增加，立体声的幻像声源定位则表现为不稳定，并极容易受到头部移动效应的影响。

在一个幻像声场中，声源定位、声强差以及时间差之间的关系如图 8-1 威廉姆斯曲线图（Williams Curve）所示。根据图示，如果要将幻像声源放置在偏离声场中央 30 度的位置的话，两个声道之间的声强差应达到 15dB，或者在时间差上应达到 1.1 毫秒。如果要将幻像信号放置在偏离声场中央 20 度的地方，两个声道之间的声强差应达到 6dB，或者在时间差上应为 0.45 毫秒左右。而如果要将幻像信号放置在偏离声场中央 10 度的地方，两个声道之间的声强差应达到 3dB，或者在时间差上应为 0.2 毫秒左右。

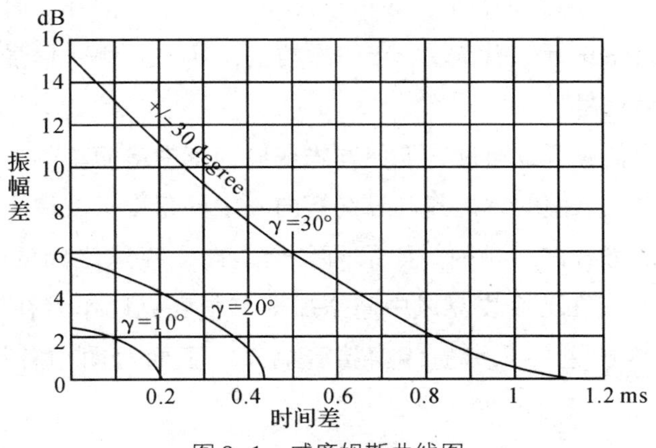

图 8-1 威廉姆斯曲线图

8.2 二声道麦克风拾音技术

对于立体声对来说，双声道的信号可以表示为通过扬声器进行返送时的左右信

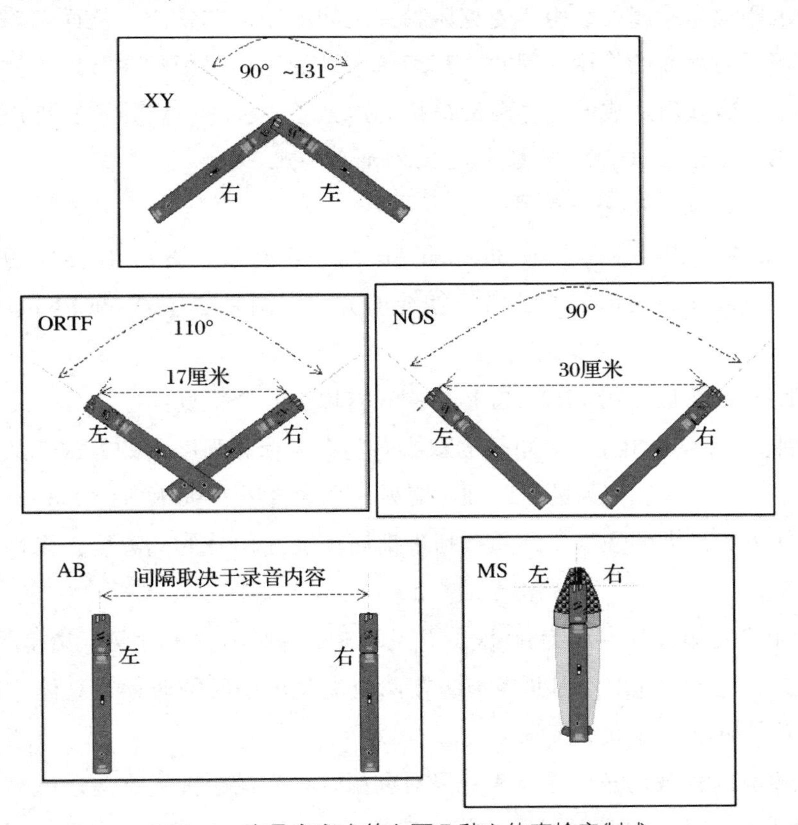

图 8-2 在录音室内的主要几种立体声拾音制式

号，即信号L和信号R。除了L，R格式之外，还有“和”“差”格式的立体声信号，以便使录音师较为方便地控制声源的宽度以及环境信号的平衡。其中“和”或称之为“主”信号用字母M表示，M信号代表L，R信号的和，而“差”信号或者说是“侧”信号用S表示，代表L，R信号的差，其中“侧”信号代表信号来自声源的侧面，为环境信号。

双声道立体声信号可以通过若干种方式获取，其中最简单的形式就是使用两个单指向麦克风按交叉重叠的方式各自分别指向一定的角度，或使用一对全指向的麦克风按一定间隔的方式进行排列。如果两只全指向麦克风之间的间隔相对于声源宽度来说过大，则应在两个麦克风中间添加第三个麦克风作为补偿。图8-2总结了目前在录音室内的主要几种立体声拾音制式，下面对图中各拾音制式做简单介绍。

8.2.1 交叉重叠立体声拾音制式

交叉重叠立体声拾音系统，顾名思义是将两个麦克风膜片交叉成一定的角度并按垂直的方式排列在一条直线上。交叉重叠立体声拾音方式要求在架设时，两只麦克风膜片的距离越小越好。由于麦克风膜片之间的距离非常小，从而忽略了在构成立体声声场时时间差的作用，因此，其幻像声源的定位只依赖声强差来实现，所以通过这种拾音方式所达成的立体声又被称为声强差立体声。声强差立体声拾音方式主要包括Blumlein制式，X-Y制式，以及M-S制式。

8.2.1.1 Blumlein拾音制式

Blumlein制式由英国工程师Blumlein在1926年开发。图8-3（a）为实际工作中大膜片麦克风按Blumlein制式进行摆放的方式。图8-3（b）为Blumlein拾音制式的极坐标图。

根据图8-3可以看出Blumlein拾音制式有以下几个特点：

1. 该制式由两个相互交叉重叠的双指向麦克风依靠强度差的方式来还原一个立体声声场。其中一个麦克风的0度轴对应另一个麦克风的90度轴，从而在两个麦克风信号之间形成最大的强度差，并有利于提高声道间信号的隔离度，以增加录音的立体声听感。

2. 两个麦克风膜片夹角为90度，并且相对于振膜0度轴来说，麦克风在45度角处，其灵敏度衰减3dB，因此当声源在两个麦克风中间的时候，立体声对的输出不会在主观听感上有提升的感觉。

3. 从麦克风摆放的角度看，麦克风对和乐队之间的距离通常为乐队纵深距离的1/2。因为双指向麦克风膜片的负瓣指向声源所在的声场环境，所以在正瓣还原一个

(a)

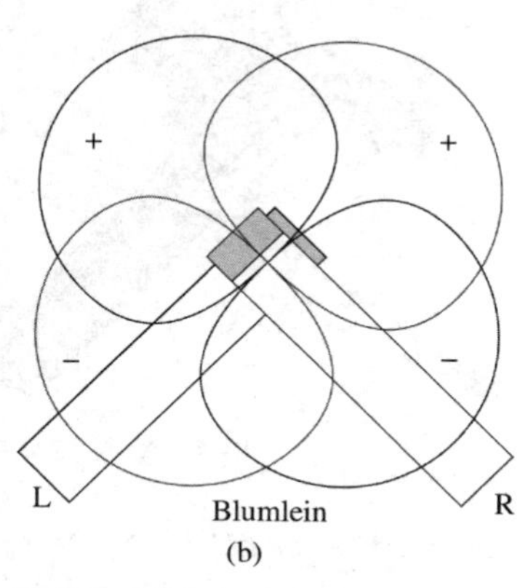

(b)

图 8-3 Blumlein 麦克风对的架设方式

准确声源定位的同时，还可以充分体现一个真实的声场环境。

4. 对于 Blumlein 拾音制式来说，如图 8-3（b）所示，指向左边的麦克风拾取到的是来自右边的声场环境信号，而指向右边的麦克风拾取到的是来自左边的声场环境信号，因此在和视频节目相配合时，其表现出来的声源信号和环境信号的综合定位能力较差。比如在对电视节目进行录音时，如果通过 Blumlein 制式拾音的话，听众会对麦克风前后声源位置产生混淆。例如，在电视画面上左侧观众的声音会从右声道传出来。

8.2.1.2 X-Y 制式

如果将 Blumlein 制式麦克风的 8 字形指向变为心形指向，便形成 X-Y 拾音制式。相对于 Blumlein 制式来说，X-Y 制式可以收录到更为干净的、更具有表现力的声音。X-Y 立体声对的架设方式如图 8-4 所示。

X-Y 立体声拾音制式有以下特点：

1. X-Y 拾音制式由两个心形指向麦克风组成。两个麦克风膜片交叉为 90 度，并且重叠摆放在同一垂直线上。两个麦克风膜片应尽量靠近，以不接触到为准，以便声波可以同时到达两个膜片上，从而形成强度差立体声。

2. 由于 X-Y 拾音制式使用两个心形指向麦克风，所以两个麦克风指向极坐标的重叠点并不在 3dB 衰减处，反而更接近 0 度轴处，因此导致两个麦克风拾取到过多的相同信息，从而在信号返送时缺乏应有的立体声宽度。

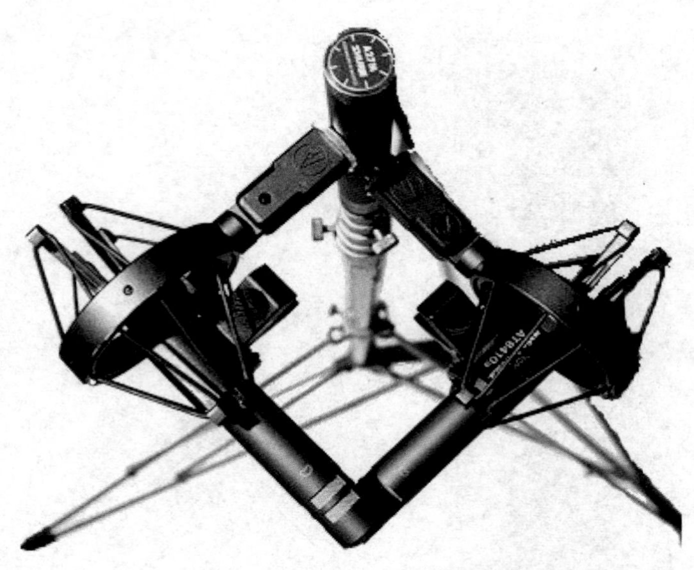

图 8-4　X-Y 麦克风对的架设方式

3. 为了扩展立体声声场宽度，X-Y 拾音制式除了有 90 度夹角模式外，还有 131 度 X-Y 以及背靠背 X-Y 的摆放方式。如图 8-5（a）和 8-5（b）所示，其中 131 度 X-Y 模式可增加声场宽度，而背靠背模式通常可作为环境麦克风对使用，比如 M-S 对中的 S 麦克风对。

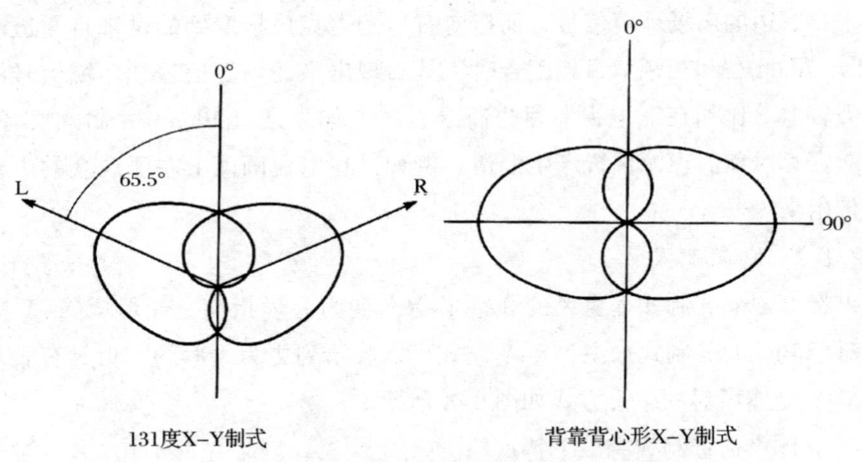

图 8-5　131 度 X-Y 制式和背靠背心形 X-Y 制式

8.2.1.3　M-S 拾音制式

M-S 拾音制式中的 M 为英文 Middle 的缩写，代表指向声场中央的麦克风，或是代表来自声场中间位置的声信号。S 为英文 Side 的缩写，代表指向声场两侧的麦克风，或是代表来自声场两侧的声信号。另外，字母 M 有时也代表英文 Mono 的缩写，表示 M 信号为单声道信号，而 S 有时代表英文 Stereo 的缩写，表示 S 信号是一个立体声信号。M-S 拾音制式由一个心形指向和一个双指向麦克风组成，分别拾取声场中央和两侧的声信号，如图 8-6 所示。在图中小膜片麦克风为心形指向麦克风并指向声场中央，而另一个大膜片麦克风为双指向麦克风指向声场的两边。M-S 立体声拾音制式由两只麦克风、三个信号组成，其中由双指向麦克风所拾取的两侧信号一个为正信号，另一个为负信号，在最后合成双声道立体声时，三个声道信号的关系可表示为：

左声道信号等于 M+S=2L，即 M+S=（L+R）+（L-R）=2L

右声道信号等于 M+（-S）=2R，即 M-S=（L+R）-（L-R）=2R

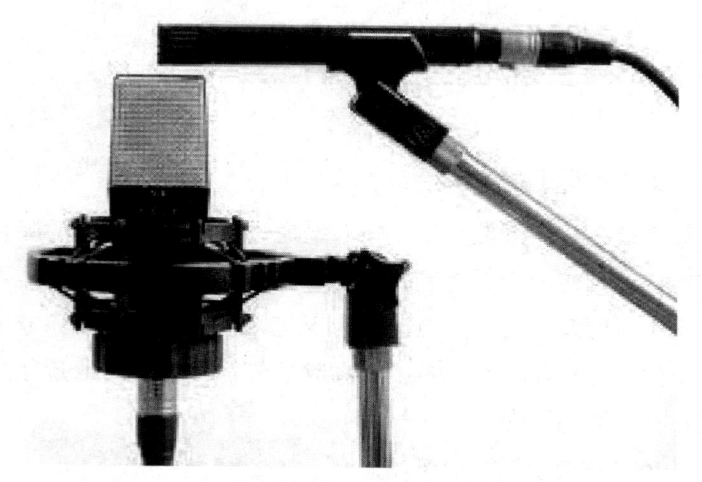

图 8-6　M-S 制式立体声麦克风对的架设方式

在实际工作中，M-S 制式的立体声场宽度是由 S 信号决定的。其中，S 信号输出越大，环境效果越多，从主观听感上声场就越宽。在 S 信号完全大于 M 信号时，M-S 信号以环境声为主。而 S 信号越小，声场宽度就越窄，在 S 信号为最小时，M-S 立体声以 M 信号为主，并在听感上表现为单声道信号。所以，毫秒信号其实和单声道信号有很大的兼容度。毫秒信号在合成为单声道时，单声道信号为 2M，即（M+S）+（M-S）=2M。另外，在没有毫秒信号解码器的情况下，录音师通常可以通过 Y 形导线将双指向麦克风信号分别输入至调音台的两条通路上，并将其中的一个音轨做反相处理，从而得到负值的 S 信号。

交叉重叠的制式也可以通过所谓的立体声麦克风来实现。如图 8-7 所示，其中图 8-7（a）为立体声麦克风上下两个极头振膜，图 8-7（b）展示了该类麦克风两个极头各自的指向性选择开关。立体声麦克风其实就是将两个麦克风系统安装在同一个麦克风外壳内，其中上面的振膜可以旋转 180 度以便和下面的麦克风振膜形成一定的角度来实现声场的宽度信息。

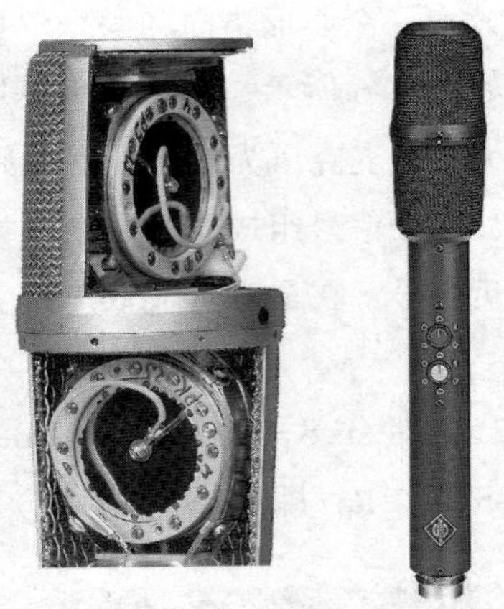

图 8-7　立体声麦克风

8.2.2　近似交叉重叠立体声拾音制式

和交叉重叠系统相比，近似交叉重叠系统通过将两个麦克风的膜片稍微分开一定的距离，使得声波到达两个麦克风的时间有所不同，从而使得立体声信号在强度差的基础上加入了时间差的元素。但又因为麦克风膜片之间的距离非常有限，所以在时间差范畴上的立体声仅存在于短波长高频信号。目前常用的近似交叉重叠系统主要包括 ORTF 和 NOS 两种格式。

8.2.2.1　ORTF 拾音制式

ORTF 拾音制式由法国国家广播公司开发，是法文 Office de Radiodiffusion - Télévision FranÇaise 的缩写。ORTF 的具体设置方法如图 8-8 所示。

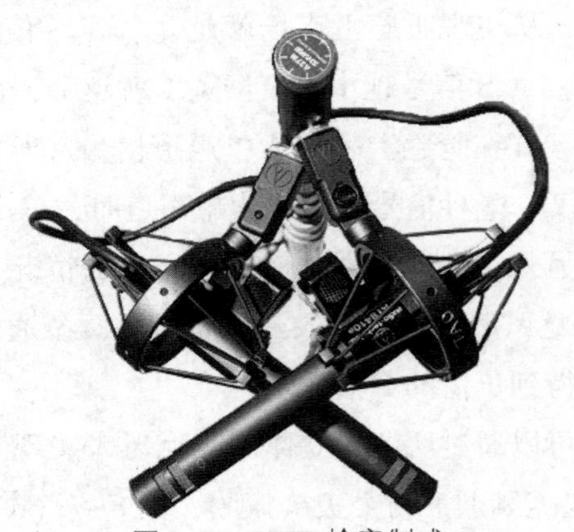

图 8-8　ORTF 拾音制式

ORTF 立体声拾音制式的特点如下：

1. ORTF 由两个心形指向麦克风组成，麦克风膜片间距为 17 厘米，夹角为 110 度。

2. 因为ORTF两个麦克风间距很短，所以对于低频信号，尤其是波长大于17厘米的低频信号，只能表现出强度差立体声特征，而在时间差范畴内只表现为单声道特征。

3. ORTF的有效拾音范围是180度。

8.2.2.2 NOS拾音制式

NOS拾音制式由荷兰广播局开发，是荷兰语荷兰广播局即Nedelandsche Onroep Stichting的缩写，NOS立体声对的具体设置方法如图8-9所示。

图8-9 NOS拾音制式

NOS立体声拾音制式的特点如下：

1. NOS由两个心形指向麦克风组成，麦克风膜片间距30厘米，夹角为90度。

2. NOS的立体声听感仍然局限于短波长高频区域。低频信号由于在波长长度上接近两个麦克风膜片之间的距离，所以只存在声强差立体声，而在时间差立体声范畴内更接近于单声道信号。

3. NOS的有效拾音范围为160度。

目前除了上述ORTF和NOS拾音制式外，近似交叉重叠拾音制式还有RAI和DIN两种。RAI为意大利广播电视公司，即意大利语Radiotelevisione Italiana的缩写。DIN为德国标准化学会，即德语Deutsches Institut für Normung的缩写。这两种立体声拾音方式的具体设置方式如表8-1所述：

表8-1

制式名称	麦克风指向性	膜片夹角	膜片距离	有效拾音角度
RAI	心形	±50°	21厘米	90°
DIN	心形	±45°	20厘米	100°

8.2.3 间隔麦克风立体声拾音制式

间隔麦克风技术是利用两个或多个全指向麦克风，通过声波在进入不同麦克风时所形成的时间差来对立体声声场进行还原的技术。因为间隔麦克风技术使用全指向，即压强式麦克风，所以较上述交叉重叠，或近似交叉重叠制式中的单指向麦克风来说，具有更丰富的低频信号响应，所以从主观听感来说，音色更加温暖。目前间隔麦克风技术主要包括 AB 拾音制式，和 DECCA 树取音制式。

8.2.3.1　AB 拾音制式

AB 制立体声拾音方式由两个有一定间距的全指向麦克风构成。如图 8－10 所示。

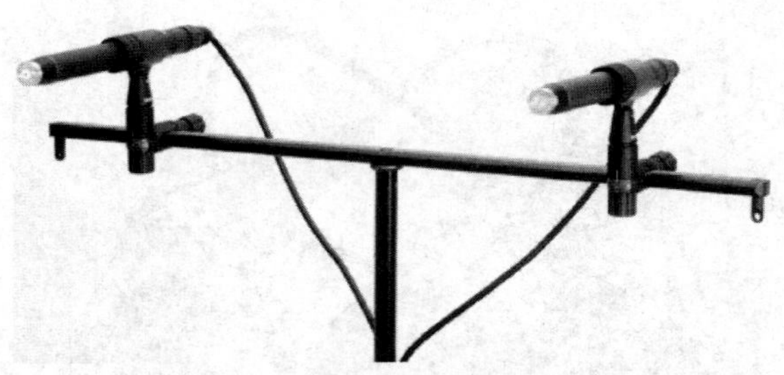

图 8–10　AB 立体声对的摆放方式

在麦克风的架设上，尽管目前存在有大 AB，即麦克风间距在 1 米或 1 米以上，和小 AB，即麦克风间距在 20 厘米左右，但在实际工作中，两个麦克风之间的距离通常应根据实际情况自行决定，例如在使用 AB 制录乐器独奏时，间距可以小到 17 厘米左右，而在录大乐团时，间距可以大到 2 米左右。另外，在调音台上，两个全指向麦克风信号在声像上应安排在极左和极右，以防止梳状滤波效应发生。在使用 AB 制对中型或较大乐团进行拾音时，应注意以下两点：

1. 因为两个全指向麦克风会同时拾取到过多相同的声场信息，所以两个麦克风之间的距离如果太近，幻像声源则在主观听感上趋于单声道。

2. 两个麦克风之间的距离大于乐团宽度的 1/3 时，会出现中空效应。如图 8–11 所示，声源 1、2、3 会过分集中在左扬声器，而声源 5、6、7 则会过分集中在右扬声器，从而造成声场中央缺乏信号填补。当中空效应出现时，立体声和单声道的兼容度会明显下降。

在录音中，如果一定要增加两个全指向麦克风间距，以便加大立体声声场宽度的话，录音师通常在两个全指向麦克风之间再增加一个全指向麦克风来填补声场中的中空部分，并且每两个麦克风之间的距离最大不能超过整个乐团宽度的 1/3，这种录音方式有时又被称为间隔三点拾音制式。在后期制作中，中间麦克风信号的推子在调音台上通常要低于左右麦克风信号大约 5dB 左右，因为中间麦克风的信号主要是为了弥补中空效应的产生。如果输出过大，则会影响立体声声场的宽度。

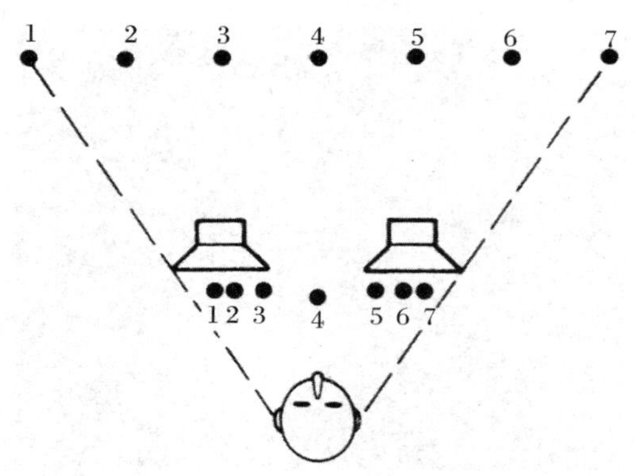

图 8-11 AB 拾音制式中的中空效应示意图

8.2.3.2 Decca 树拾音制式

Decca 树拾音制式最早由三个 Neumann M50 全指向麦克风组成，现在 M150 麦克风成了 Decca 树的标准使用麦克风。即图 8-12 中麦克风 C，L，R。除此之外，在实际录音中，有时可以增加两个全指向的侧展麦克风以增加声场的宽度，如图 8-12 中左侧展麦克风及右侧展麦克风。根据波前理论，位于 Decca 树中间的麦克风可以使位于声场中间的声源表现出较高的清晰度，以及较明确的定位感。这种拾音方式改善了 AB 拾音制式，尤其是当两个麦克风之间的距离较大时，中置声源在主观听感上向左右扬声器分散的缺点。在麦克风摆放上，L 和 R 麦克风之间的距离通常为 1.5 米，麦克风 C 到 L 和 R 之间的垂直距离为 1.5 米。麦克风 C 俯角指向木管组，麦克风 L 俯角指向第一小提琴组，麦克风 R 俯角指向大提琴组。图 8-13 展示了实际工作中，通过三只 M150 麦克风架设 Decca 树的情况。

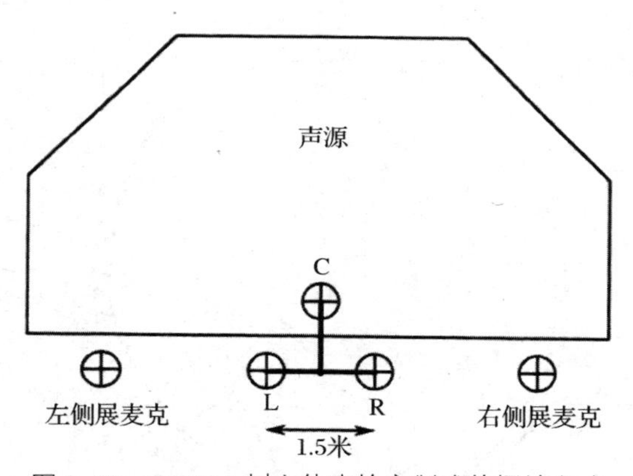

图 8-12 DECCA 树立体声拾音制式的摆放方式

Decca 树作为一种全指向麦克风的使用技术而言，其对声场特性的体现也取决于麦克风振膜的设计，而最早的 Decca 树在实验时所使用的麦克风是 NeumannM50，其振膜是安装在一个直径为 4 厘米的实心球体的表面上的。以便使麦克风有更平缓

图 8-13　使用三只 M150 麦克风架设的 Decca 树拾音制式

自然的频率响应，以及在中高频上有更好的指向性。对于目前的 M150 来说，其振膜所镶嵌的球体直径仍是 4 厘米，但不同在于 M50 使用高密度树脂玻璃球体，而 M150 使用的是空心塑料球体。图 8-14 为 M150 麦克风及其嵌于球体表面的振膜。M150 在不同频率上所表现的不同指向特性如图 8-15 所示。从图中可以看到该麦克风在 8kHz 频率以上，在 180 度轴的地方就已经有接近 10dB 的衰减，说明由于球体设计，M150 立体声对所表现出更多的立体声分离感。

图 8-14　M150 麦克风及其球体极头设计

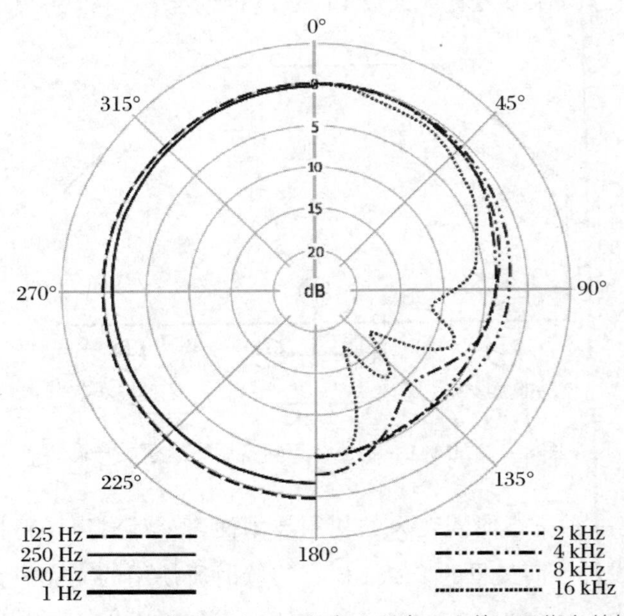

图 8-15　M150 麦克风在不同频率上所表现出的不同指向特性

8.2.4 综合立体声拾音制式

所谓综合立体声拾音制式，就是综合了近似交叉重叠制式和间隔制式两种拾音方式对大型乐团进行拾音。如图 8-16 所示。该类型的拾音制式的特点如下。

1. 主麦克风对由一个近似交叉重叠麦克风对和两个全指向麦克风组成。在调音台上两个全指向麦克风的声相定位通常为极左和极右。并且交叉重叠麦克风对的信号在调音台上通常要低于全指向麦克风信号大约 5dB 左右。以便突出声场的宽度，同时由于麦克风距离因数的关系，如果中间心形指向麦克风信号较大，同样会将声场变窄。

2. 图 8-16 中距离 A 为 0.5 米左右，距离 Y 是乐团整体宽度的 1/3。

3. 在配合点麦克风使用时，通常点麦克风的峰值信号应比主麦克风低 6dB ~ 8dB。

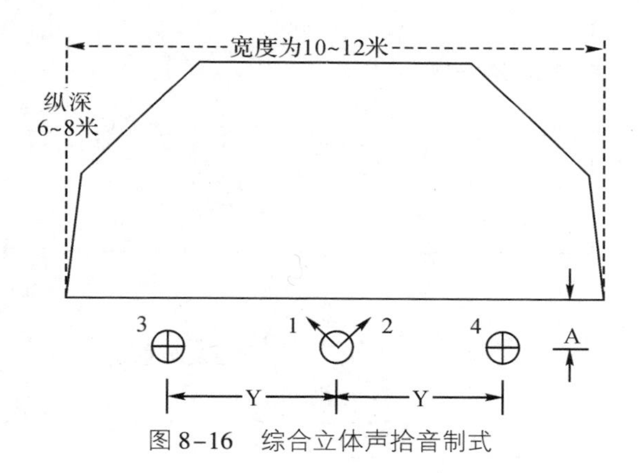

图 8-16 综合立体声拾音制式

除了上述讨论的拾音制式外，采用间隔摆放的录音制式还有 Faulkner 立体声对，如图 8-17 所示，这种制式主要由英国录音师 Faulkner 首先采用，即两个双指向的麦克风间距 20 厘米，平行摆放。这种拾音方式通常适用于中小型乐团，并且在距离乐团稍远的距离的情况下，可以取得较为理想的声源定位。

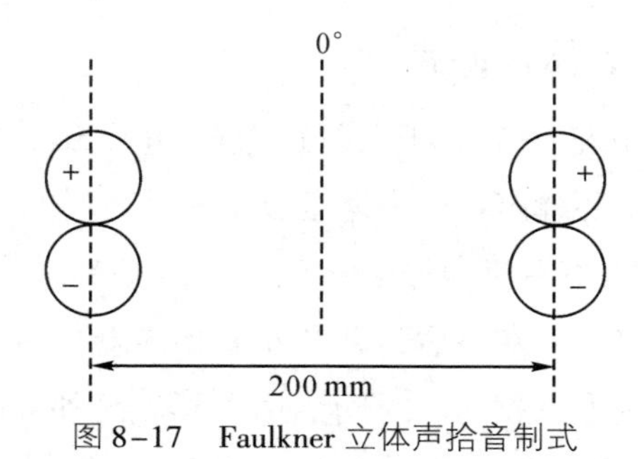

图 8-17 Faulkner 立体声拾音制式

8.2.5 双耳效应立体声拾音制式

尽管目前所有的立体声拾音制式都是在模仿人的双耳在实际声场中的听音经验，但双耳效应拾音制式通常是特指使用人工头麦克风或类似级数进行拾音。由于人工头是模仿真正人的头部结构对声波进行阻挡和反射作用，然后将声波传入内置在耳内的麦克风，所以当使用耳机进行回放监听时，听音者有很强的身临录音现场的感觉。也就是说通过双耳效应拾音制式录制的节目需要通过耳机来还原才能达到最佳效果。但又因为每个人的头部和耳朵结构其实仍有各自不同的特征，所以录音信号很难在所有人的耳内得到相同、精确、真实的还原。双耳效应拾音流程如图 8-18 所示。

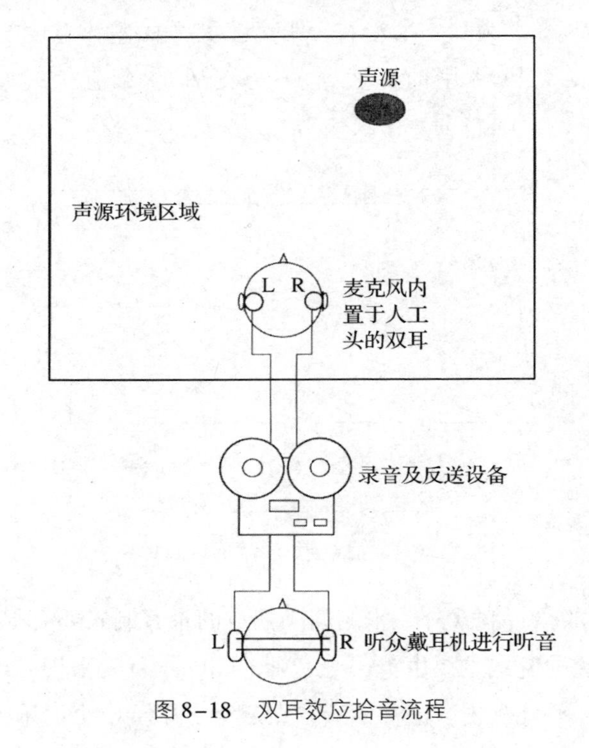

图 8-18　双耳效应拾音流程

8.3　三声道（3-0）立体声格式

三声道立体声系统由左（L）、中（M）、右（R）三个声道信号及其返送扬声器组成，主要用来在一个环绕声系统中返送位于前置声场的信号。在扬声器摆放中，左、右扬声器和听音者的关系应为等边三角形，如图 8-19 所示，中间的扬声器位于左右两个扬声器中间，但略微靠后，并和左右扬声器保持在同一个弧线上，以便位于声场中间和两边的信号以相同的时间到达人耳。另外，中间的扬声器还可以弥补在影院系统里由于听音范围过大所造成的在两个扬声器之间幻像声源定位不准的缺陷。三声道信号格式主要有以下特点：

1. M 信号不是幻像声源，而是一个实际的声源信号。所以位于声场中央的声信号定位更准确。

2. 因为 M 信号为实际声源信号，所以左、右扬声器之间的角度可以适当增大，比如说可以由原来的±30 度增加到±45 度，以便在主观听感上增加前置声场的宽度。

3. 由于 M 信号的存在，听众的最佳听音区范围得到拓宽，而不像传统 2-0 立体声那样只存在一个最佳听音点。

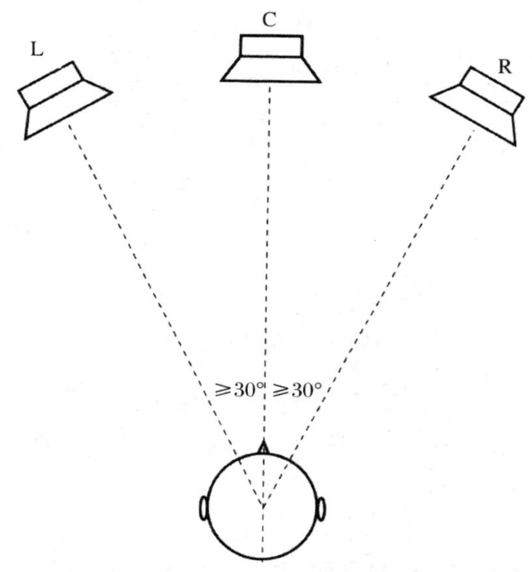

图 8-19 三声道立体声系统中扬声器的摆放方式

8.4 四声道（3-1）立体声格式

四声道立体声又被称为 3-1 立体声，或是 LCRS 立体声，其中 S 代表环绕声道。低频效果声道即 LFE 声道，负责传送该声道信号的次低频扬声器可作为选择性安装。3-1 立体声是在 3-0 立体声基础上，在观众的正后方增加一个效果声道，即 S 声道，以增加声音的环绕效果。由于该 S 声道所传输的是单声道信号，所以无法全面实现 360 度真实的声场定位效果。因此在影院系统中，通常将单声道 S 信号分送给多扬声器来进行返送，以便使环绕信号覆盖更大的听音范围，如图 8-20 所示。3-1立体声格式中的 S 信号在家庭影院系统中由两只环绕扬声器来分担，其中两只环绕扬声器的摆放方式和图 8-21 中 5.1 系统中的环绕扬声器排列方式相同，并在返送时，每只扬声器的输出声压级通常降低 3dB，以保证两只环绕扬声器的音量相加后不至于超过前置扬声器的音量，从而造成前后对讲效应。

环绕声道为单声道是 3-1 立体声的最大弊端，因为在两个环绕扬声器之间传输的其实是两个相同的信号，所以环绕效果极为有限。尽管一些系统通过将两只扬声器的信号做反相处理，或使用双极扬声器来增加空间感，但立体声信号所应有的分离度并没有得到真正的改善。

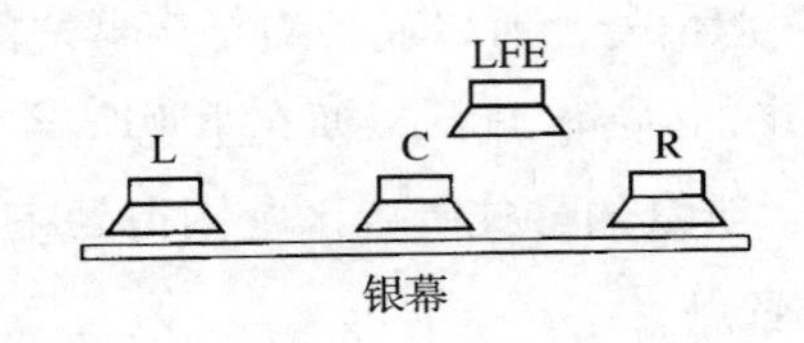

图 8-20　在影院系统中，通过多扬声器返送 3-1 立体声中的单声道环绕信号

8.5　5.1 声道（3-2）立体声格式

3-2 环绕立体声又被称为 5.1 环绕立体声。其中“.1”代表经过带宽限制处理的信号通道，通常被称为低频效果声道即 LFE 声道。LFE 是英文 Low Frequency Effect 的缩写。5.1 立体声有时也被称为 3-2-1 立体声，其中最后一位数字代表 LFE 声道。与 3-1 立体声不同，在 5.1 声道立体声中，环绕声道是由两个扬声器回放的立体声信号，同时与前置三个声道结合形成以前置信号为主、环绕信号为辅的还音模式。这意味着环绕声道信号只负责为前置声道提供一种“空间环境印象”或是“效果”的支持。

目前 5.1 环绕立体声格式的扬声器应依照 ITU-R BS. 775 标准进行摆放，如图 8-21 所示。从图中还可以看到此标准同时规定了在音视频相结合时，前置扬声器和听众的听音距离以及屏幕高度之间的关系。其中，如果用 H 代表屏幕高度的话，标准规定：

屏幕 1：适用于电视屏幕的听音距离 = 3H（$\beta_1 = 33°$）

屏幕 2：适用于投影屏幕的听音距离 = 2H（$\beta_2 = 48°$）

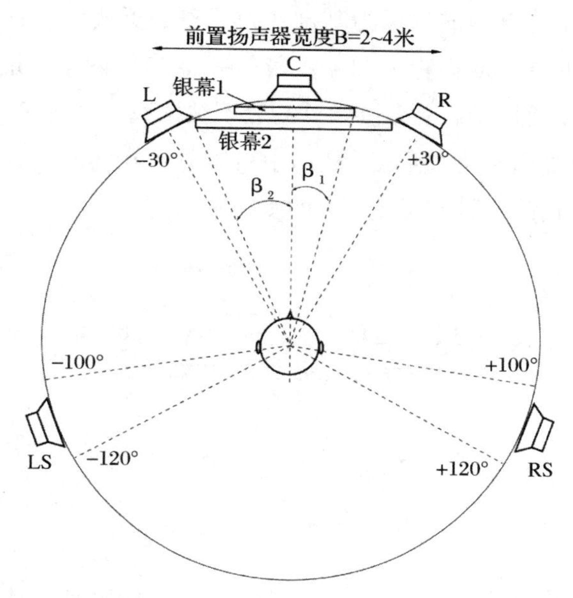

图 8-21 按照 ITU-R BS. 775 标准进行摆放的 5. 1 环绕立体声的扬声器

此外，ITU 标准还规定了 L、R 扬声器之间的夹角为±30°以便和 2-0 立体声兼容。因为在较小的角度设置内，中置扬声器会大大影响前置声场的宽度，所以也有人建议将前置扬声器 L、R 之间的夹角扩大为±45°。环绕扬声器和中置扬声器之间的夹角接近于±110°，所以在 5. 1 系统中环绕扬声器更类似于侧环绕扬声器而不是后环绕扬声器，因此有人建议环绕扬声器的角度应扩大为 150 度以便更能体现出环绕的效果。5. 1 立体声标准没有规定在听众正后方需要摆放扬声器，但 ITU 标准允许增加辅助环绕扬声器，并且两只辅助扬声器的位置可设定在±60°和±150°之间。另外，环绕扬声器和前置扬声器在品牌、型号上应尽可能保持一致，以便在环绕声场内保持音质一致。

5. 1 系统中的低频效果声道属于相对独立的、用于传输次低频信号的通道，其中 Dolby 公司规定在 LFE 声道中所传输信号的上限频率为 120Hz，而 DTS 标准规定其传输信号的上限频率为 80Hz。LFE 声道信号主要用于电影或其他视频节目中的爆炸，轰鸣等特殊音效的体现，并且在剧院系统中，LFE 声道的回放信号增益通常要高于其他声道信号 10dB。在音乐制作中一般不使用低频效果声道来承载音乐，否则会破坏音乐的平衡。

8. 6 其他多声道音频格式

在目前多声道音频格式中还有 7. 1 和 10. 2 两种环绕模式。7. 1 声道环绕模式又被称为 SDDS 格式，SDDS 是英文 Sony Dynamic Digital Sound 即索尼动态数字声音的缩写。SDDS 以宽银幕电影的发展为基础，为了覆盖更大的听音范围，在原三个前置声道即 L、C、R 中增加了左中（CL）和右中（CR）两个声道以及与其相应的扬声器。SDDS 系统主要用于影院系统中，一般不被家庭听音环境所采纳。SDDS 格式的扬声器位置摆放如图 8-22 所示。从图中可以看到在实际工作中，环绕信号是通过多扬声器进行回放的，以便覆盖更大的听众范围。

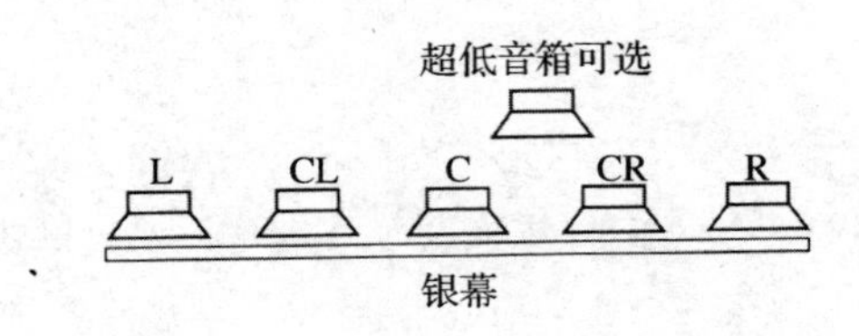

图 8-22　SDDS 环绕声回放系统

10.2 声道环绕模式如图 8-23 所示，图中实心浅灰色扬声器为原 ITU 标准的 5.1 系统，黑色扬声器为两只新增加的一对，和地面保持 45 度角的高度扬声器来传输代

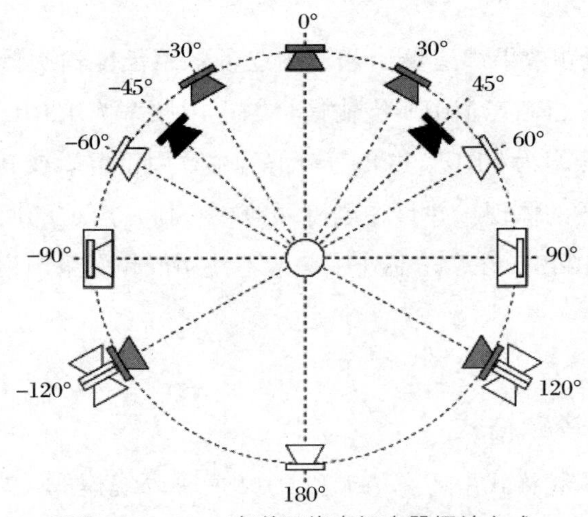

图 8-23　10.2 声道环绕声扬声器摆放方式

表声场左右高度的 LH 和 RH 信号。听众左右 90 度角处是负责传输 LFE 声道信号的次低频扬声器。除此之外，10.2 系统在听众前方正负 60 度处还增加了一对扬声器，以拓宽前置声场的宽度，并且在听众的身后，即 180 度处增加了一个，即 180 度处增加了一个扬声器以填补在 ITU 环绕标准中两只环绕扬声器之间的空白。

8.7 环绕立体声系统

8.7.1 Dolby 立体声、Dolby 环绕及 Dolby 逻辑

Dolby 立体声在早期开发电影音频信号时包括从 3 声道到 6 声道不同的格式，其中主要有 70 毫米电影格式中的 6 声道磁记录音轨格式，即 L、LC、C、RC、R 和 S 声道，以及 30 毫米电影格式中的 2 声道光学记录格式并可解码为 4 声道，即 L、C、R、S 声道，从而形成 3-1 立体声格式。不论是在 70 毫米格式或是 30 毫米格式上，S 信号均为单声道信号。被解码的 4 声道格式被认为是 Dolby 立体声系统并被广泛用于各影院和众多电影的音频信号制作中。在 Dolby 立体声系统之后，1982 年 Dolby 公司开发了 Dolby 环绕格式，目的是将 Dolby 立体声系统的效果带入普通家庭的听音环境中，并使用与 Dolby 立体声系统相同的矩阵解码方式，所以当节目从电影格式转为电视格式后，可以在家庭中使用与在影院中相同的解码方式对环绕节目进行解码。但有所不同的是，用于 Dolby 立体声系统中的 Dolby A 降噪格式并没有在民用 Dolby 环绕系统中使用。

如图 8-24 所示，Dolby 立体声矩阵是一种 4-2-4 形式的编解码矩阵系统，即源信号为 4 声道信号，编码成 2 声道存储形式，然后再以 4 声道的形式进行解码。图中 BPF 是英文 Band Pass Filter，即带通滤波器的缩写。Dolby 立体声在编码流程中将单声道的环绕声道信号通过反相的形式编入左右声道，即+90°在其中一个声道，而-90°在另一个声道，而中央声道则以相位叠加的方式进入左右声道，从而形成编码后的 Lt/Rt 合成信号。在解码过程中，环绕信号以 Lt/Rt 信号差的形式，即二者的反相信号取出，而中置信号则以 Lt/Rt 的信号和的形式还原。在民用格式中，由于使用无源解码方式，所以并不是所有的中置信号都被送到一个相对独立的扬声器进行回放，所以在这种情况下，中置声道的信号通常使用左右声道的幻像声源来实现。

Dolby 环绕民用系统的解码流程如图 8-25 所示。根据图示可以看出，除了信号和差解码环节外，环绕声道的信号还附加了延时、7kHz 低通滤波器以及经过修正的 Dolby B 降噪处理环节。在解码环节中的低通滤波器以及延时设置均是为了避免环绕

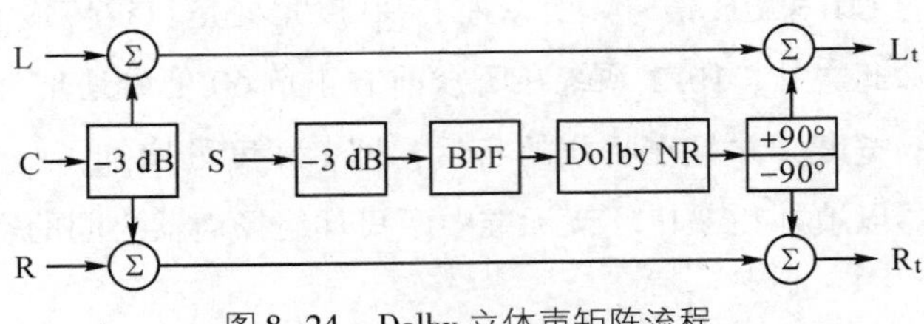

图 8-24　Dolby 立体声矩阵流程

声系统前后声道的对讲效应，因为前后声道的串音较容易发生在高频区域，并且延时的使用可以防止人耳听觉系统将环绕信号和前置信号混合在一起。在 Dolby 环绕系统中，修正 Dolby B 可以有效降低环绕声道的噪音。

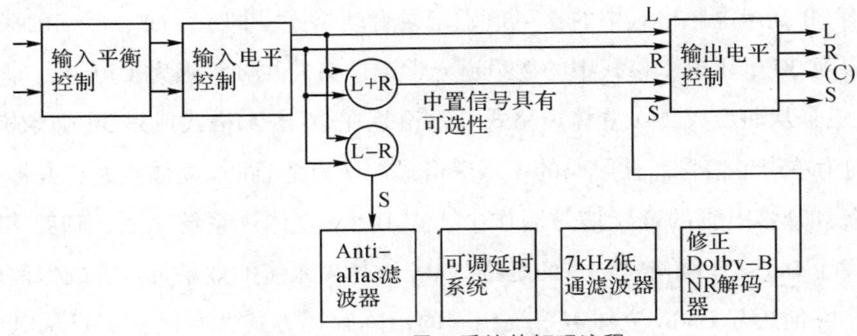

图 8-25　Dolby 民用系统的解码流程

尽管民用 Dolby 环绕系统在前置和环绕声道之间的信号分离度很高，但前置相邻的两个声道之间信号分离度则非常有限。因为即使将左声道信号的声像处理到极左的话，该信号在中置声道也只衰减 3dB，并且同时还会出现在环绕声道。因此，Dolby 公司推出了专业逻辑解码系统，该系统的解码信号流程如图 8-26 所示。Dolby 专业逻辑的主要特点在于可以自动查找节目中主导信号的所在声道位置，并依此进行选择性地降低其他声道信号的输出电平。比如，如果节目中的对白信号作为主导信号出现在中置声道 C 时，控制电路将降低其他声道 L、R、S 的输出值，使得对白信号在听觉上主要来自中置声道。Dolby 专业逻辑使用不同的算法来决定当主导信号位置变化后系统的反应速度，以及节目中如果不存在主导信号时，环绕系统对各声道信号的处理方式。

在市场中，Dolby 专业逻辑 Ⅱ 是 Dolby 专业逻辑的升级模式，其主要特点在于环绕声道信号为全频段信号，而并非带有低通滤波处理的信号，并通过不同的选择，使之更适合音乐节目的的回放。另外，Dolby 公司还指出，Dolby 专业逻辑 Ⅱ 能够更有效地从双声道立体声格式向五声道立体声格式进行上行转换。

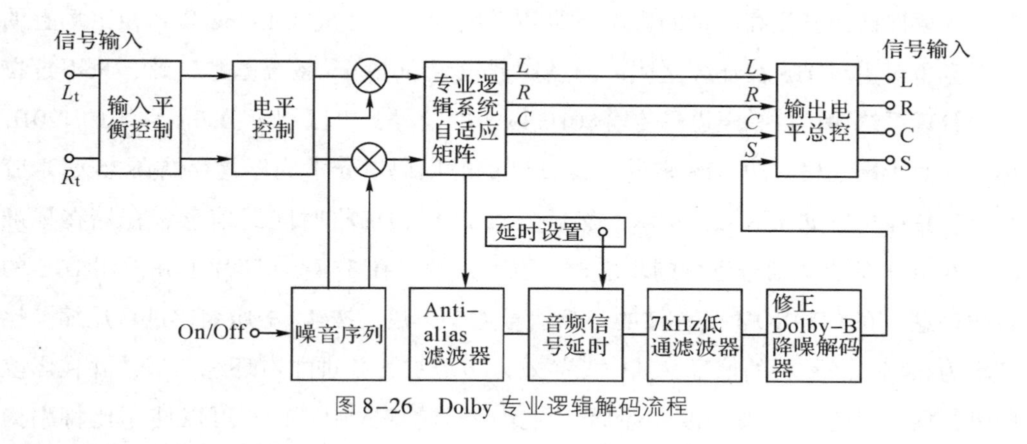

图 8-26　Dolby 专业逻辑解码流程

8.7.2　Dolby 数字环绕声，DTS，SDDS，CS 环绕声格式

在矩阵环绕处理系统数字化后，多声道信号可以完全按离散的形式进行传输，但高解析度数字信号的存储和传输将占据大量的存储空间。因此，一些数字编码形式应运而生，并可以在最低的信号损失条件下使用低于原信号的比特率对原信号进行数字编码。目前常用的数字编码格式有 Dolby 数字、DTS、SDDS、CS 等。

Dolby 数字（Dolby Digital）又被称为 Dolby AC-3，其开发的主要目的是可以针对影院或家庭设备传输 5.1 声道的信号而不需要模拟矩阵编码过程。Dolby AC-3 使用低比特率技术对多声道信号进行传输并且有效避免了原模拟矩阵环绕系统中声道之间的串音问题。Dolby 数字环绕基于 ITU 标准的扬声器 3-2-1 环绕格式对信号进行编解码，并且其比特率可以从单声道的 32k 比特/秒到环绕信号的 640k 比特/秒。Dolby 数字信号被记录在 35 毫米电影胶片的数字声轨上，其编码过程可以通过软件对一些可选参数进行控制，比如 Dolby 数字在编码时可采用 32kHz，44.1kHz 或 48kHz 对信号进行采样，同时 LFE 声道则由于是带宽限制信号，所以只采用 240Hz 的采样频率。除了提供环绕音频信号外，Dolby AC-3 还可以提供不同的操作选择来增强系统的灵活性，比如对白正常化选择，以及当听音环境的背景噪音较大时，音频信号动态范围的控制信息。对于用在广播节目中的对白正常化的控制信息来说，主要目的在于保证从一个节目到另一个节目转换时对白输出音量的稳定性。对白正常化的数值等于节目中语言对白的平均电平和最大录音电平的差值。比如对白的平均电平为 70dB，而录音的峰值电平为 100dB，那么对白正常化的数值应设定为 -30dB。另外，Dolby 数字格式同时提供信号下行合成控制信息以便解码器对环绕声节目源进行双声道立体声格式的重建。

DTS 是英文 Digital Theater System 即数字影院系统的缩写。DTS 公司始建于 1994

年，主要以研制开发高质量的影院环绕声系统为主，并成为 Dolby 公司在市场上的主要竞争对手。DTS 在环绕立体声的扬声器设置和 Dolby 系统基本一致，只不过在低频管理系统中，LFE 声道只传输 80Hz 以下的信号，以区别于 Dolby 系统的 120Hz 标准。对于影院格式的 DTS 来说，24 比特的时间码以光学的形式存储在 35 毫米胶片上，具体位置如图 8-27 所示，然后通过 LED 扫描将时间码信息和存储在标准 CD-ROM 上的音频信号进行同步播放，也就是说，在 35 毫米胶片上并没用 DTS 的音频信息。在 CD-ROM 上存储的音频信号为 5 声道，按 4 : 1 压缩比进行压缩，比特率为 882k 比特/秒的信号，其中低频效果声道被合并进左右环绕声道，并在影院内进行播放时通过低通滤波器还原。在家庭影院格式中，DTS 可以使用比特率为 1509. 75k 比特/秒对音频信号进行编码，但实际上通常为了增加音轨数量使用较低的 754. 5k 比特/秒比特率进行编码。

不论是 Dolby 数字格式还是 DTS 格式，在其信号还原所使用的 5. 1 系统中，由于两只环绕扬声器彼此间距太大，从而造成幻像声源定位不准确。所以 Dolby 数字 EX 和 DTS ES 得到开发，以便完善环绕声系统在听众身后的听音环境，即在两个环绕声道之间有一个更为明确的声场定位信息。Dolby EX 在原标准 5. 1 系统中的左环绕扬声器和右环绕扬声器之间增加了一个中置环绕声道，并使用矩阵方式对中置环绕信号进行编解码处理。因此在信号回放阶段，需要有 Dolby 数字 EX 解码器、7 个信号返送通道及相应的扬声器才可以支持。DTS-ES 包括两种格式即 DTS-ES 矩阵系统及 DTS 离散 6. 1 系统。DTS-ES 矩阵系统为 5. 1 声道格式，因为中置环绕信号是由左右两个环绕信号通过矩阵编码得出的。但 DTS 离散 6. 1 系统中的中置环绕声道则是单独录制的，并非矩阵处理的信号。当解码系统无法识别 DTS 离散 6. 1 信号时，会自动将中置环绕信号解码至左右两个环绕声道。以保证听众还是可以通过左右两个环绕声道听到中置环绕声道信号的。这也是为什么目前通常认为 DTS 离散 6. 1 格式是真正的 6. 1 信号，而 DTS-ES 矩阵系统尽管通过 6 个主扬声器来回放主信号，也还是属于 5. 1 系统。

SDDS 是英文 Sony Dynamic Digital Sound 即索尼动态数字声音的缩写。使用 Sony 的 ATRAC 对原始数据按照 5 : 1 压缩比进行编码，并采用 7. 1 格式进行信号还原，即前置声场安排五个扬声器来还原前置声场（L、CL、C、CR、R），以及两个常规扬声器来还原后面的声场。SDDS 格式目前主要用于在影院内对环绕声的回放，还没有民用解码设备对 SDDS 信号在家庭听音环境中进行解码。图 8-27 展示了 SDDS 信号、Dolby 数字信号、DTS 时间码以及模拟音频信号在 35 毫米胶片上的位置。

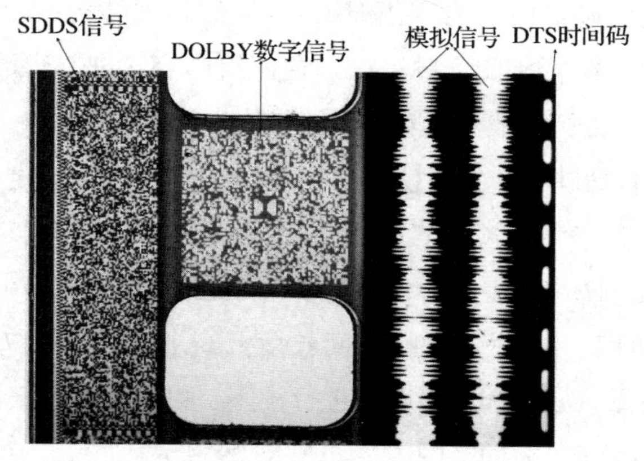

图 8-27 SDDS 数字信号，Dolby 数字信号，DTS 时间码
以及模拟音频信号在 35 毫米胶片上的位置

CS 是英语 Circle Surround 即环形立体声的缩写，CS 环绕立体声作为一种编解码格式，由美国 SRS 公司研制开发。该公司目前已经成为 DTS 的一部分。CS 环绕立体声在强调信号回放时应有的方向信息外，比 Dolby 环绕系统更强调声音信号在整个环绕系统内的融合度。这也是为什么很多人认为 CS 环绕格式更适合音乐节目的欣赏的原因。CS 环绕格式通常将 5. 1 信号进行重新编码成 Lt/Rt 信号，然后再重新解码为 5. 1 多声道信号，并通过各扬声器播出，以此实现声音的更加融合的听感。CS 环绕格式在进行解码时使用 L 信号减 R 信号进入左环绕声道，R 信号减 L 信号进入右环绕声道。今天第二代 CS 环绕立体声，即 CSII 立体声具有编解码 6. 1 声道的功能。该 6. 1 编码的信号源可以是单声道信号、双声道立体声信号、CS 系统编码信号，也可以是来自其他矩阵系统的信号。另外，在家庭环境中，即便使用较小的扬声器，CSII 同样可以提高影视节目中人物对话的清晰度，以及更多的低频响应。

8. 7. 3 THX

THX 系统是美国卢卡斯电影公司在 20 世纪 80 年代的电影“THX1138”之后开发的。电影公司的技术总兼 Tomlinson Holman 主要负责其基本标准的制定，所以 THX 也被认为是英文 Tomlinson Holman Experiment，即 Tomlinson Holman 实验的英文缩写。THX 的初衷在于改善影院中的音质和听音环境，使观众更接近在电影后期制作中混音师的听音感受，同时根据乔治 · 卢卡斯的理念，公司的电影无论在任何场所进行播放，其画面以及音质都应表现一致。由于 THX 在开发时只是作为 Dolby 立体声系统的一种补充形式，所以它本身并不研究或开发环绕声的编解码技术。今天

THX 的影院认证主要包括四组内容，即 1. 影院的物理结构。2. 影院的投影系统。3. 影院的座位安排。4. 影院的音频系统。这四组内容又进一步涉及 1. 影院放映厅外部的环境噪声评估，例如来自影院大厅及其他环境的噪声。2. 影院放映厅内部的噪声评估。例如来自放映机、投影仪或空调等的噪声。THX 规定影院放映大厅的噪声级不应超过 NC30。3. 音频失真情况。4. 合理的观看角度。如图 8－28（a）、图 8－28（b）所示，THX 规定在标准 2.35：1 的屏幕情况下至少应保持 26 度、最佳为 36 度的观看角度。5. 厅堂混响时间长度。6. 银幕亮度。7. 音频信号均衡情况。8. 投影仪。投影仪必须和屏幕中心进行校正，以保证其位于屏幕宽度和高度的 5% 范围内，最佳应处于 3% 的范围内，如图 8－29 所示。

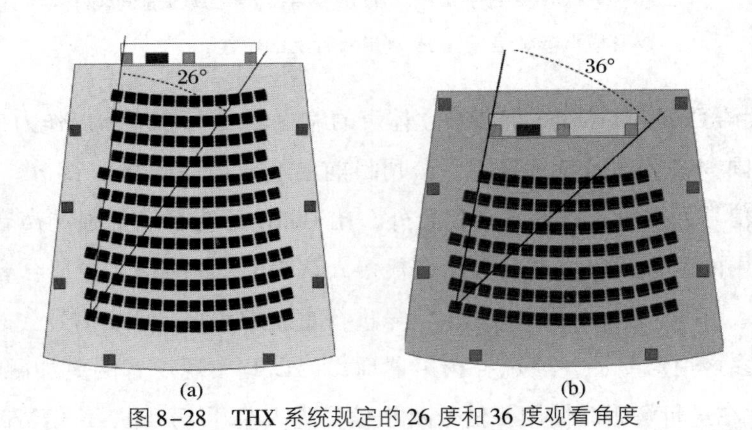

图 8－28　THX 系统规定的 26 度和 36 度观看角度

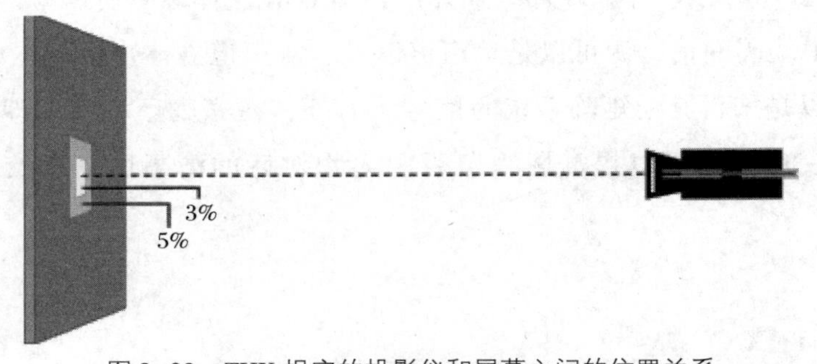

图 8－29　THX 规定的投影仪和屏幕之间的位置关系

在硬件方面，THX 规定了功放性能的一些特殊指标，以及听众前方主扬声器在垂直和水平方向的指向性，其中垂直方向的指向性应保证系统有足够的直达信号到达听众，水平方向主要负责听音区合理的覆盖面积。前置主扬声器的频响范围应保证在 80Hz～20kHz 之间，并且系统中每个扬声器都应具备 105dBSPL 的返送能力。THX 系统还规定了环绕扬声器的频响范围应在 125Hz～8kHz 之间，并采用双极辐射模式，使听众可以听到更多的反射声，以便模糊乐器在环绕声道中的定位信息。

THX 系统通常还指定在环绕系统中次低声扬声器的特性，以保证听众可以感受到丰富的低频效果。

8.8 环绕立体声拾音技术

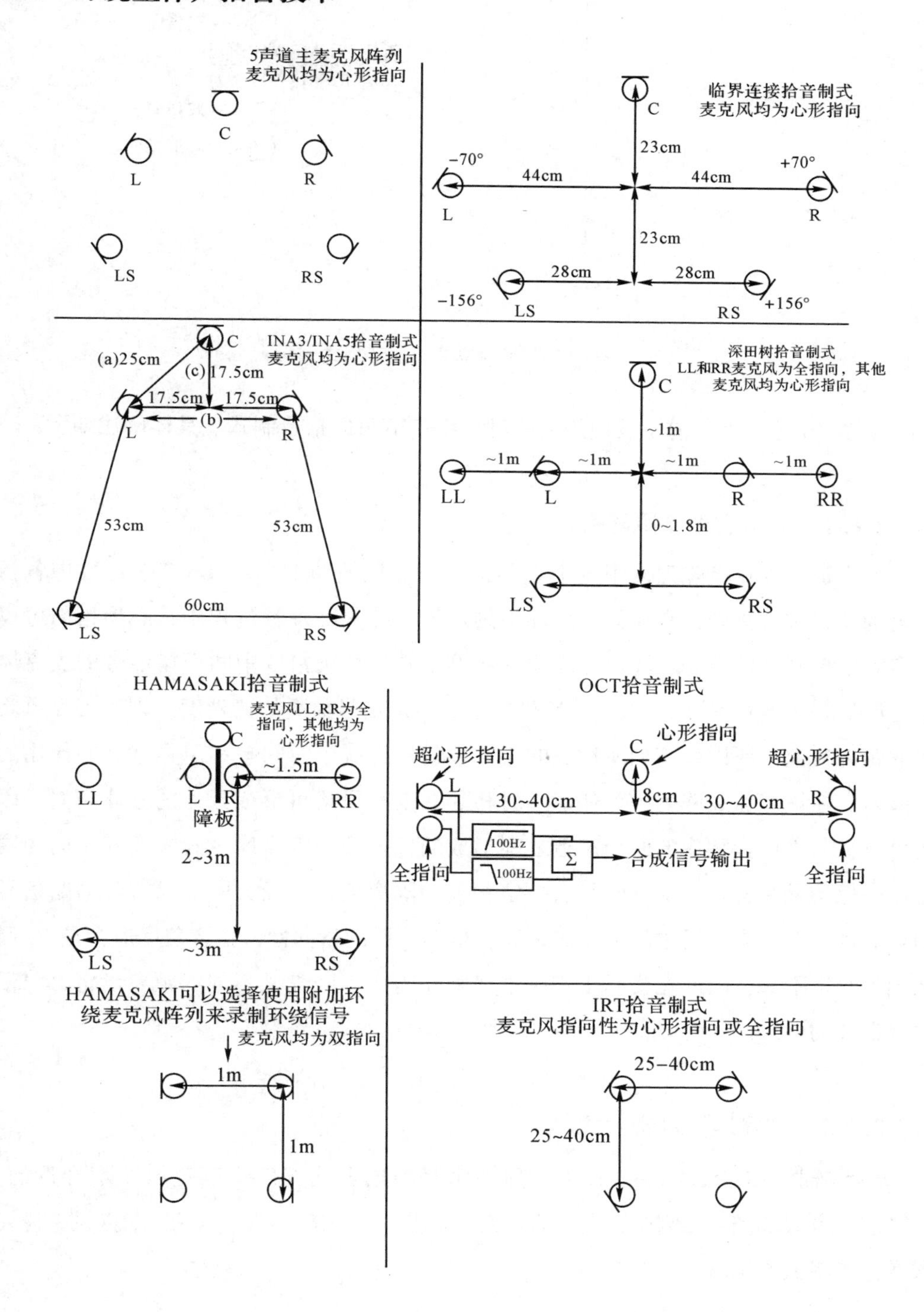

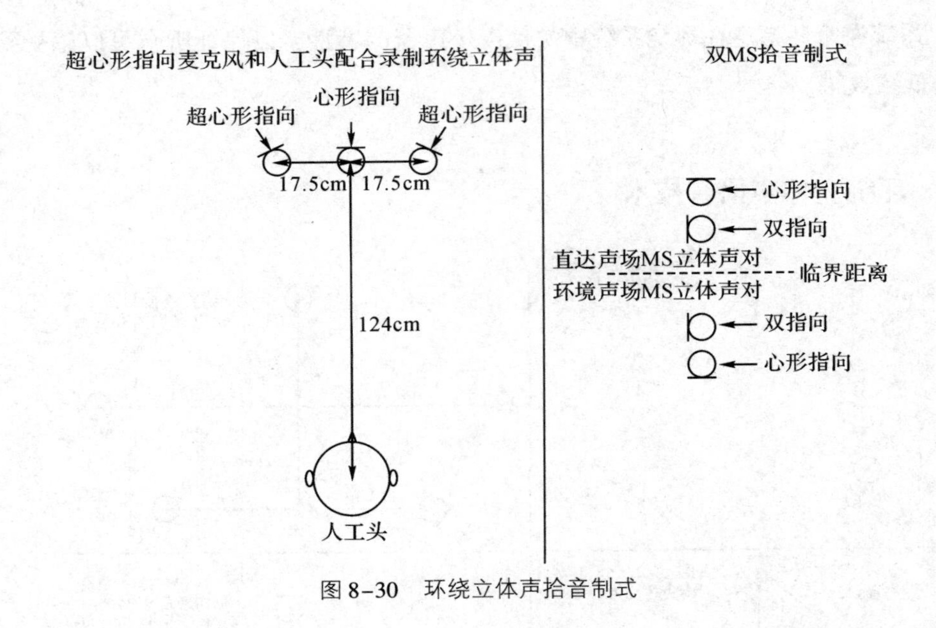

图 8-30　环绕立体声拾音制式

图 8-30 显示了目前主要使用的几种环绕声节目的拾音制式。具体阐述如下：

8.8.1　五声道麦克风阵列

五声道主麦克风阵列使用五个心形指向麦克风按照 ITU-R BS. 775 标准中各扬声器的位置进行排列，来还原一个环绕的声场。在实际录音过程中，心形指向可以更有效地控制直达声和环境信号之间的比例，并且负责拾取中间声场信号的麦克风 C 通常要前置于麦克风 L、R，以便赋予中置声道信号更高的清晰度。因为麦克风之间的距离较大，所以该阵列所形成的立体声信号也属于时间差和声强差共同作用的立体声。在该麦克风阵列中，任何一对相邻的麦克风均可形成独立的立体声对，因此可以在与之位置相应的两个声道之间形成幻像声源。麦克风之间距离和指向角度可以确保信号在各自声道之间具有一定程度的隔离度，以最大限度保持各通路信号的独立性。对于麦克风之间的距离来说，根据不同的指向性，拾音角度通常是 10 厘米到 1. 5 米不等，因此在实际工作中录音师还需要不断尝试不同的距离设定，以便取得最佳的效果。

8.8.2　临界连接拾音制式

临界连接（Critical Links）麦克风技术是根据上述五声道麦克风技术开发的。具体摆放方式如图 8-30 所示，其中麦克风 L、C、R 相对于 LS 和 RS 麦克风来说要求增益各降低 2. 4dB。

8.8.3 INA 拾音制式

INA 代表英文 Ideal Cardioid Array 即理想心形阵列的缩写。INA 采用三个心形麦克风拾取听众前面的声场信号。这 3 个心形指向麦克风所摆放的阵列被称为 INA3，另加两个心形指向麦克风来拾取听众身后的声场信号，一共 5 个麦克风形成 INA5 来还原 360 度的声场环境。在这里应注意的是图中 LS 和 RS 麦克风之间的角度应和前置麦克风 L 和 R 之间的角度保持一致。

8.8.4 深田树拾音制式

深田树拾音制式如图 8-32 所示。该拾音制式和 Decca 树拾音制式类似，但不同的是麦克风的指向性由全指向改变为心形指向，以便控制前置声道所拾取到的混响量。两个全指向麦克风（LL、RR）用来扩展声场宽度，同时可以加强环境信号在前后声道之间的联系。在深田树拾音制式中，负责拾取环绕信号的麦克风也是心形指向，其在声场中的摆放位置主要取决于声场环境中的临界距离。也就是说，在深田树拾音制式中，L、R、S 麦克风和 LS、RS 麦克风之间应该以临界距离为界分开，以确保前置麦克风处于以直达信号为主的声场内，而环境麦克风则处于以混响信号为主的声场内，以便前后信号有最大限度的分离度。

8.8.5 Hamasaki 拾音制式

日本 NHK 的 Hamasaki 拾音方式是利用近似交叉重叠麦克风对的方式，麦克风膜片间距为 30 厘米，中间采用障板隔开。两个全指向侧展麦克风 LL、RR 之间的距离为 3 米。两个环绕麦克风之间的距离为 3 米，环绕麦克风和前置麦克风之间的距离为 2 米 ~ 3 米。另外，在 Hamasaki 的拾音方式中还通常使用 4 个双指向麦克风分别指向声场两侧，以拾到更多的来自声场两侧的反射信号。

8.8.6 OCT 拾音制式

OCT 是英文 Optimum Cardioid Triangle 即优选心形三角的缩写。在 OCT 拾音制式中，前置声道的麦克风使用心形指向、全指向和超心形指向三种指向共同作用的形式，因此可以在避免声道之间串音的同时，提高低频响应。根据图示，超心形指向麦克风与中央心形指向麦克风形成 90 度夹角以防止串音并保证前面 LCR 声道各自最大的独立性。同时，为了弥补超心形指向麦克风所造成的低频缺乏，系统采用了混合方式，既在 LR 处使用全指向麦克风并和超心形指向麦克风所拾取的信号在100Hz 处进行分频合成输出，即对于超心形指向麦克风来说只输出 100Hz 以上的信号，而对于全指向麦克风来说只输出 100Hz 以下的信号。中央 C 麦克风的信号在100Hz 做高通处理，并且麦克风 C 和 L 与 R 之间的距离随着它们之间所形成的角度不同而变化，在 90 度时为 30 厘米，在 110 度时为 40 厘米。

8.8.7 IRT 拾音制式

由于上述 OCT 拾音制式本身只能拾取环绕系统中的 LCR 信号，所以 IRT 拾音制式通常用来和 OCT 制式配合来拾取环绕信号。目前 IRT 麦克风组和 OCT 麦克风组之间的距离没有明确规定，但在节目制作中，IRT 的 LR 信号应和 OCT 的 LR 信号合成至同一声道以避免环境信号和前置声道的主信号脱离。RT 又被称为 IRT-cross，是一种专门用来拾取环境信号的麦克风十字摆放方式，指向性为心形或全指向可选，麦克风之间的距离根据不同的指向性而变化以便取得最佳的声场效果。一般来说，麦克风为全指向时，间距为 40 厘米。麦克风在心形指向时，间距使用 25 厘米。另外，在节目制作中，IRT 所拾取的信号分别进入 L、R、LS、RS 声道，但不进入中置声道。

除了上述环绕立体声拾音方式外，窄角超心形指向麦克风的运用以及双毫秒理论也值得一提。所谓窄角超心形指向排列是指 L、R 麦克风之间的夹角很小，但具体的角度数没有明确的规定。但麦克风 L、C 和 C、R 之间的距离被规定为 17.5 厘米，并且环境信号由人工头麦克风进行拾取。另外，双毫秒制式主要采用两对毫秒麦克风，以声场中的临界距离为界，分别拾取前置声道的信号和环境信号，但前后麦克风组的信号延时应控制在 10 毫秒～30 毫秒之间。

8.9 环绕声麦克风

在环绕立体声录音中，除了使用多个麦克风进行组合来拾取不同方向的信号外，还可以使用环绕声麦克风来实现环绕声的录制。该类麦克风在电视现场转播的体育节目中尤为普遍。目前使用较多的环绕麦克风为声场麦克风，如图 8-31 所示，以及 Holophone，如图 8-32 所示。其中声场麦克风由多极头麦克风组成，输出 A 格式信号，A 格式信号可以通过麦克风信号控制器 DSF-2 直接解码输出 4 声道 B 格式信号，该 4 声道 B 格式信号进一步通过硬件 SP451 处理器或软件插件解码为 G 格式单声道、立体声及 5.1、6.1、7.1 环绕声。除了现场解码外，如果 B 格式信号可存储在任何多声道存储系统内以便在节目之后进行更精确的混音输出，解码流程可在节目后期制作中发生。目前声场麦克风的 B 格式信号软解码器作为插件已和 Pro Tools、SADiE、Nuendo 兼容输出采样频率为 48kHz、96kHz 和 192kHz 采样的高质量音频信号。Holophone 的麦克风输出信号可直接和调音台、麦克风前置放大器或工作站连接录制及存储环绕声信号。

图 8-31　声场麦克风及其处理器

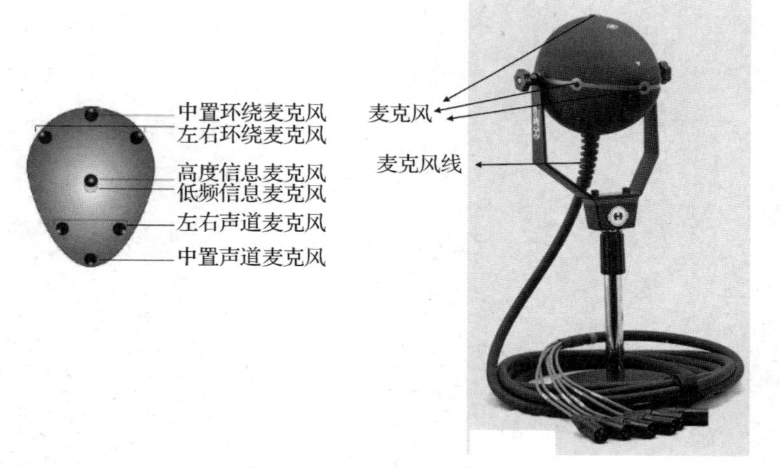

图 8-32　Holophone 麦克风

第九章

乐器声学及乐器拾音

9.1 弦乐器的拾音

弦乐器是通过琴弦在一定张力下产生振动而发声的，弦振动的代表乐器为提琴类、吉他、竖琴。在弦乐器的基频振动中，因为琴弦长度为一个正弦波波长的二分之一，如图 9-1 所示，所以弦乐器振动的基频波长是琴弦长度的 2 倍。

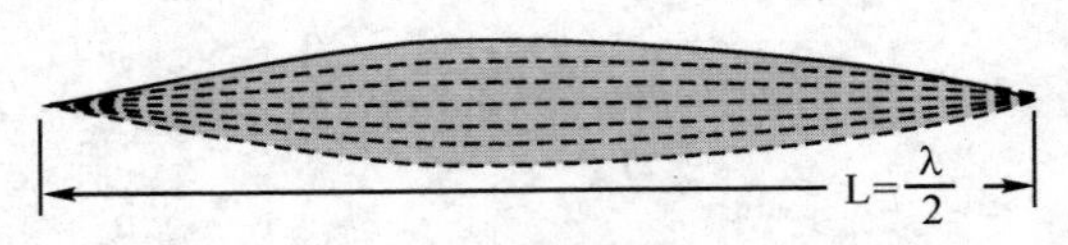

图 9-1　琴弦长度为基频波长的二分之一

弦乐器的基频频率和琴弦振动速度、琴弦张力以及琴弦质量的关系可用如下公式 30 表示，其中 2L 代表基频波长。

$$f_1 = \frac{V}{2L} \qquad \text{（公式 30）}$$

其中 f_1 = 弦振动乐器的基频频率（赫兹），L = 琴弦长度（米），V = 琴弦在弹拨后的振动速度（米/秒）。因为 V 取决于琴弦张力以及琴弦的质量，所以 V 可用公式 31 表示为：

$$v = \sqrt{\frac{T}{m/L}} \qquad \text{（公式 31）}$$

其中 T = 琴弦张力（牛顿），m = 琴弦质量（千克/米），L = 琴弦长度（米），所以公式 30 可转换为公式 32 如下：

$$f_1 = \frac{\sqrt{\frac{T}{m/L}}}{2L} \qquad \text{（公式 32）}$$

弦乐器各谐波频率和基频之间的关系如下：

第二谐波　$f_2 = \frac{2V}{2L} = 2f_1$

第三谐波　$f_3 = \frac{3V}{2L} = 3f_1$

第四谐波　$f_4 = \frac{4V}{2L} = 4f_1$

第 n 谐波　$f_n = \frac{nV}{2L} = nf_1$

9.1.1 小提琴的拾音

小提琴各部件名称如图 9-2 所示。小提琴的四根弦以纯 5 度音程分开，分别为

E5、A4、D4 和 G3。小提琴的基频范围在 196Hz～3136Hz 之间。小提琴处在振动中的琴体大约为 32 厘米长，18 厘米宽，在 500Hz 以下的频率声波按 360 度方向进行传输，并随着频率的提高，由于小提琴背板重量大于面板而缺乏振动力度，加上演奏员身体的阻挡作用，声波则沿面板±15 度之间垂直向上传输，也就是说在面板正负 15 度之间是小提琴中高频率声能集中的区域。小提琴的低频输出主要来自面板和背板的复杂运动及在 F 孔处所产生的气流振动。因为提琴的 F 孔可以被看成是一种亥姆赫兹共振孔，所以由 F 孔引发的共振频率又被称为乐器的亥姆赫兹共振频率。根据测试得出的小提琴共振曲线图如 9-3 所示。根据图示，小提琴的亥姆赫兹共振频率为 290Hz，非常接近 D4 弦在空弦状态下的音高，而小提琴琴体的共振频率为 440Hz，起到了增强 A 音的作用。

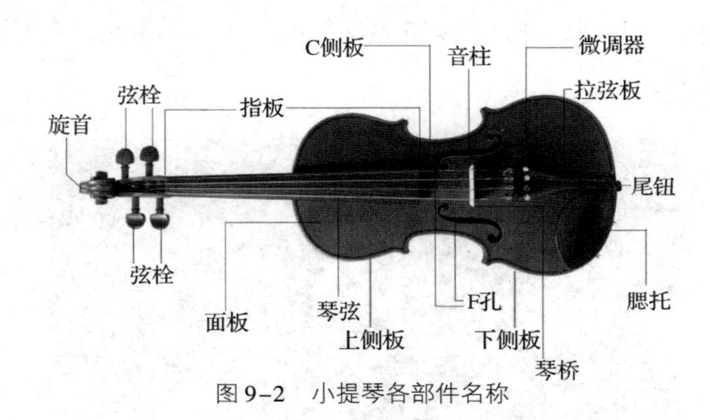

图 9-2 小提琴各部件名称

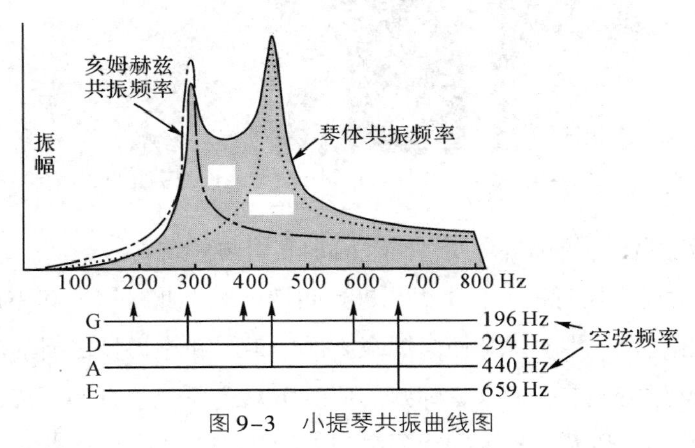

图 9-3 小提琴共振曲线图

小提琴面板用料通常为云杉木，背板用料是枫木，并要求树木的年轮顺直而均匀，木头的软硬度应合适。小提琴的背板、琴颈、琴桥用料通常为枫木。指板、止弦器以及弦栓通常由黑檀木制成。低音梁和音柱最常使用的材料为松木或云杉。

在录制小提琴古典曲目的独奏时，例如巴赫的无伴奏曲目时，通常使用一个由两只麦克风组成的立体声麦克风对来进行录制。该立体声对可以是小 AB 或是 OR-

TF/NOS，在使用 AB 制式进行录制时，麦克风之间的距离通常在 17 厘米到 20 厘米之间。麦克风膜片大约高于小提琴 10 厘米～20 厘米，以便可以录到更多提琴背板的振动信号，使乐器音色更加温暖。另外，麦克风距离琴身大约 1.5 米，以突出古典音乐中的空间感，同时又不失其主观听感上的聚焦性。麦克风最好不要直接摆放在 F 孔的正前方，以避免音色过于尖锐。如果使用 ORTF 或 NOS 立体声对来录制的话，麦克风和乐器之间的距离可以增加到 2 米左右。另外，在录音室声学环境及面积允许的概况下，录音师可以考虑增加一对环境麦克风对，来增加声场宽度。图 9-4和图 9-5 显示了通过 AB 制式录制小提琴独奏时的麦克风位置。在录制小提琴时，应注意直达声和室内反射声之间的比例，如果反射声过多，乐器的声音会听起来发散。另外，在录音室录小提琴应适当使用人工混响，以便对室内的反射信号的时间长度起到补充作用，并且如果室内反射声的音质不理想，人工混响也会对其起到一种掩蔽作用。

图 9-4　使用 AB 制式录制小提琴古典独奏曲目

在录制有钢琴伴奏的小提琴曲目时，通常使用两种方式：

1. 使用一对麦克风对钢琴和小提琴进行同期拾取。此时钢琴和小提琴的位置和现场演出基本相符合，即小提琴面向观众方向。钢琴和小提琴之间的音量平衡要依靠演奏员自己来进行调节，而录音师则需要给听众还原两个听感距离，即麦克风和小提琴之间的距离，以及小提琴和钢琴之间的距离，以便突出乐器在声场内的纵深感。根据个人的喜好不同和声场环境的不同，麦克风可以是全指向也可以是心形指向。麦克风的高度通常在 2.5 米左右指向钢琴。在声像安排上，尽管两个麦克风所在音轨在调音台上安排在极左和极右，但对于幻象声源来说，小提琴应在中间略微偏左一点，而不是在主观听感上完全位于左声道。钢琴的覆盖范围可以从中间偏左一点到极右。

图 9-5 在录制小提琴古典独奏曲目时，麦克风通常架设得较远，以便使乐器听起来有一定的声场深度

2. 使用同期分轨方式，如图 9-6 所示，一对麦克风负责拾取钢琴，而另一只麦克风负责拾取小提琴。这里值得注意的是，此时小提琴演奏员应面向钢琴，而不是观众的方向，以便录音师将小提琴的麦克风 180 度轴指向钢琴以降低声道之间的串音。在使用一只麦克风对小提琴进行录音时，根据音乐需要，麦克风和琴体之间的距离为 40 厘米 ~50 厘米不等，并将麦克风膜片 0 度轴对准 F 孔。在使用这种方法录音时，钢琴和小提琴之间的音量平衡则需要录音师来进行控制。因此要求录音师对该类音乐的平衡要求有所了解。

图 9-6 使用分轨的方式来录制小提琴和钢琴

在实际工作中，中提琴的录音方式和小提琴基本相同，但由于其琴体长度由小提琴的 32 厘米增加到了 40 厘米，并且四根弦均按低于小提琴 5 度进行调节，因此相对于小提琴来说，中提琴在频率辐射方面缺乏方向性。中提琴的亥姆赫兹共振频率为 230Hz，琴体的共振频率为 350Hz。

9.1.2 大提琴的拾音

大提琴的基频范围在 56Hz～520Hz 之间，其辐射方向集中在演奏员右侧 10 度～45 度之间，所以对于大提琴来说，演奏员右侧具有低频丰富的特点。大提琴的琴弦从粗到细分别为 C 弦、G 弦、D 弦、A 弦。在录制古典音乐独奏曲目时，如果录音场所面积足够大，声学条件较为理想的话通常使用 AB 拾音制式，如图 9-7 所示，麦克风距离乐手大约 1.5 米左右，高度通常比演奏员的头部略高大约 10 厘米左右，指向琴体以便突出空间感和乐器低频的温暖度。在使用全指向麦克风录音时，麦克风的位置应保证乐器的直达声和来自四周反射声的比例合理，否则乐器的直达声会变得模糊，并造成乐器的表现力不够。在古典音乐录音中，空间感不能以牺牲乐器的清晰度为代价。另外，有时为了突出乐器的细节，声音的硬朗，并且在室内反射声能的质量不理想的情况下，可以使用 ORTF 或 NOS 立体声对来进行录制。此时由于麦克风为压差麦克风，低频表现通常不足，所以通常应将麦克风架设在演奏员的右手，即大提琴 C 弦一侧，以突出低频的温暖度。另外，由于大提琴有非常丰富的低频响应，所以使用心形指向麦克风有助于录音师对室内反射声波的控制。在麦克风的选用上通常应使用低频表现较好的麦克风。在使用心形指向麦克风进行录音时，立体声对可以摆放在图 9-7 中相同的位置，但距离一般应略微增加，以突出空间感。另外，在使用立体声对录制钢琴和大提琴奏鸣曲时，AB 拾音制式也较为理想。如图 9-8 所示，大提琴和钢琴之间的距离以及麦克风和大提琴之间的距离应严格控制，以便在钢琴和大提琴之间取得理想的音量平衡。如果大提琴和钢琴之间的距离过远，或麦克风距离大提琴过远都将造成钢琴的表现力不够。同样，当室内声场环境不理想或面积有限时，也可以通过 ORTF/NOS 立体声对该类奏鸣曲进行录制，但此时麦克风通常应指向钢琴而不是独奏乐器以便取得较为自然的平衡。

图 9-7 使用近似交叉重叠的麦克风制式对大提琴进行录制

图 9-8　使用全指向麦克风录制大提琴和钢琴奏鸣曲时的摆放位置

在使用点麦克风对大提琴进行录制时。录音师通常使用大膜片电容麦克风在距离乐器大约 40 厘米 ~ 50 厘米的地方指向 C 弦一边的 F 孔。另外，在录音中录音师同样要考虑乐器自身的声学情况。例如，如果大提琴 A 弦表现力不理想的话，录音师也可以将麦克风指向 A 弦一面的 F 孔。

9.1.3　倍大提琴的拾音

倍大提琴从频率辐射的角度来说，大约在 100Hz 左右呈全方位发散状态，而其他的频率则以演奏员的视线为轴按±15 度角的方向传播。倍大提琴在爵士音乐的演奏中，以拨弦的演奏方式为主，麦克风的摆放通常以指板末端为界，麦克风向上移，则收录到较少的低频效果，而往下移则增加低频效果。在录制倍大提琴时，如果低频效果过多则导致低频信号变软并且缺乏立体感。在爵士乐中，麦克风摆放方法如图 9-9 所示，大膜片动圈麦克风指向乐器指板末端，麦克风和乐器之间的距离通常在 10 厘米左右。麦克风以该位置为界限，高度越高，低频衰减越大；位置越低，低频越丰富。但在实际工作中也要考虑到麦克风越接近 F 孔，声音就越可能变得浑浊。

在录制倍大提琴的古典音乐曲目时，由于乐器的低频成分非常丰富，所以在主观听感上的聚焦性不够，因此麦克风对应距离乐器稍微近一些，以取得更多的直达声。在录制钢琴和倍大提琴的奏鸣曲或协奏曲时，麦克风对也应尝试尽量指向大提琴而不是钢琴，以便取得较为理想的平衡。另外，为了避免拾取到过多房间共振的声音，可以使用心形指向麦克风。在录制古典音乐曲目时应选用低频响应良好的电容麦克风。这里应该注意的是，良好的低频响应并非来自麦克风说明书上有关特性的描述，而是应该取决于录音师在实际工作中对每个麦克风所表现出来的音质的主观评价。

在录倍大提琴的时候，应该尝试在地板上铺设吸音材料，例如块毯，以减弱由地面反射所造成的梳状滤波效应。梳状滤波效应通常会造成低频的质量不高，松软，表现力不够。

图 9-9　在爵士音乐录音中麦克风和倍大提琴之间的位置关系

9.1.4　木吉他的拾音

木吉他的六根弦由粗到细分别为 E、A、D、G、B、E，吉他各部分名称如图 9-10所示。木吉他的前面板的主要材料为杉木，因为这种木较轻，因此可以促进前面板的振动，提高声能的输出。吉他的背板通常由玫瑰木做成，因为木质较硬，所以可以增强乐器的明亮度。木吉他在指板上设计有 9 个金属格，分别以半音程隔开，方便演奏者找到手指位置及精确的 8 度或 5 度音程。吉他面板上有音孔来增加乐器的声能输出。该音孔和提琴的 F 孔一样输出亥姆赫兹共振频率，对于钢弦吉他来说，其亥姆赫兹共振频率为 155Hz，而对于古典吉他来说，其亥姆赫兹共振频率 103. 8Hz。所以在录音时如果将麦克风直接指向音孔的话，将会加强乐器的亥姆赫兹共振频率，即低频的声能输出，乐器音色较容易浑浊。从图 9-11（a）中可以看到木吉他的高频音色主要来自面板自身的振动。在图 9-11（b）中可以看到，木吉他的低频音色则是琴体内部及面板共同振动的结果。

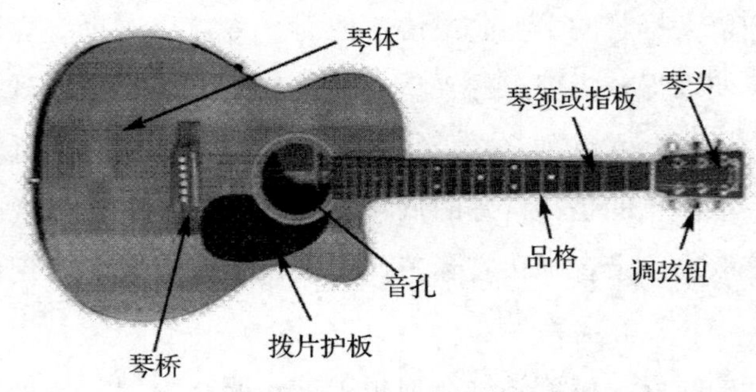

图 9-10　木吉他各部位名称

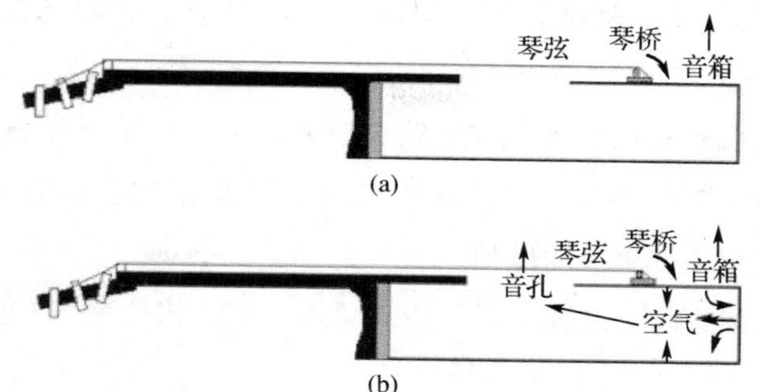

图 9-11　木吉他的高频及低频共振模式

对于古典吉他的录音来说，为了突出音乐的空间感及自然性，录音师通常使用 AB 拾音制式。如图 9-12 所示，麦克风和吉他之间通常要保持大约 1.5 米～2 米的距离，以便赋予乐器一定的声场听感及松弛度。并且因为是独奏乐器，所以麦克风之间的距离通常只在 17 厘米～20 厘米左右，以防止乐器在声场内变得过宽。图 9-13中的若干位置可供录音师在流行音乐录音中参考来摆放麦克风。

图 9-12　在古典吉他录音中使用 AB 拾音制式以突出声场的听感

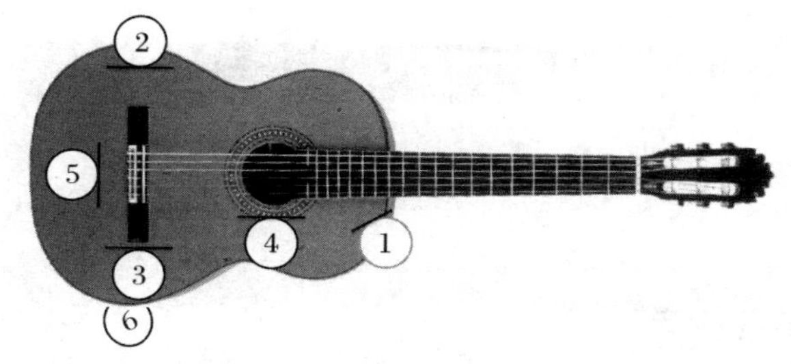

图 9-13　通过点麦克风对吉他进行拾取时，麦克风的若干摆放位置

在图 9-13 中，各麦克风的摆放情况如下：

位置 1　麦克风距吉他 15 厘米～60 厘米之间，指向琴身与指板交界的地方，在该位置上可取得较为均衡的音色及丰富的泛音。在该位置上可根据音色的需要将麦克风 0 度轴偏向音孔以取得较多的低音效果，并可避免手指摩擦弦的噪声。在该位置上根据节目需要也可以架设立体声对麦克风。如图 9－14（a）和图 9－14（b）所示。

位置 2　麦克风指向在琴桥上方大约 5 厘米地方，可拾取较多的谐波泛音，但同时也会拾取到很多扫弦的噪声，但这种方法非常适合尼龙弦吉他。如果将麦克风 0 度轴偏向音孔时可拾取更多的低频。

位置 3　麦克风膜片与地面平行，指向琴桥后方，该位置可有效避免低频模糊、扫弦及拨弦噪声。

位置 4　麦克风直接指向音孔。由于吉他的空腔共振或亥姆赫兹共振频率的原因，所以麦克风太近会引起音色过暗，而且不自然。又由于音孔是吉他声能输出最大的地方，所以在舞台扩声中，麦克风通常指向此处。

位置 5　麦克风指向琴桥后面。在这个位置上，麦克风通常可减低乐器低频模糊及音色较暗的问题，从而着重于中频的音色，并可以拾取到干净且带有木头质感的声音。

位置 6　位置 6 通常是位置 1 和位置 6 的合成音色。图 9－13 中 6 号麦克风是从演奏员身后指向吉他的。当使用麦克风从琴体后面录音时，录音师应在调音台上测试相位失真情况。

位置 7　位置 7 是位置 1 和位置 5 的合成音色，位置 7 通常使用两个心形指向麦克风进行拾取。如图 9－14（c）所示。

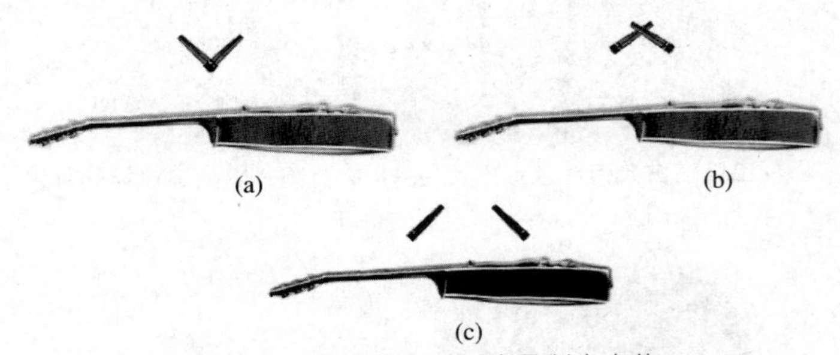

图 9－14　使用麦克风对来录制木吉他

9.1.5　电吉他的拾音

如图 9－15 所示，在录制电吉他时应注意两点：

1. 麦克风越接近音箱纸盆的中央，音色就越亮。所以很多录音师在架设麦克风时，麦克风其实是略微偏离纸盆中央的，以避免所拾取到的高频音色过于尖锐、毛噪。

2. 应避免拾取到来自地面的反射，否则会产生梳状滤波效应。所以在实际录音过程中，电吉他的音箱下应铺设块毯，或将其放在一个架子上，和地面保持一定距离。

在录音时，麦克风不要距离纸盆过近，否则会产生近讲效应，尽管有时近讲效应会提高低频响应增加乐器温暖度，但同时在很多时候也会使得乐器听起来有“闷”或者说不扩散的听感。另外，录音师也可以同时使用DI盒以及音箱录制来取得一个合成的音色。但通常来说，通过音箱录制的音色要比DI盒的音色更加结实和真实，所以一般来说在录音室内使用DI盒的主要目的在于避免麦克风之间的串音。

图9-15　录制电吉他时的麦克风摆放位置

9.1.6　电贝司的拾音

电贝司的录制方式和电吉他的方式基本一致，也同样可以通过三种方式来进行录制，即通过音箱录制，通过DI盒录制以及二者相结合的方式。一般来说，通过音箱拾取的声音相对于通过DI盒录制的声音来说具有自然和打击感强的特点，但通过DI盒的方式来录制可以避免串音的问题。一般在拾取音箱的声音时，常用大膜片动圈麦克风来录制，并将麦克风膜片直接指向贝司音箱纸盆的中央，以便突出低频的粗犷感。如图9-16所示。

在录贝司的音箱时，麦克风和音箱之间的位置关系对音色会有较大的影响，如图9-17中（a）-（d）所示，在图（a）中，虽然可以得到一个较为理想的声音，但由于音箱在纸盆中央有较大的声能输出，所以麦克风较容易产生过载失真。而在图（b）中，麦克风偏离纸盆中央，能够拾取到较为温暖的音色。由于音箱在该处有相对较小的声能输出，所以录音师可以缩短麦克风和音箱之间的距离，并通过近讲效应来提高低频的输出。在图（c）中，由于方向性较强的高频信号经过麦克风膜片而并不直接和膜片接触，所以麦克风此时所拾取到的信号等于是经过低通滤波

图 9-16　在录制电贝司时麦克风的摆放位置

处理的信号。图（d）和图（c）中相似，当扬声器的输出信号没有直接到达麦克风0度轴的话，麦克风其实是拾取到一个高频衰减的信号。

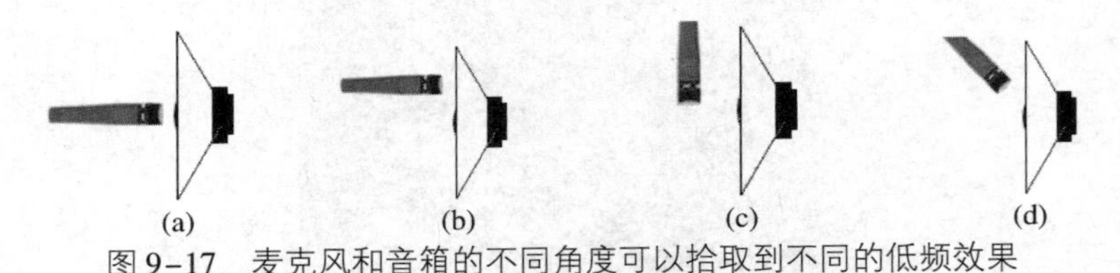

图 9-17　麦克风和音箱的不同角度可以拾取到不同的低频效果

9.1.7　竖琴的拾音

在录制竖琴独奏时通常有两种拾音方式，即通过 AB 拾音制式和 ORTF/NOS 拾音制式来拾取。在使用 AB 拾音方式时，如图 9-18（a）所示，麦克风可摆放在竖琴两侧，根据录音师自己的需要，各自距离乐器从 80 厘米到 1 米不等，麦克风的高度可以和演奏员的手同高，也可以略高一点。

图 9-18　录制竖琴时麦克风的摆放位置

而使用 ORTF 或 NOS 录音时，立体声对可以放在乐器正前方大约 1.5 米、高于乐器大约 40 厘米的位置指向乐器。如图 9-18（b）所示另外，ORTF/NOS 立体声对也可以放在竖琴的侧面，位于演奏员手的高度指向琴弦。在录制竖琴时，应注意在主观听感上，除非需要制作特殊效果，否则乐器演奏效果听起来不应该过宽。

9.2　木管乐器拾音

木管乐器为空气柱振动乐器，木管乐器分为开式管乐器和闭式管乐器两种。其中开式管乐器振动特征如图 9-19 所示：

图 9-19 中，开式管乐器的物理长度正好等于其基频波长的二分之一，因此其基频公式如公式 33 所示。从公式中可以看出乐器长度越大，基频频率越低。开式管的谐波频率按整数倍增长，开式管的代表乐器为长笛。

$$F = \frac{V}{2L} \qquad \text{（公式 33）}$$

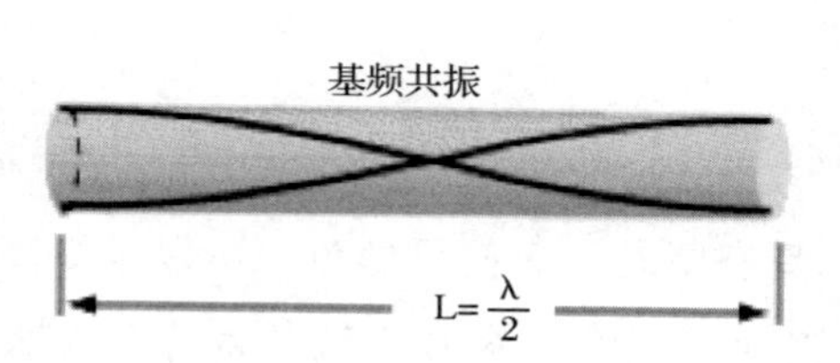

图 9-19　空气柱在开式管中的振动模式

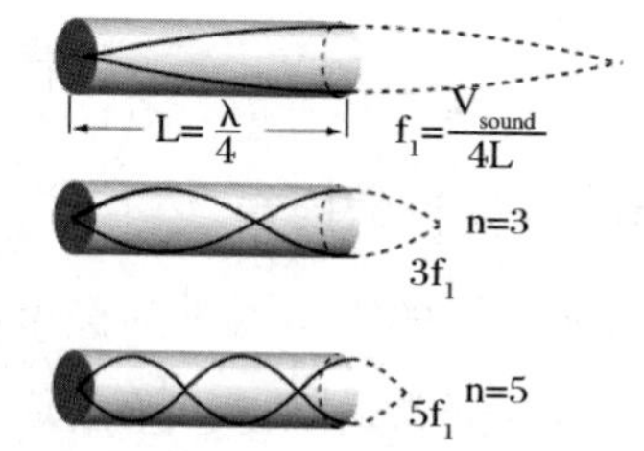

图 9-20　空气柱在闭式管中的振动模式

空气柱在闭式管中的振动如图 9-20 所示，其基频波长表现为乐器管长的 4 倍。所以在闭式管乐器的基频公式为：

$$F = \frac{V}{4L} \qquad \text{（公式 34）}$$

由于 4L 是 2L 的 2 倍，所以闭式管乐器在和开式管乐器物理长度相等的情况下，其基频频率比开式管乐器的基频频率低 1 个 8 度。另外，闭式管乐器的谐波数量以奇数倍增长。闭式管的代表乐器为单簧管。

对于双簧管和大管来说，其形状属于锥形管，空气柱在锥形管中的振动表现和开式管一样，即乐器的物理长度等于乐器基频波长的二分之一，所以当锥形管乐器和开式管乐器在物理长度一致时，二者的基频频率是相同的。

无论在开式管或闭式管中，由于声波的波长在管口处仍要向前延伸一小段距离，然后再衰减，所以都会出现末端补偿效应。末端补偿效应在听感上主要表现为乐器的声学长度要比乐器的实际物理长度要长，乐器的声学长度又被称为乐器的有效长度，可通过下面的公式 35 和公式 36 计算得出：

闭式管　$L' = L + 0.58R$　（公式 35）

开式管 $L' = L + 2 \times (0.58R)$ （公式36）

其中，L'=乐器有效长度（米），L=乐器实际物理长度（米），R=乐器管半径（米）

木管乐器频率辐射方向取决于乐器的截止频率。木管乐器的截止频率代表乐器声波开始以球形向360度方向发散的频率点。对于单簧管来说，在1500Hz以下，单簧管的辐射频率呈全方位发射；在1500Hz~3500Hz之间频率从乐器两侧发出；当高于3500Hz后，声波则主要从喇叭口向外发射。因此当录音师将麦克风直接指向单簧管的管口时，所拾取到的音色听起来较为尖锐。双簧管和单簧管的截止频率相同，均为1500Hz，英国号为1kHz，低音单簧管的截止频率为750Hz，低音大管的截止频率为500Hz。

另外，因为来自地板的反射声通常是木管乐器音色的一部分，因此在录音时，地板不应铺设地毯。

9.2.1 单簧管的拾音

单簧管所使用的木料通常为黑檀木，具有坚硬、表面呈黑色、可以承受高度刨光等特点。簧片通常由藤或芦苇制成。常用的单簧管为降B大调单簧管及A大调单簧管。降B大调单簧管最低音可到D3即147Hz，A大调单管最低音到C3即139Hz。最为普遍的降B大调单簧管的长度为60厘米。在录音时，图9-21中的位置可供录音师参考。根据木管乐器截止频率的原理，在录制独奏时，麦克风对的中心角度指向乐器中间的位置，而不是乐器的管口，也就是说乐器和麦克风之间的关系应该是个三角形的关系。对于古典音乐来说，麦克风对和乐器之间的距离通常为1.5米左右，以突出音乐的空间感。麦克风有时也可以近距离指向单簧管的喇叭口处，但主要是为了扩声而不是录音的需要。将麦克风指向单簧管的喇叭口是为了防止来自其他乐器的串音，并且可以同时在现场扩声中增加声能输出，提高信噪比。但在该处，单簧管的音色通常表现得较为尖锐。在录单簧管时，根据所在声场的大小，及对室内反射的控制量，可使用ORTF/NOS或是AB立体声对进行拾取。

在录制单簧管和钢琴的奏鸣曲时，演奏员可以按照演出现场的方式站位，单簧管可以适当移向钢琴中间的位置，以便在通过麦克风对进行拾取时，其幻像声源出现在声场中央的位置。对于录音师来说，可以在演员的正前方按照现场演出的方式，架设麦克风对来进行录制。如果使用ORTF/NOS拾取的话，录音师应根据实际情况来调整麦克风的俯角。例如在录音中如果双簧管的音量太大，则可以将麦克风0度轴指向钢琴，而不是单簧管。如果使用AB立体声对进行录制的话，录音师应通过调整钢琴和单簧管之间的距离来取得理想的乐器平衡。

图 9-21 单簧管的录音方式

9.2.2 双簧管的拾音

对于双簧管来说，开口很小的簧片与长度约 61 厘米的锥形腔体相连。由于音孔很小，所以不会产生很大的声能输出。空气柱在乐器腔体内振动主要通过乐器侧面进行发散，而不是在管口。所以在架设麦克风时，应避免直接指向管口。另外，双簧管演奏员在演奏时，通常会产生更多的气流噪声，所以录音师也应尽量避免将麦克风直接指向演奏员的嘴部。即使是使用立体声对从演奏员侧面进行录制时也应尽量避免将其中的一个麦克风指向演奏员的嘴部。在录制双簧管独奏时，可以使用与图 9-19 中相同的方法。在录制双簧管和钢琴的曲目时，录音师的考虑和上述单簧管的内容相同。

9.2.3 大管的拾音

大管是木管乐器中音区最低的乐器。低音大管长 245 厘米，采用双簧片通过一个极窄的金属钩与乐器本身相连。大管属于双簧、锥形管乐器。大管主要用枫木材料制成，一些法国大管是用紫檀木制造的。大管是乐队里体积最大的木管乐器，并且通常分为标准大管和低音大管。标准大管最低演奏频率为 60Hz，而低音大管的最低演奏频率则为 30Hz。大管的声波频率辐射沿整个管长向四周散发，最强音从大管最低指孔传出。在录大管独奏时，丰富的低频和房间共振通常会使得麦克风拾取到过多的墙面反射声，因此，在室内声场不理想时，录音师通常使用心形指向麦克风对，在一米左右距离的地方从侧面指向乐器的中间。如果声场较为理想时，录音师可以使用 AB 立体声对，摆放在距离乐器大约 1.5 米的地方从侧面指向大管的中间位置。如图 9-22 所示，因为是使用两只全指向即压强式麦克风，所以低频的效果较为理想。

图 9-22　使用小 AB 立体声制式录制大管

9.2.4　长笛的拾音

标准长笛多由金属制成，乐器长 66 厘米，最低音在 C4。长笛为开式管乐器，符合一切开式管声辐射的特点，包括谐波频率呈整数倍增长。在笛子家族中还有高音笛，也称短笛，因为只有标准笛子一半长，即 30.5 厘米，所以音高比标准笛子高一个 8 度。另外中音笛长 86 厘米，低音笛长 132 厘米。

笛子的发音位置主要在两个地方，一个是吹口，另一个是最低的指孔，即笛子的末端，并且在很多时候乐器末端所发出的音量通常高于在吹口处的音量，所以在录制古典音乐的笛子独奏曲目时，所使用的麦克风对应根据具体情况将两只麦克风夹角中心位置移向乐器输出级最大处，以保证录音时左右声道音量的平衡。在古典音乐的录音中，麦克风对通常应在距离乐器 1.5 米 ~2.5 米左右并略高于演奏员的头部的地方指向乐器。在录制钢琴和长笛奏鸣曲时，为了音色的自然，演奏员同样可以采用现场演出的位置，但长笛可以尝试尽量站在麦克风对夹角的中央，以便录音师将乐器摆放在幻像声场的中间位置。

在使用单只麦克风对长笛进行录制时，麦克风通常摆放在吹口和笛子末端的中间位置，并且高度应略高于演奏员嘴部，以取得较为均匀的音色，同时还可以有效避免来自吹口地方的气流噪声。如图 9-23 所示。在录音过程中，有时为了取得较为柔和，干净，温暖的音色，也可以将麦克风架设在演奏员的身后，指向长笛中间的位置，如图 9-24 所示。

图 9-23 使用单只麦克风对长笛进行录制

图 9-24 通过将麦克风架设在演奏员身后来对长笛进行拾取

9.2.5 萨克斯风的拾音

和其他木管乐器不同，萨克斯风的全部声能都从管口发出，如图 9-25 所示，所以，在架设麦克风时，通常应将麦克风在距离 0.5 米处指向乐器喇叭口边缘，以便在拾取到较多直达声的同时不会拾取到过多的从喇叭口传出的气流噪声。另外，在录制萨克斯风独奏曲目时，应架设 ORTF 或 NOS 立体声对来对乐器进行拾取。麦克风对和萨克斯风之间的距离通常要增加到 1 米，以确保声音有足够的空间感。在录制萨克斯时，为了突出其宽厚、温暖的音色及更多的细节，通常选用大膜片电容麦克风。

图 9-25　使用单只麦克风对萨克斯风进行录制的方法

9.3　铜管乐器的拾音

9.3.1　小号的拾音

小号的基频在 165Hz ~ 1.175kHz 左右，泛音可达到 15kHz。小号的频率发射方向也是随着频率的变化而变化，并且频率越高，声波在号口处的辐射角度就越窄。小号在 500Hz 左右为 360 度全方位辐射，但在 1.5kHz 以上，声波的方向感增强，在 5kHz 的时候，频率辐射的转输角度为乐器正前方 30 度的范围内。因此在录音时，麦克风 0 度轴越接近号口中央，所拾取到的音色就越亮。但由于小号在演奏时可以产生 155dB 高声压级，所以在录音时，很多录音师也尽量避免将麦克风直接指向喇叭口，而是应该稍有偏离，指向小号的喇叭口边，如图 9-26 所示，这样既可以避免麦克风的过载失真，也可以避免所拾取到的音色过于尖锐，缺乏温暖度。在录制小号时，可以开启麦克风上的输入衰减开关以防麦克风发生过载失真。另外，录音师可以尝试选用小膜片电容麦克风来对小号进行拾取，以便突出其明亮的音色，并且在录制独奏时可以使用立体声对以便赋予乐器一定的声场宽度。

图 9-26　通过立体声对录制小号独奏

9.3.2 圆号的拾音

由于圆号的喇叭口开向演奏员的身后，所以在录制独奏时可根据不同的需要，采用两种拾取方式。如图 9–27 所示，麦克风对架设在演奏员的正前方，并在圆号的喇叭口处架设反射体，以增强直达声的声能，使得乐器听起来更加丰满。另外，也可以将麦克风对架设在演奏员的身后，并指向圆号的喇叭口，以拾取到更直接、硬朗的音色，如图 9–28 所示。在该位置上，乐器的铜管音色较重，听起来缺乏圆号特有的温暖度。

图 9–27　使用麦克风对在演奏员的前方录制圆号

图 9–28　使用麦克风对在演奏员的后方录制圆号

在铜管乐器和钢琴合奏时，钢琴通常需要点麦克风进行单独拾取，否则钢琴声音听起来会非常单薄。在圆号和钢琴合奏时，圆号乐手可以面向钢琴，并通过只架设一对麦克风的方法将圆号和钢琴摆放在幻象声场的中央位置。

9.4 膜质打击乐器的拾音

鼓面具有圆膜振动的典型特点，现代的鼓面由牛皮和塑料制品制成。鼓面的振动模式主要被归纳为放射振动模式（又被称为同心振动模式），即图 9-29 中 01 振动模式、02 振动模式和旋转振动模式，即图 9-29 中 11、21 振动模式。

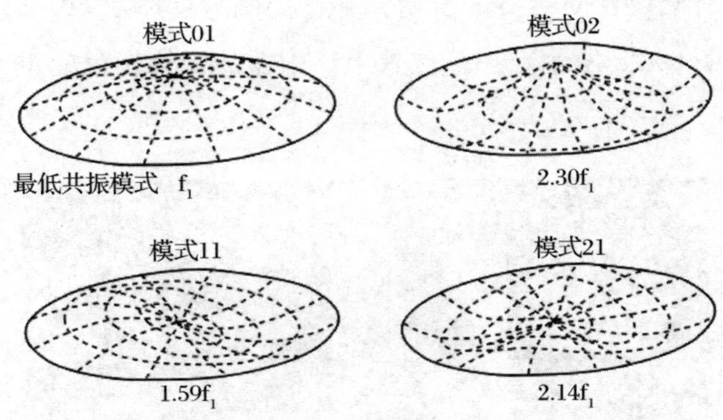

图 9-29 鼓面的同心振动模式和旋转振动模式

鼓皮振动模式的代码均使用两个数字表示，其中 01 代表鼓面上下振动，而 11 代表鼓面呈波浪式振动，即在同一鼓面上，不同部分的上下相对运动。图 9-30 展示了鼓面的前 12 种振动模式，并且不同振动模式所产生的不同振动频率均以基频振动模式 01 的倍数频率表示。图 9-30 中的 12 模式、22 模式、32 模式代表同心和旋转两种振动模式的结合振动模式。

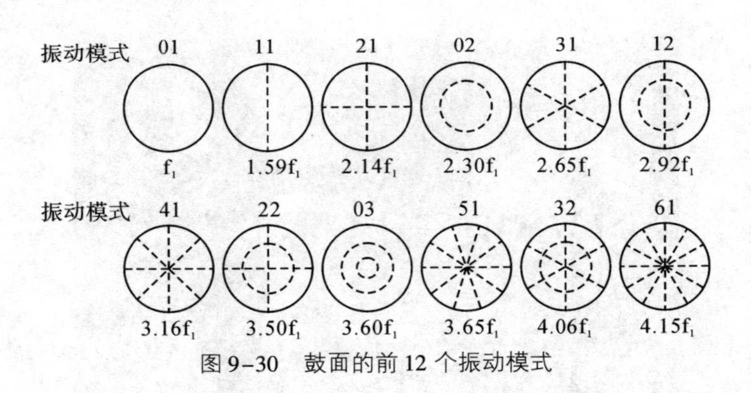

图 9-30 鼓面的前 12 个振动模式

鼓面的基频振动频率，即 01 振动模式的频率主要取决于鼓面直径、鼓皮张力及单位面积上的鼓面材料的质量。这三个因素的关系可用下面公式 37 表示：

$$F=\frac{0.776}{D}\sqrt{\frac{T}{\sigma}} \quad \text{（公式 37）}$$

T=鼓面张力（牛顿/米），σ=鼓面密度（千克/平方米），D=鼓面直径（米）

在乐团中，定音鼓是典型的旋转振动模式的打击乐器，因此在演奏时，演员通常要通过敲击鼓面中心到鼓边之间距离的1/2或3/4处来击发鼓面的最佳振动模式，即模式11模式、21模式、31模式、41模式。而小军鼓则只能通过敲击鼓面的中心位置来击发同心振动模式01模式、02模式和03模式。

9.4.1 架子鼓的拾音

在架子鼓的录音中，通常需要对整套鼓中的每个鼓及立镲和吊镲进行分别拾取，以便取得最大程度的表现力，同时有利于在后期混音时对每件乐器进行单独处理。

9.4.1.1 底鼓的拾音

底鼓具有低频成分多、声压级输出大的特点，因此通常使用大膜片心形指向动圈麦克风进行拾取。通常麦克风应架设在鼓内，在距离鼓面8厘米，在略微偏离鼓槌敲击点处指向鼓皮，如图9-31所示。在此处拾取到的底鼓声音较为结实、饱满，并且中高频的成分较多。在实际工作中，麦克风在鼓内距离鼓面越近，打击感就越强，并且声音越亮，鼓的体积听起来也越小。而麦克风距离鼓面越远，声音听起来就越暗，但趋于饱满，并且鼓的体积听起来就越大。但是当麦克风距离鼓面太远时，就会拾取到过多鼓内共振的声音。所以在录音时，录音师通常要将麦克风在鼓内慢慢前后移动以便找到最佳的拾音位置。

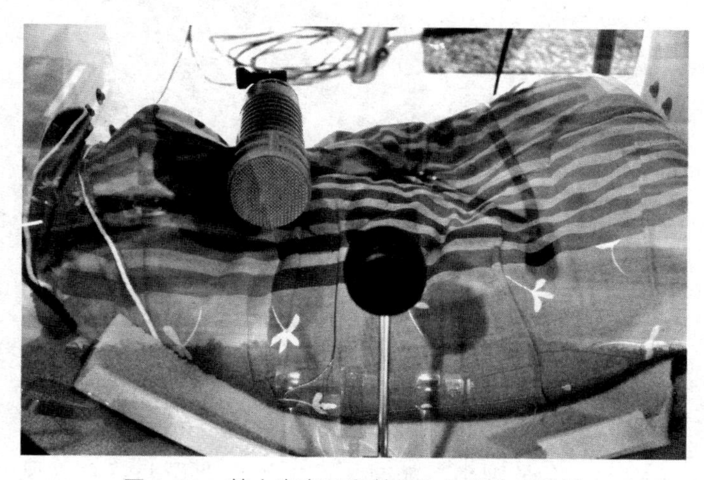

图9-31 鼓内麦克风和鼓槌之间的位置关系

另外，录音师也可以使用两只麦克风对底鼓进行拾取，即一只麦克风在鼓内，而另一只在鼓外指向外鼓皮，以便拾取到一个合成的音色，从而使鼓的音色更加丰富。除了使用第二只麦克风对外鼓皮进行拾取之外，鼓内的麦克风还可以和Sub-Kick相配合共同使用，如图9-32（a）所示，使得鼓的音色更加结实，100Hz以下的频率听起来更加丰富。所谓 Sub-Kick 就是将扬声器纸盆当作麦克风的振膜使用，并且将纸盆上的信号接头和 XLR 麦克风接头相连接，将纸盆振动产生的信号直接传输至调音台。图 9-32（b）为 Sub-Kick 的内部设计情况。

图 9-32（a） Sub-Kick 和鼓内麦克风共同使用来录制底鼓

图 9-32（b） Sub-Kick 的内部设计情况

9.4.1.2 小军鼓的拾音

根据图 9-33 所示，在录制小军鼓时，通常需要架设两只麦克风。对于上鼓面来说麦克风通常从鼓边进入鼓面大约 2 厘米左右，并在高于鼓面大约 7 厘米处指向鼓面的中心。麦克风振膜所指的方向应尽可能远离其他鼓及吊镲以取得最大的声隔绝。此外可以在军鼓下鼓面架设麦克风以拾取簧振动的音色，并和上鼓面的麦克风信号进行叠加成为军鼓的整体音色。因为小军鼓在低频振动时两个鼓面沿同一方向振动，所以在上下鼓面两个麦克风上所形成的信号为反相，即上鼓面的麦克风传输一个正极信号，下鼓面的麦克风传输一个负极信号，因此录音师通常应在调音台上对两个信号的相位进行检查，听听是否有低频衰减或声场变窄的情况。

图 9-33　小军鼓的麦克风摆放位置

尽管目前很多录音师通常使用 Shure SM57 麦克风来录制小军鼓上鼓面的声音，但也可以使用小膜片电容麦克风进行录制，以突出明亮硬朗的音色。但此时应开启麦克风上的增益衰减开关，以防止过载失真。

9.4.1.3　通通鼓的拾音

在架子鼓中，三个通鼓可以分别拾取，也可以将一个麦克风摆放在中通和高通之间，对两个鼓同时拾取，但后者通常在后期制作中无法对两个通鼓进行分别处理。通通鼓通常使用大膜片动圈麦克风进行拾取。其中高通和中通的麦克风摆放如图 9-34所示。

图 9-34 中显示两只动圈麦克风在距离鼓边大约 8 厘米处指向通鼓上鼓皮中心的位置。在架设麦克风时，录音师要保证鼓手不会敲击到麦克风。另外，两只麦克风通常要呈八字状略微分开以便做隔声处理。另外，麦克风应尽可能和鼓面垂直以避免拾取到过多来自吊镲的串音。图 9-35 为低通鼓的麦克风位置。在录制低通鼓时同样应使用大膜片动圈麦克风，以扩展其在低频的响应。麦克风一般距离低通鼓面为 6 厘米，距离鼓边 9 厘米，指向鼓面中心。

图9-34　高通和中通鼓的拾取方式

图9-35　低通鼓的麦克风位置

9.4.1.4　踩镲的拾音

由于踩镲在演奏时一张一合的运动将产生一定的气流输出，所以在录音时应尽量避免将麦克风直接指向踩叉的边缘。比较理想的方式是将麦克风从上向下，大约45度角指向外面的镲边，如图9-36所示，以避免气流对于麦克风膜片的直接冲击，同时也可以避免拾取到过多鼓槌敲击镲片的声音。踩镲通常使用小膜片动圈麦克风进行录制。

图9-36　踩镲的麦克风位置

9.4.1.5　吊镲的拾音

在录制吊镲时通常要注意以下四点：

1. 麦克风应向外形成一定角度，指向吊镲外边，以避免拾取到过多的鼓槌敲击的声音，同时可以拓宽立体声宽度。如图9-37所示。

图 9-37　在录制吊镲时，两只麦克风应彼此形成一定角度以避免串音

2. 为避免梳状滤波效应的产生，有些录音师也使用 X-Y 立体声对进行录制。如图 9-38 所示。但此时吊镲的立体声宽度会降低很多。

图 9-38　使用 X-Y 立体声对录制吊镲

3. 可以以小军鼓为中心架设吊镲的麦克风，以便将军鼓自然定位在声场的中央。如图 9-39 所示。

图 9-39　以小军鼓为中心来架设吊镲的麦克风

4. 应使用电容麦克风对吊镲进行录制。很多录音师使用小膜片电容麦克风以便突出吊镲明亮的音色。

9.4.2 手鼓的拾音

在录制手鼓时，通常使用近距离拾音方式，并且通常架设两只麦克风分别拾取高频和低频鼓皮部分。另外可根据实际情况架设麦克风对，通常为AB立体声对，来拾取环境信号并赋予两个点麦克风一定的声场信息。如图9-40所示，两只大膜片电容麦克风分别拾取两个鼓皮，另外两只大膜片电容麦克风以全指向模式拾取环境声。在调音台上，可将环境麦克风定位在极左和极右的位置，但两个点麦克风的位置可定在3点和9点之间，以避免乐器听起来过宽。

图9-40　手鼓的录音方式

对于康佳鼓的录制方式来说，和通通鼓非常相似，如图9-41所示，可以在每个鼓上摆放单独的麦克风进行分别拾取，但两个麦克风彼此应保持一定角度，以避免声道之间的过多串音。麦克风和鼓面之间的距离通常为10厘米左右，以突出其表现力。

图9-41　康佳鼓的拾取方法

9.4.3 定音鼓的拾音

在交响乐团中，定音鼓通常使用麦克风对进行拾取。麦克风在距离定音鼓0.5米~1米左右，高度在2米左右，指向鼓面。在录音室内录制定音鼓独奏时，通常使用AB立体声对进行拾取，以便获得较理想的低频响应，并且在定音鼓滚奏时直达信号不至于听起来过于直接。在架设AB立体声对时，麦克风通常在高2米，距离鼓1.5米左右的地方指向定音鼓的中间。另外，在录制定音鼓时，通常需要开启麦克风上的增益衰减开关以防止过载失真。

9.5 非膜质打击乐器的拾音

自发性振动乐器的代表乐器是马林巴。马林巴由音条、琴架、共鸣筒和打槌四大部分组成，其中音条使用红木或其他硬质木料制作，琴架为金属质地。共鸣筒为长短不同的圆形薄铝管，装在每个音条的下方，作用相当于弦乐器的共鸣箱，以增强与其相对应的音条的声能输出，所以该共鸣桶的共振频率通常被调整为音条的基频频率。根据图9-42所示，因为马林巴的声音是来自音条和共鸣筒的合成音色，所以在录音时应尽量避免将麦克风直接架设在音条的正上方，因为这样会弱化共鸣筒的音色。因此在录制马林巴独奏时，通常应使用AB拾音制式，两个全指向麦克风之间的距离为70厘米，在距离乐器1米，高于音条0.5米处指向马林巴的边缘，以保证麦克风同时可以拾取到琴条和共振筒的声音。在录制打击乐群奏时，也可以使用ORTF或NOS立体声对在近距离指向乐器音条的边缘进行录制，以防止声道之间的串音。

图9-42 马林巴的麦克风架设方式

9.6 钢琴的拾音

钢琴的声学特性相对较为复杂。一般88键钢琴所产生的频率范围可跨越7个八度，并且每根弦都有各自的基频和谐波频率，并且无论是基频还是谐波信号，均表现出不同的声强。尽管钢琴目前被归类为键盘乐器，但从乐器声学的角度上看，它应是弦乐器和打击乐器的结合体，所以钢琴的音色特征除了绝大多数来自它的谐波频率外，相当一部分则来自于在演奏时所产生的自然的键盘敲击声音。

钢琴的键盘宽度为1.2米，总宽度为1.5米，长度为1.5米~2.7米被划分为5尺琴到9尺琴的范围内。从频率传播的方向性来说，钢琴的高频声能传播方向主要在钢琴前方，即演奏员右侧向上30度~45度之间，此处为钢琴的第一频率发射角度。钢琴的中频声能辐射方向和高频区非常近似，其辐射角度范围在演奏员右侧向上大约55度的地方，该区域也被称为钢琴的第二频率发射角度。为了取得较为明亮的乐器音色，录音师通常将麦克风摆放在这两个频率发射角度之间，大约10度的区域内。另外在使用全指向麦克风进行拾取时，麦克风应和钢琴保持适当距离，以避免来自钢琴上盖的反射声和直达声形成梳状滤波效应。如图9-43所示，麦克风的位置可以根据音色的需要在第一辐射角度和钢琴上盖高度之间变化。

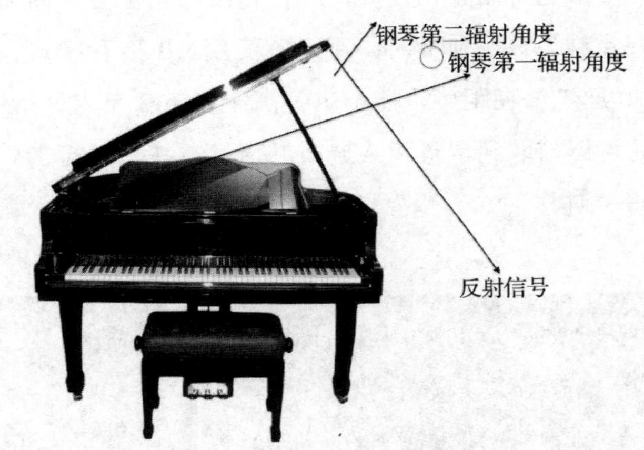

图9-43　三角钢琴的第一辐射角度、第二辐射角度示意图

9.6.1 三角钢琴的拾音

在录制古典音乐的钢琴独奏曲目时，通常使用ORTF/NOS或AB立体声来进行录制。如图9-44所示，在架设近似交叉立体声对时，麦克风通常应距离钢琴90厘米~1米，两个麦克风夹角中间指向钢琴左手边最后一个琴键。在此处如果低频效果不理想的话，录音师通常可以将麦克风夹角向右手方向稍微移动，以便右声道的

麦克风可以拾取到更多的低频信号。此外，如果录音室内的声学条件允许的话，可以在该麦克风对的后面架设第二对麦克风，以拾取环境信号，这样可以使得钢琴的立体声听感更加丰富，更具有古典音乐的味道。但这里应该注意的是，根据 3∶1 原则，两对麦克风之间的距离应该是第一对麦克风和钢琴之间距离的 3 倍。

图 9-44　使用近似交叉重叠的立体声来录制古典钢琴独奏

除了使用近似交叉重叠的方式来录制古典钢琴独奏外，很多录音师使用 AB 立体声对来进行录制，如图 9-45 所示。使用 AB 制的优点在于，因为使用全指向麦克风，所以可以突出乐器的低频响应，使得钢琴听起来更加温暖柔和。但同时又因为是全指向麦克风，所以在两个麦克风之间很容易产生梳状滤波效应。所以在实际录音时，通常要求录音师在试音时，经常移动一下麦克风，有时若干厘米的位移会产生非常不同的音色。在使用 AB 制式进行录音时，两个麦克风之间的中心点应指向钢琴左手边最后一个琴键，麦克风之间的距离不宜过宽，以避免发生乒乓立体声效应。一般来说两只麦克风的起点设置为麦克风的高度和钢琴完全打开的上盖同高，距离钢琴 1 米，麦克风之间的间距为 40 厘米左右。录音师可以在该位置上进行微调。在使用大膜片电容麦克风时，麦克风和钢琴的距离不应太近，以避免空间感不够，声音听起来较死板。在混响的应用上，通常混响时间定在 1.7 秒，混响量不宜过大，能够实现对室内反射形成一种补充即可。另外，如果录音室内的声学条件允许的话，也可以在该麦克风对的后面架设第二个 AB 立体声对，以拾取环境信号。和上述内容一样，根据 3∶1 原则，第二对麦克风应架设在第一对麦克风和钢琴距离的三倍以上的地方以避免梳状滤波效应的产生。两只麦克风之间的宽度相对于第一对麦克风来说应增加 60 厘米左右。高度可增加 20 厘米 ~ 30 厘米左右。第二对麦克风所拾取的声场对第一对所拾取到的直达声起到一种补充的作用，从而使得声音更加饱满。在录制古典钢琴独奏曲目时，不论使用哪一种拾音制式，在调音台上其声像位置都应安排在极左和极右。

图 9-45　使用 AB 制式来录制古典钢琴独奏

在录制非古典音乐中的钢琴时，通常使用近距离拾音方式，即将麦克风对放入钢琴内部进行拾音，以便取得乐器最大的表现力。目前在录音室内，常用有以下几种近距离拾音方式：

1. 两只心形指向麦克风，架设在钢琴内部，如图 9-46，分别指向钢琴内部的中高音区和低音区之间。尽管两只麦克风之间的距离较大，但还是按一定角度分开而不是和琴弦垂直，以便增加两个声道的立体声分离度。该方式在实际工作中较适合在流行、爵士或摇滚乐队中钢琴的录音。在架设时，麦克风距琴弦要 20 厘米左右，以便拾取自然柔和的声音，如果麦克风过低，例如 5 厘米～10 厘米的话，钢琴声音较为生硬，敲击音色较为突出，所拾取的频率范围较窄。

图 9-46　使用两只心形指向麦克风架设在钢琴内部对钢琴进行拾取

2. 在琴弦上方架设XY、ORTF或NOS麦克风对进行录制，如图9-47中间的立体声麦克风对所示。在这种情况下，麦克风距离琴弦的高度通常为25厘米左右，并根据实际听音情况来提高或缩短高度。另外，X-Y的角度应该加大，以避免在拾音过程中过分强调在麦克风的正下方部分的音色特征。有时由于麦克风距离钢琴太近而造成钢琴的频率范围较窄，所以录音师也可以通过增加麦克风的方式来使得钢琴听起来有更宽的频响范围。图9-47中除了位于中央的立体声对之外，在高频和低频区各增加了麦克风。在调音台上左右两只麦克风可调整在极左和极右的位置上，而中间立体声对可摆放在9点和3点的位置上。以避免有梳状滤波效应产生。

图9-47 在钢琴内架设立体声麦克风进行录制

3. 使用X-Y立体声对架设在琴槌上方并指向琴槌。这种拾音方式所产生的音色通常具有较强的打击感，因此较适合摇滚乐中钢琴的音色。如图9-48所示。

图9-48 使用X-Y制式在琴槌上方对钢琴进行录制

在录制三角钢琴时有以下几个注意事项：

1. 当麦克风对与钢琴的距离加大时，通常麦克风的高度和麦克风之间的间距也要提高。反之，当麦克风对和钢琴的距离缩短时，麦克风之间的距离以及高度也应降低。

2. 麦克风应选用具有大动态范围以及低频响应较好的电容麦克风。录音时，为了防止串音，可以使用心形指向麦克风，但在不考虑串音的情况下，最好使用全指向麦克风以便使钢琴有较充分的低频表现。

3. 如果使用两个以上麦克风录音时，录音师需要留意麦克风之间的相位关系。尤其是在使用全指向麦克风时，麦克风之间很容易产生梳状滤波效应。

9.6.2 立式钢琴的拾音

在立式钢琴录音中，由于乐器本身的限制，造成麦克风比较难以接近琴弦部分，并且由于立式钢琴声波传输方向的不确定性，所以也很难使用远距离拾音技术来拾取到一个较为理想的音色。因此在录立式钢琴时，基本上采用的是近距离拾音的方法，并且应该将钢琴前板和踢板全部打开，以便拾取到更为开放的音色，如图 9-49 中位置 1 和位置 2 所示。图中两个位置的音色可以通过点麦克风来取得，也可以通过架设立体声对来取得。如果是点麦克风的话，通常应和钢琴保持 20 厘米的距离。而如果是立体声对话，由于立体声对应摆放在图中麦克风位置 LR 的中间，所以麦克风和钢琴之间的距离通常应根据实际情况而定。无论是点麦克风或是立体声对，立式钢琴的音色应保持最大的温暖度，并且应尽量避免拾取到过多的机械噪声。

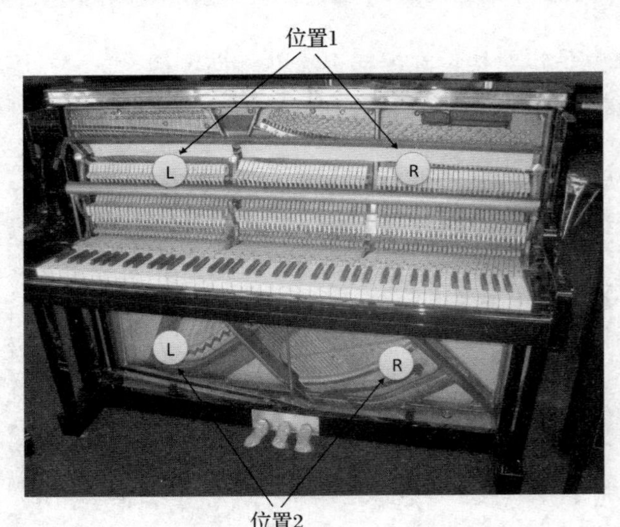

图 9-49 立式钢琴的拾音制式

9.7 手风琴的拾音

在录制手风琴时，如果使用近距离拾音方式的话，通常使用两只麦克风进行拾取。一只麦克风在演奏者的左手边来拾取手风琴的低音区，而另一个在右手边也就是琴的键盘部分来拾取乐器的高音区。麦克风与乐器之间的距离一般为 30 厘米左右，并且在调音台上这两个麦克风信号通过声像旋钮通常定位在 10 点到 2 点的位置，以避免乐器听起来过宽。另外，也可以通过一只 X-Y 立体声对对手风琴进行拾取。在使用 X-Y 拾音制式时，麦克风对可在距离 1 米处指向手风琴略低于中间的位置。手风琴在近距离拾音时，所产生的高声压级输出可以导致麦克风产生过载失真，所以必要时应开启麦克风上的声压衰减开关。

9.8 人声的拾音

录制人声的复杂性在于人声有较大的频率范围和动态范围。一般男低音的频率区在 82Hz 到 293Hz 之间，其谐波频率可以到 7kHz，唇齿音例如 s 或 th 可以达到 12kHz。女高音的频率范围上限可以达到 1.05kHz，而谐波频率可以达到 9kHz。在人声的录音中，录音师应避免齿音、爆破音和近讲效应的出现。表 9-1 列出了这三种效果的形成原因以及在前期录音中一般所采取的避免方法。

表 9-1

效果	效果形成原因	避免方法
齿音	1. 高电平输入 2. 模拟录音系统中的磁带带速慢	1. 加设防风罩 2. 均衡衰减 9kHz/10kHz/12kHz
爆破音	1. 拾音距离过近 2. 麦克风的指向性为单指向	1. 加设防风罩 2. 使用全指向麦克风 3. 麦克风和演员的嘴部呈一定角度
近讲效应	1. 拾音距离过近 2. 麦克风的指向性为单指向	1. 开启麦克风上的高通滤波器。 2. 适当增加麦克风拾音距离 3. 在调音台上做均衡处理

在录制主唱时，如图 9-50 所示，一般麦克风通常架设在演员前方大约鼻子的高度，指向演员的嘴部，以防止演员噗麦克风。必要时应安装防风罩。一般麦克风和演员之间的距离为 20 厘米到 40 厘米之间，并可以根据不同的音乐类型做或近或远的调节。在录音室内录制人声的麦克风通常为大膜片电容麦克风，指向性为心形。在录制人声时，尤其是录流行、摇滚等人声时，如果室内面积较大，或房间墙壁有较大的反射声时，应在歌手身后安装吸声体，并铺上块毯，以便拾取到更多的直达声，同时可以防止由于反射所造成的梳状滤波效应。

在录制背景和声时，为了防止梳状滤波效应的产生，通常使用较少数量的麦克风来录制较多的声源，并且应尽量保证每个声源和麦克风之间的距离相同。图 9-51 显示了如何在录音中使用一个全指向麦克风录制四个声源的情况，并且可以使用相同的录音方式进行加倍，从而形成一定的立体声宽度和在主观听感上的厚度。

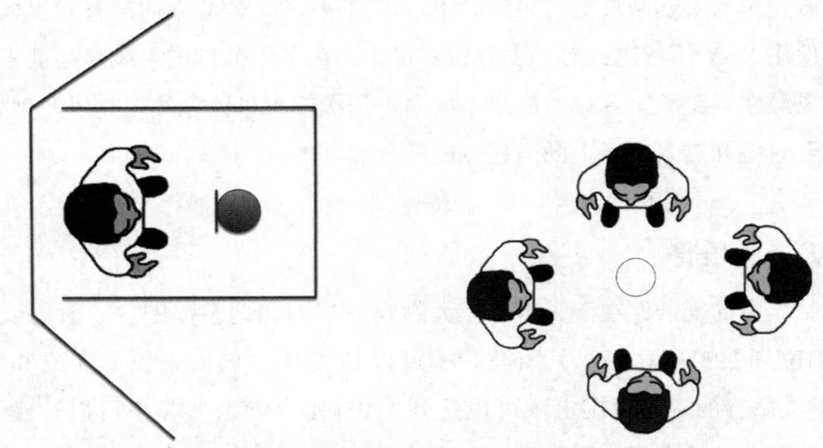

图 9-50　录制人声时，麦克风的架设方式　　图 9-51　背景和声的录制方式

在录制合唱时，为了突出声场特性，通常选用全指向麦克风进行录制。麦克风距离第一排演员 1 米左右，高于最后一排演员 1 米左右，并且麦克风 0 度轴应指向最后一排演员，如图 9-52 所示。在录音时，两个麦克风之间应保持 3∶1 原则，以防止梳状滤波效应。如果两只麦克风不足以突出合唱宽度的话，可以最大限度增加两个麦克风之间的距离，同时可在两个全指向麦克风之间增加第三个全指向麦克风或一个立体声对以防止中空效应的产生。

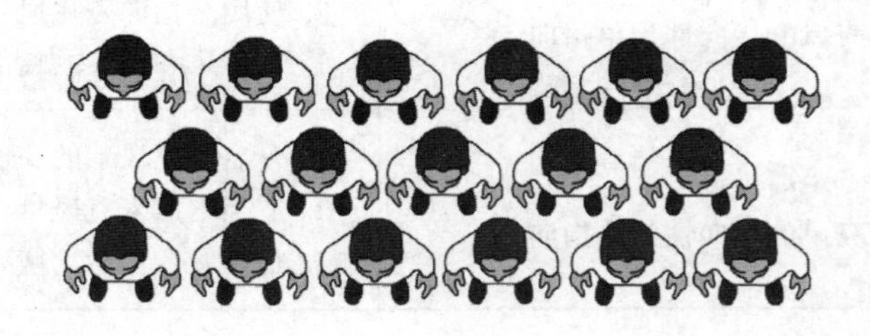

图 9-52　合唱的麦克风架设方式

9.9　乐团的拾音

9.9.1　弦乐四重奏的拾音

弦乐四重奏在录音室中的座位排列通常要比现场演出分散一些，以便在幻象声

场中有更清晰、更明确以及更宽的乐器定位。在录制弦乐四重奏时，图 9-53 中所示，通常使用 AB 立体声对，并且两只全指向麦克风通常分别架设在一提和中提的正前方，也就是说第一小提琴和中提琴与两只全指向麦克风应在同一条直线上，以便取得具有表现力并且较宽的声场听感。麦克风的起点高度一般为 1.8 米，间距为 80 厘米。在实际工作中，麦克风之间的距离不应该过宽，否则会出现中空效应。由于大提琴具有较为丰富的低频响应，所以其在声场内的表现力以及定位感在听感上不如四重奏中的其他乐器，所以可以根据实际情况，如图 9-53 中所示，在大提琴前面架设另一个全指向麦克风，该麦克风通常指向指板末端的位置，和大提琴之间的距离以不影响演奏为准，一般为 40 厘米左右。在调音台上，大提琴的点麦克风信号通常不会提升太多，因为该点麦克风的作用在于使大提琴有足够的清晰度，又不能破坏四重奏的自然平衡，同时也不可以引发梳状滤波效应。

图 9-53　弦乐四重奏的录制方式

除了 AB 立体声对之外，弦乐四重奏也可以使用 ORTF/NOS 进行录制。在这种情况下，两只心形指向麦克风通常距离四重奏大约 20 厘米左右，高 1.80 米，分别指向一提和二提中间以及中提和大提的中间，以突出较宽的立体声听感。通过 ORTF/NOS 对弦乐四重奏进行录制，通常可以有较好的细节表现，但音色较硬，并且由于麦克风是心形指向，所以低频的表现力不够。另外，现在有些录音师除了 AB 立体声对之外，还通常给每件乐器架设点麦克风，以便在后期混音或编辑时在各乐器之间的平衡上做一些必要的微调。

弦乐四重奏的录音方式同样可用于木管四重奏及铜管四重奏的曲目等。在录铜管时，应开启麦克风上的输入电平衰减开关，以防止过载失真，并且应根据不同音乐的需要来调整麦克风的高度，以便突出不同的声场特性。

在录制有钢琴在内的室内乐例如钢琴五重奏时，如图 9-54 所示可以按照现场演出的方式进行排列。根据实际的声学条件，图中 M1 可以是使用 ORTF 或 NOS 来拾取整体的音乐平衡，也可以是 AB 拾音制式。之所以使用单指向麦克风是因为录音师可以通过指向性去调整钢琴和弦乐器之间的音量平衡，而不至于由于钢琴距离较远造成音量不足。所以在架设麦克风对时，麦克风 0 度轴通常指向钢琴而不是前面的弦乐器，以便弦乐器可以根据麦克风极坐标特性有一定输入级的衰减，达到音乐上的平衡。在使用 AB 制式录制钢琴五重奏时，钢琴音量会由于距离较远，其定义感和音量平衡有时会表现得不理想，因此可以给钢琴增加点麦克风 M2。根据图 9-54 所示，M2 可以是一只麦克风或一对麦克风用来增强钢琴的表现力，并控制钢琴和弦乐组之间的平衡。在这里值得注意的是，因为不是演出现场，所以弦乐组的人员位置可做适当调整，例如大提琴可以距离麦克风稍微近一点，以增加其清晰度。

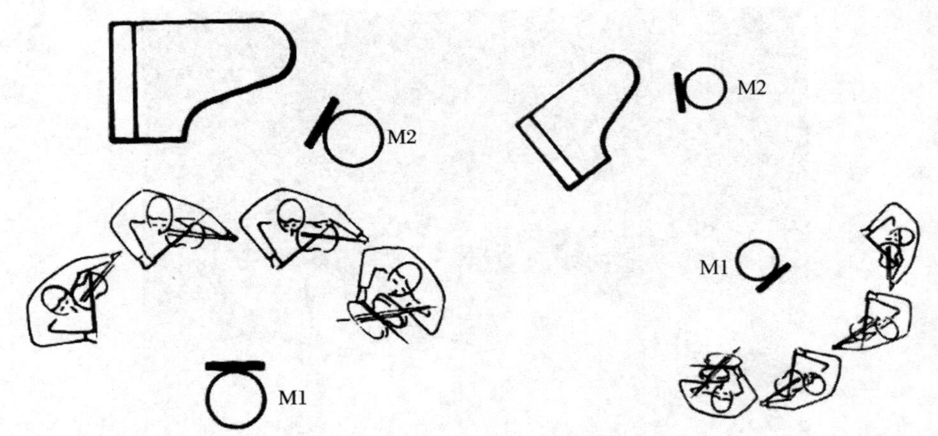

图 9-54　钢琴五重奏的麦克风架设方式　　　图 9-55　弦乐组面向钢琴的拾音方式

另外，如图 9-55 所示，在录音室内也可以将弦乐组面向钢琴进行录音。在使用这种方法进行录音时，M1 可以是 ORTF 或 NOS 以减少来自钢琴的串音，也可以是 AB 以增加弦乐器组的融合性和丰满度，但如果使用 AB 制式的话弦乐组应距离钢琴较远一点，大约在 3 米左右以减少串音以及梳状滤波效应。这里的梳状滤波效应主要是和钢琴的麦克风信号相互干涉引起的，尤其是当钢琴也使用 AB 进行拾音时尤为明显。这也是为什么当钢琴和麦克风之间的距离为 1 米时，钢琴麦克风和弦乐麦克风之间必须要保持至少 3 米的距离。这里同样值得注意的是：

1. 在使用全指向麦克风时，串音的避免是通过缩短麦克风和乐器之间的距离实现的，或者说是通过掩蔽效应来实现的。

2. 从实际角度出发，弦乐组内各乐器应酌情架设点麦克风，以方便后期混音时对乐器间的平衡进行微调。

9.9.2 交响乐团的拾音

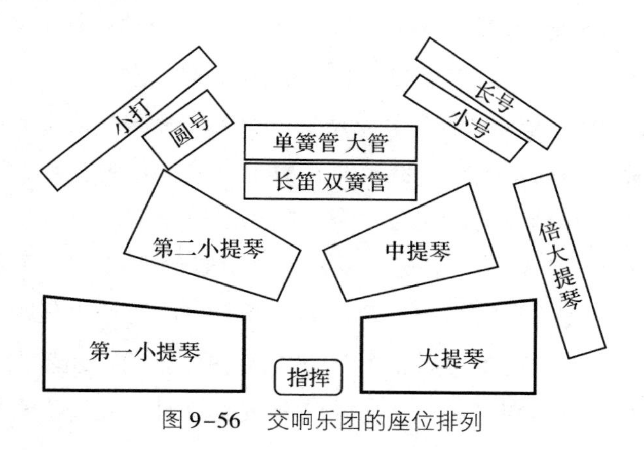

图 9-56 交响乐团的座位排列

目前交响乐团的座次排列如图 9-56 所示。和上述室内乐的录音相似，大型交响乐团完全可以使用较少数量的麦克风来录制完成。其方式主要有以下几种：

1. AB 制式，即仅使用图 9-57 中麦克风 M1 和 M2。麦克风高于舞台大约 2.8 米左右，距离乐团 0.5 米左右。M1 和 M2 之间的距离应以不超过乐团宽度的 1/3 为准，以便在录到最宽的声场的同时不会出现中空效应。在调音台上，M1 和 M2 的声像可安排在极左和极右。

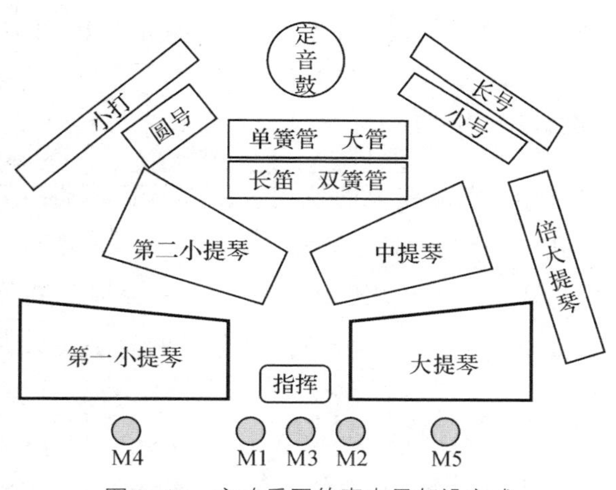

图 9-57 交响乐团的麦克风架设方式

2. 增加麦克风 M3，并适当增加麦克风 M1 和 M2 之间的距离至麦克风 M4 和 M5 处。在录音时，以 M4 和 M5 为主，但由于这两个麦克风之间的距离已经超出乐团的 1/3，所以会有中空效应产生，因此位于中间的麦克风 M3 的功能就在于对中间听觉空洞的弥补。最后所形成的效果在于声场进一步加宽，但不会有中空效应。在调音台上，M4 和 M5 的声像可安排在极左和极右。麦克风 M3 的输出值不应超过 M1 和 M2 的输出值，否则立体声宽度在听感上会有很大的降低。

3. 在实际工作中，在麦克风 M3 的位置上也可以架设 ORTF 或 NOS 立体声对，并和麦克风 M4 和 M5 配合使用，ORTF 或 NOS 立体声对的声像可安排在 9 点和 3 点的位置，或极左和极右，但应检查是否有梳状滤波效应产生。

4. 有时录音师为了追求更多细节或是弦乐器的质感时，通常会将主麦克风架设得较低，例如在 2.5 米时，木管乐器有时在听感上会比较远，声音较弱，所以此时通常会使用一种主辅相结合的方式对大型交响乐进行录制，以方便录音师取得更理想的平衡。根据图 9-58 所示，主麦克风为一对 ORTF/NOS 加上侧展的两只全指向麦克风。第一组辅助麦克风对为在木管组上方的 ORTF/NOS 立体声对。如果录音师觉得木管组宽度太大时，此处可以使用 X-Y 立体声对。第二组辅助麦克风对是在定音鼓前面的 ORTF/NOS 立体声对。一般来说该麦克风对可以覆盖整个打击乐组。

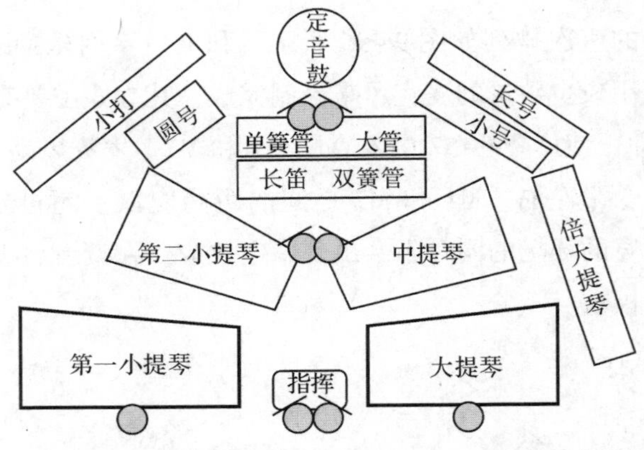

图 9-58 在音乐厅中主麦克风对和辅助麦克风对相互配合的架设方式

在录制大型交响乐时，点麦克风的使用可以加强各乐器组的表现力，点麦克风一般和主麦克风的高度一致，都在大约 2.5 米～2.8 米之间。一般点麦克风架设的位置如图 9-59 所示。在古典音乐录音中，点麦克风的功能不在于真正去录某一乐器的声能输出，而是一个声部的整体印象，并且在混音时仍以主麦克风为

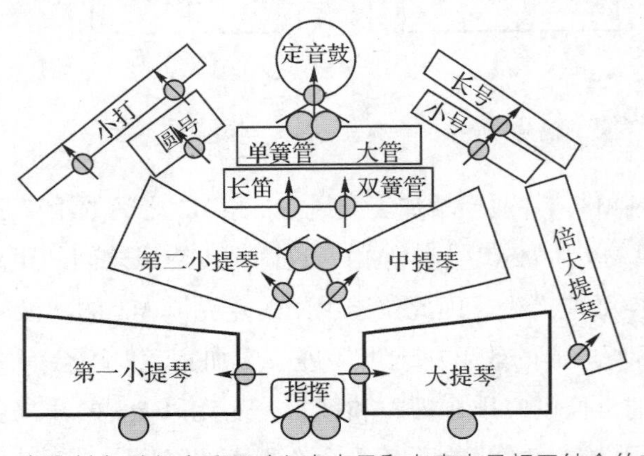

图 9-59 在录制大型交响乐团时主麦克风和点麦克风相互结合的架设方式

主、点麦克风为辅的方法进行制作。一般来说在调音台上，如果主麦克风信号在0的位置上的话，辅助麦克风信号通常要低大约6dB～8dB左右。使用点麦克风的缺点在于点麦克风会造成混音工作的复杂化，因为混音师需要人为合成合理的声场宽度、纵深以及整体音乐的平衡。在该类录音中，点麦克风的声像安排应和主麦克风所传达的幻像声源定位保持一致，否则当点麦克风音量增加时，会出现重影现象。

9.9.3 协奏曲的拾音

在对现场音乐会进行录音时，如图9-60所示，协奏曲的独奏乐器除了钢琴之外，一般都应该架设单独的麦克风进行拾取，以便增强其表现力和对独奏乐器和整个乐团的平衡控制，并且有利于将独奏乐器摆放在幻像声场的中央。麦克风和独奏乐器之间应保持一定距离，通常在1.5米左右的距离开始进行调整，以保证独奏乐器在主观听感上不脱离乐团。在独奏乐器的音轨上，混响效果应为立体声，否则会有较为明显的单声道听感。另外，协奏曲中独奏乐器的声像应定位在声场中央的位置。如果是在录音室内或使用音乐厅空场录音时，独奏演员可以面向乐团以便使点麦克风180度轴指向乐团，以降低串音的干扰，如图9-61所示。

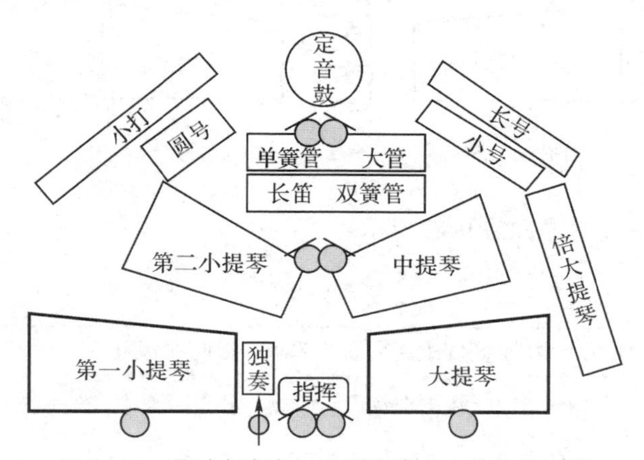

图9-60 通过点麦克风录制协奏曲中的独奏乐器

在录制钢琴协奏曲时可以通过主麦克风对钢琴和乐团统一拾取，以便取得最自然的平衡。如图9-62所示。但如果通过点麦克风对钢琴进行拾取的话，就需要和乐团的点麦克风配合，以取得合理的乐队平衡，否则由于麦克风距离钢琴较近，同时钢琴的输出较大，所以很容易有钢琴和乐团脱离的听感。在协奏曲的录制中，钢琴同样需要一对麦克风进行拾取，并且钢琴的声像定位不应该宽过整个乐团的宽度。

图9-63显示了一个双大提琴协奏曲的录音现场，曲目使用主麦克风和点麦克风相结合的方式来进行录制。点麦克风的使用和图9-59中的架设方式基本一致。

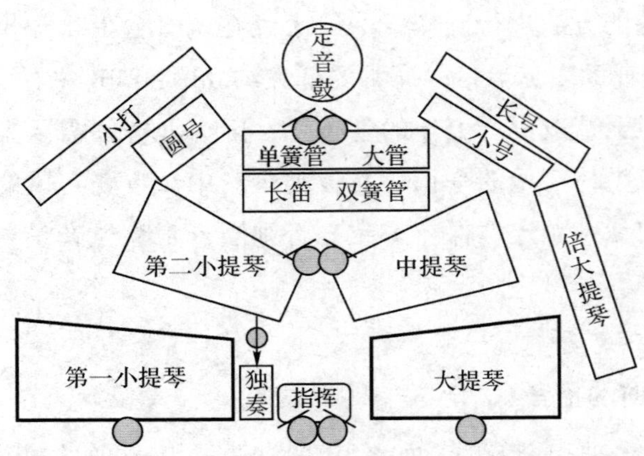

图 9-61　协奏曲录音中，独奏演员可以面向乐团以便在麦克风架设上取得最大的隔声处理

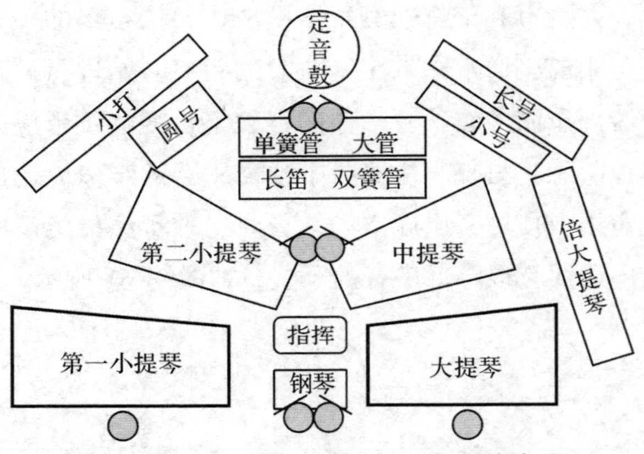

图 9-62　通过主麦克风对录制钢琴协奏曲

各麦克风的具体摆放方式如表 9-2 所示：

表 9-2

主麦克风对	ORTF 心形指向 高度距离台面 2.8 米，指向木管组
辅助麦克风	第一排　全指向，在主麦克风对两侧，各自距离主麦克风对 2 米，高度距离台面 2.8 米。
	第二排　木管组前的 NOS 对，心形指向，高度距离台面 2.8 米，指向木管组。
点麦克风	一提琴　心形指向　高度距离台面 2 米　指向第三排。 二提琴　心形指向　高度距离台面 2 米　指向第三排。 中提琴　心形指向　高度距离台面 2 米　指向第三排。 大提琴　心形指向　高度距离台面 2 米　指向第三排。 倍大提琴　心形指向　高度距离台面 2 米　指向首席和副首席之间。 定音鼓　心形指向　高度距离台面 2 米　指向鼓面。

图 9-63　协奏曲的现场录音

9.9.4　交响乐团和声乐的拾音

图 9-64 列举了三种录制交响乐团与声乐的录音方式，其中除了独唱演员可以站在合唱团中间并架设点麦克风单独拾取之外，还可以站在指挥的两旁架设点麦克风进行拾取。另外在空场录音时，独唱演员可以面向乐团及合唱团，以便将点麦克风的 180 度轴指向乐团部分，更有利于对串音进行控制。

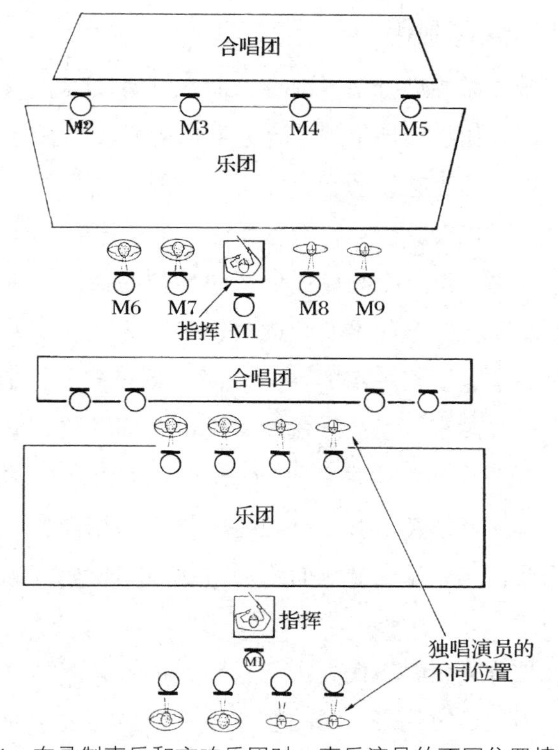

图 9-64　在录制声乐和交响乐团时，声乐演员的不同位置情况

在录制歌剧现场时，由于演员移动范围较大，距离麦克风较远，并且为了不遮挡观众的视线，录音师通常会使用一对枪式麦克风架设在舞台边缘的地面上，向上指向大约演员头部的高度，如图9-65中的麦克风M3的位置。对于录制乐团的麦克风来说，可架设主麦克风对，如图9-65中的M1。为了不遮挡观众视线，主麦克风对也可以直接吊在乐池的上方，大约在幕布的位置，并指向乐团，见图9-65中的麦克风M2。在实际工作中，所有架设在地面上的麦克风必须使用防震架，以防止共振噪声传至麦克风。

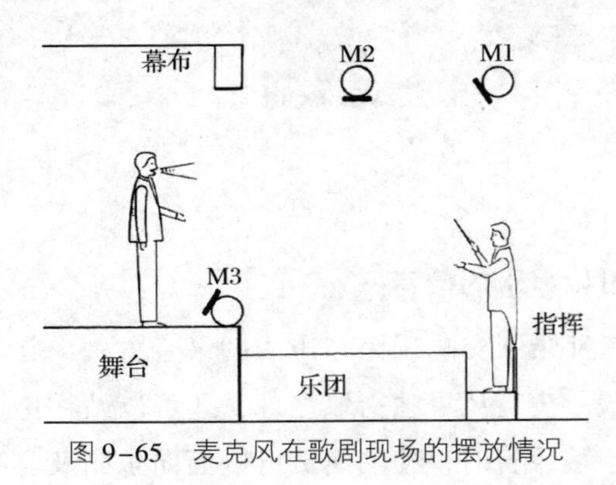

图9-65　麦克风在歌剧现场的摆放情况

9.10　音乐节目的混音制作

在很多时候录音师需要进行现场混音，而在混音之前，录音师首先应了解如何去欣赏或评价一个混音作品。评价的内容主要包括节目音色的平衡、声场距离感受、频段区域听感、声平台的听感、动态范围听感以及小信号的表现。所谓节目音色的平衡代表频率的平衡，代表一个录音节目作为一个整体被审听时所表现出来的重量。如果录音节目的中、高、低三个频段比例适中均匀的话，在听感上乐器的重量应和实际乐器的重量基本相符，但如果低频成分过多的话，节目听起来会出现“沉”的感觉，音乐本身听起来也缺乏一定的活力。当高频过多时，节目会有“过于明亮”的听感。因为高频成分过多从另一个角度上说也是低频缺乏的表现，所以在听感上也会出现“薄”的感觉，比如中提琴听起来像小提琴，而大提琴听起来像中提琴。当然在这里不排除具体音乐类型有自己独特的频响曲线，从而形成传统意义上的听音习惯，例如爵士或古典音乐的频响曲线通常从10kHz处开始衰减，以便在听感上表现出特有的温暖度。

声场的距离又被称为延时，代表听音者与整体录音节目之间的距离。这对于古典音乐尤其重要，因为延时代表声源的位置在一个声场内，而不是脱离一个声学环境直接贴在听众脸上的信号。因此从这一点出发，延时也是形成立体声听感的一个重要因素。一般来说，如果录音节目听起来比较靠前的话，可以带给人是一种亲切感，并且可以突出乐器的表现力，但是不足的是较容易造成听觉疲劳。但如果音乐听起来距离太远的话，则使人感到一种不参与性或缺乏亲切感。

声场宽度代表声源整体从左扬声器到右扬声器之间的宽度。因为这里的声源可以大到一个交响乐团，也可以小到一个小提琴的独奏，所以录音师应根据不同的音乐形式赋予声源不同的宽度表现，而不应该一味地将声源处理得越宽越好。比如说一个交响乐团，其宽度可以占据左右扬声器之间所有的空间，但一个小提琴，其物理位置的最佳宽度可能在 11 点到 1 点之间的位置。另外，一个具有良好表现力的声场不应有拥挤的感觉，也就是说，在声源内部应该有声场环境信息的存在，从而使声场听起来更加扩散、自然和开放。所以说声场的宽度除了乐器的宽度外还应包括声场内早期反射及混响的宽度。例如上述小提琴的物理宽度在 11 点到 1 点之间，而其整体的声学宽度应该充满左右扬声器之间的空间。

动态范围通常被认为是音乐的生命。混音师通常会通过减少动态范围来增加响度，但一个没有动态范围的音乐会使得听音者很快感到听觉疲劳。一般来说，动态范围分为宏观动态范围和微观动态范围。其中宏观动态范围指音乐整体所表现出来的打击感或力度，例如底鼓的重量感及交响乐的渐强、渐弱都得有充分的表现。如果宏观动态范围不理想，录音节目的整体则有被挤压的感觉。微观动态范围指的是整体乐群中个别乐器的动态范围，例如小型打击乐以及琴弦在弹拨时的瞬态响应。一首录音作品应该具备优秀的宏观动态范围和微观动态范围，以保持音乐的生命力。

9.10.1 混音起点的选择

混音具有极大的目的性，该目的性表现为录音师在录音过程中，通过对作品反复录制、粗混之后在头脑中所形成的一种影像。录音师应该熟悉不同音乐类型的结构及音响特征，因为不同的音乐类型有不同的侧重乐器需要在混音过程中进行强调，并且不同的音乐类型在声场纵深上都有自己的特点。在混音之前工作人员应在头脑里至少明确以下三点：

1. 所处理的音乐类型是什么。
2. 该音乐类型需要突出的乐器是什么。
3. 该音乐类型在声场宽度及纵深的排列方式是什么。

在构思结束之后，混音师首先应决定从哪个乐器开始制作。乐曲内部各元素的混音顺序对于整首乐曲的平衡来说有非常关键的作用。一般来说，开始混的第一件乐器应该是整个音乐中最主要的音乐元素，例如流行歌曲里的主唱，或是摇滚乐里面的底鼓。另外，第一件开始处理的乐器也可以是低频乐器，例如底鼓或贝司。在实际工作中，无论从哪里开始，一首音乐作品中的人声或是主奏乐器都是最重要的，并且要求尽快进入混音流程，以便赋予其最宽的频率范围及最明确的定义感。在混音时，如果从底鼓或贝司开始的话，在两件乐器均处于独听状态时，在峰值表上各自应达到-5dBFS，合成后应达到-3dBFS。

9.10.2 均衡处理的合理使用

在混音过程中，均衡的使用带有强烈的主观色彩，这意味着均衡从审美的角度上讲，在人与人之间，甚至是同一个人在不同的时间段内，都带有较大的不确定性。另外，均衡处理是在对原始音色进行充分的、理性的评价后所进行的再加工手段，因此具有很强的目的性。均衡器的功能主要为：

1. 提高乐器的清晰度，使之更具有定义感和表现性。
2. 使乐器听起来大于实际生活中的体积。
3. 使所有乐器更好地融合在一起。
4. 使每个乐器有自己独特的频率范围。

对于提高乐器清晰度来说，在使用均衡之前，首先应明确频段从低到高的分配情况以及各频段在听感上所起到的不同作用。混音时各频段的作用如表9-3所示：

表9-3

频段名称	作用描述
次低频	次低频在16Hz～60Hz之间。该频段在很大程度上被认为是感觉区而非听觉区。该频段的主要作用在于使听音者感受到音乐本身力量的存在，但如果该频段信号振幅过大则会使声信号听起来脏混，低频清晰度不够。
低频	低频分布在60Hz～250Hz之间。该频段主要是音乐节奏部分的基频，是音乐作品的基本构架所在。在该频段内如果信号提升太多会使音乐变暗。
中低频	中低频在250Hz～2000Hz之间。是较低谐波频率堆积的频段。如果提升太多会产生电话声效，其中如果250Hz～1000Hz之间提升太多会产生号角音色，而1000Hz～2000Hz之间提升会使整部录音作品体积变小。
中高频	中高频在2kHz～4kHz之间。可以使得音乐作品变得结实，但过多的提升会突出唇齿音的表现，例如“m”“b”“v”等。在该频段过分提升将容易造成听觉疲劳。
高频表现区	高频表现区在4kHz～6kHz之间。该频段负责人声或乐器的清晰度及定义感，提升该频段信号增益可以在主观听感上缩短录音节目和听音者之间的距离，而降低5kHz则可以增加透明度。
高频亮度区	高频亮度区在6kHz～16kHz之间，主要用来控制录音节目的清晰度及光亮度，提高太多会有嘶噪声。

由于在实际录音中，每件乐器都具有各自不同的特性，所以表9-3的内容只是均衡调节的一个基本指南，并不是一个绝对的办法。另外，在进行均衡处理时，应首先进行衰减而不是提升，因为任何形式的频率提升都会引起乐器间频率的彼此干涉，并且会使独奏乐器很难融入乐器群体。

均衡的第二个作用在于使乐器听起来大于实际生活中的体积。将乐器在听感上变大，从频率处理的角度说，就是对低频和次低频进行加强。由于对低频的过多提升会导致声信号音质下降、变软并失去弹性，所以在对低频处理时，通常使用多频段少提升的办法，即对所要处理的频率和该频率的上下谐波频率均进行少量的提升，而不是只在一个频率点上进行大量的提升。例如要提升120Hz的话，除了提升该频点1dB到2dB之外，也要提升60Hz处1dB到2dB及240Hz处1dB到2dB，以避免造成频率之间的相互干涉。另外，乐器体积的大小和音乐配器数量有着直接的关系。一般来说，配器越少，每件乐器就可以处理得越大；配器越复杂，每件乐器在体积上就应处理得越小，以便该乐器和其他乐器更容易融为一体。

使用均衡的第三个目的是使乐器具有自己特定的频率范围。特定的频率范围有利于增强乐器得表现力，并增强其定义感。一些常见乐器的有效频率调节点可参见表9-4：

表9-4

乐器	有效频率点	乐器	有效频率点
贝司	丰满度在50Hz～80Hz之间；打击感在700Hz；高频的亮点在2.5kHz处。	管风琴	丰满度在80Hz处；结构在240Hz处；表现力在2kHz～5kHz之间。
底鼓	丰满度在80Hz～100Hz之间；高频的打击感在3kHz～5kHz之间。	钢琴	丰满度在80Hz；表现力及打击感在2.5kHz～5kHz之间。
军鼓	丰满度在120Hz～240Hz；清脆感及打击感在5kHz。	圆号	丰满度在120Hz～240Hz之间；穿透力、打击感在5kHz。
高通鼓和中通鼓	丰满度在240Hz～500Hz之间；打击感在5kHz～7kHz。	人声	丰满度在120Hz～240Hz；表现力和齿音在5kHz；亮度在10kHz～15kHz之间。
地通鼓	丰满度在80Hz～120Hz之间；打击感在5kHz。	弦乐	丰满度在240Hz；亮度在7kHz～10kHz之间。
吊镲/踩镲	丰满度在200Hz；亮点在8kHz～10kHz之间。	康加鼓	共振声在200Hz；打击感在5kHz。
电吉他	丰满度在240Hz～500Hz；表现力在1.5kHz～2.5kHz之间。	木吉他	丰满度在80Hz；硬度在240Hz；表现力在2kHz～5kHz之间。

9.10.3 声像的合理安排

在混音中，幻象声场内的左、中、右区域，通常可根据以下原则进行分配。

1. 中央位置通常摆放领唱、底鼓、贝司、军鼓和其他低频成分较多的乐器。

2. 将其他乐器安排在左、右，但应尽量避免将所有乐器的声像都安排在极左或极右。因为这样会由于从两个扬声器传出的声能相等，从而造成整个录音节目趋于单声道的听感。所以有时必须舍弃一些立体声宽度的设置，例如一件乐器可安排在2点到4点的位置上，另一件乐器可安排在9点到10点之间。另外，根据音乐类型的不同，立体声宽度也会有一些变换，例如舞曲的整体声场宽度相对于其他音乐类型来说就比较窄，一般通常设置在两点到十点之间。

根据目前的听音审美习惯，在声像处理中，乐队的基础元素摆放位置一般呈固定状态。这种固定状态主要体现在架子鼓的声像定位上。在定位架子鼓时，底鼓应摆放在两个扬声器的中间，因为：

1. 底鼓由于低频丰富，输出声压级较大，所以在幻像声场中所占的空间也较大，而对于两个扬声器之间的空间范围来说，只有中间的位置才具有最大的空间。

2. 底鼓放在中间会使音乐整体听起来平稳。如果将底鼓放在任意扬声器一边的话，整体音乐不仅失去了平衡，而且会加大扬声器的承受负担，节目的清晰度和音质也会降低。

在架子鼓的平衡中，小军鼓由于响度较大，所以也同样被放置在声场中央。踩镲通常被定位在三点的位置，或者说是位于右扬声器和中置扬声器中间的位置。对于通通鼓来说，高通和中通可以分别摆放在2点和11点的位置，而低通则可以放置在9点或10点的位置。吊镲通常被安排在幻像声场内极左和极右的位置，也就是说，在一套鼓中声像最宽的乐器应该是吊镲而不是通通鼓。

9.10.4 声场纵深的体现

声场纵深代表在幻象声场内，位于第一排的乐器和最后一排的乐器之间的听感距离。该距离对于非古典音乐来说，一般通过音量控制、混响及延时来取得。在实际工作中，尽管声场纵深的处理意味录音师应赋予每轨乐器一个新的存在环境，但所有乐器的存在环境应具有一定的内在联系，换句话说，乐器不是处于不同的声场，而是处于一个声场的不同位置。

对于非古典音乐来说，一个乐队的纵深通常可以分为五个层次。第一层通常安排乐队中最主要的乐器，比如主奏乐器或主唱。当然在许多摇滚乐的录音中会把主唱放在较为靠后的层次中以突出相应的音乐类型。说唱音乐和重金属音乐中的底鼓和通通鼓也可以放在第一层。在第二层中，混音师通常安排节奏乐器，例如鼓、贝司、吉他和节奏键盘。另外，摇滚乐中的领唱、金属音乐中的底鼓、舞曲中的军鼓、通通鼓和吊镲也可以放在第二层中。第三层通常排列和声元素，例如钢琴伴奏和吉他伴奏，弦乐以及背景和声等。在混音中，背景和声也可以和混响信号一起安排在第四层。另外，古典爵士乐由于在听音习惯上对底鼓的忽略性，所以该音乐类型的底鼓一般也被安排在第四层。第五层可用来放置其他小信号。

在混音中无论是声场宽度处理还是纵深处理，混音师其实都是在为每件乐器争取空间，而混音空间又取决于乐器在听感上的体积，而乐器的体积又取决于其频率范围、响度以及立体声声场扩展的因素。这也是为什么混音通常是从低频乐器开始的原因。对于响度来说，响度越大的乐器，体积就越大，同时就越容易对其他乐器产生掩蔽效应，这也是为什么混音工作通常是从响度较大的乐器开始的原因。在混音中，对于立体声声场的扩展同样会占据较大的声场空间，并对其他乐器造成掩蔽。例如对于延时的使用，延时信号同样可以占据大量的空间。另外，在前期录音中，如果使用两个麦克风进行录音，其中一个麦克风相对于另一个麦克风有 1 毫秒到 5 毫秒延时的话，延时信号在对直达信号起到增加厚度和宽度的同时，也容易对其他音乐元素造成掩蔽。所以在混音过程中，信号的宽度越大，所造成的掩蔽效应就越大。混响信号也是占据空间并形成掩蔽效应的另一因素。混响信号是由众多反射信号所构成的，因此可以对其他电平较低、频率在人耳非敏感区域内的信号形成掩蔽效应。

9.10.5 动态范围的体现

在古典音乐制作中，应尽量保持声源原有的动态范围，而不使用压缩器。对于非古典音乐来说，尽管很多时候需要通过压缩节目的动态范围来提高节目响度，但过分压缩同样会导致信号打击感缺乏，并且音质会变得粗糙。因此即使是流行音乐或摇滚音乐，保留一定的动态范围也是非常有必要的。